“十二五”国家重点图书
国家科学技术学术著作出版基金资助出版

地下金属矿山
大直径深孔采矿技术

孙忠铭　刘庆林　余 斌　郭利杰　著

北 京
冶 金 工 业 出 版 社
2014

内 容 提 要

本书首先从采矿破岩的角度简要介绍了凿岩、炸药、爆破理论等相关知识，重点系统地归纳了大直径深孔采矿领域三十余年的研发和应用研究工作，具体介绍了大直径深孔采矿技术应用条件分析、技术方案类型选择和采场工程结构、设备配套、工艺设计等，并对工艺实施所涉及的地下大直径深孔大量落矿爆破条件分析、爆破方法、矿岩可爆性、炸药选择及与矿岩物理力学性质的匹配、起爆方式、爆破的大孔径效应、高应力岩体爆破、工艺参数设计、爆破作用控制等方面从理论与实践的角度进行了阐述，列举了较多案例，就地下大直径深孔采矿技术进一步可能扩大的应用范围进行了初步探讨。

本书可供矿山、科研院所科技人员和高等院校采矿专业师生参阅。

图书在版编目(CIP)数据

地下金属矿山大直径深孔采矿技术/孙忠铭等著.—北京：冶金工业出版社，2014.11

ISBN 978-7-5024-6774-6

Ⅰ.①地…　Ⅱ.①孙…　Ⅲ.①金属矿开采—地下开采—深孔采矿　Ⅳ.①TD853

中国版本图书馆 CIP 数据核字(2014)第 244620 号

出 版 人　谭学余
地　　址　北京市东城区嵩祝院北巷 39 号　邮编　100009　电话　(010)64027926
网　　址　www.cnmip.com.cn　电子信箱　yjcbs@cnmip.com.cn
责任编辑　杨秋奎　美术编辑　彭子赫　版式设计　孙跃红
责任校对　禹　蕊　责任印制　牛晓波
ISBN 978-7-5024-6774-6
冶金工业出版社出版发行；各地新华书店经销；北京佳诚信缘彩印有限公司印刷
2014 年 11 月第 1 版，2014 年 11 月第 1 次印刷
169mm×239mm；16 印张；309 千字；242 页
56.00 元

冶金工业出版社　投稿电话　(010)64027932　投稿信箱　tougao@cnmip.com.cn
冶金工业出版社营销中心　电话　(010)64044283　传真　(010)64027893
冶金书店　地址　北京市东四西大街 46 号(100010)　电话　(010)65289081(兼传真)
冶金工业出版社天猫旗舰店　yjgy.tmall.com

（本书如有印装质量问题，本社营销中心负责退换）

前　言

地下金属矿山大直径深孔采矿技术的发展综合凿岩技术、工业炸药、破岩理论、爆破技术、采矿工艺等领域现代发展成就之大成，是20世纪下半叶以来采矿技术发展的重大成就，并以其高效率、高强度、集中作业、改善作业环境等特点直接推动了采矿大型化、连续化的发展。

我国自20世纪80年代初开始，针对不同的采矿技术条件，对以大直径深孔大量落矿为主要工艺特点的高效率采矿技术进行了系统、大规模试验和应用研究，包括以球形药包分层落矿的VCR采矿法、阶段深孔的台阶崩矿采矿法、带补偿槽的阶段挤压崩矿盘区连续崩落采矿法、带临时隔离矿柱的嗣后充填阶段深孔连续采矿法、束状孔盘区连续崩落采矿法、束状孔当量球形药包盘区大量落矿嗣后充填采矿法等，基本形成了适用于我国不同技术条件的大直径深孔高效率采矿比较齐全的方案类型和相应的工艺技术。在大直径深孔采矿技术应用条件分析、方案选择和采场工程结构、设备配套、工艺设计和参数计算等方面，事实上已经形成了有别于传统的采矿技术系统。

大直径深孔爆破是地下大直径深孔采矿的核心技术。除了需要借鉴工业炸药、爆轰理论与起爆技术、矿岩破碎机理、基于矿岩可爆性和能量平衡原理的爆破工艺参数设计等技术知识以外，地下大直径深孔大量落矿爆破由于具体应用条件的不同，在爆破方法的演化、爆破条件分析、矿岩可爆性、炸药选择及与矿岩物理力学性质的合理匹配、爆破方法、爆破的大孔径效应、高应力岩体爆破、工艺参数设计、爆破作用控制等方面，大体上形成了比较有其特点的技术体系并多有创新。

本书编写首先考虑了大直径深孔采矿技术知识体系的完整性并兼

顾理论与实践，结合多年工作积累，列举了较多的应用实例。全书内容主要包括：(1) 大直径深孔凿岩设备、凿岩技术；(2) 爆破领域相关的爆破理论、破碎机理、工业炸药性能、爆轰理论与起爆技术、爆破的大孔径效应等；(3) 结合具体的应用研究，分类介绍了VCR法球形药包分层爆破、阶段深孔爆破、束状孔爆破、束状孔当量球形药包爆破等大直径深孔爆破技术的基础理论、参数及工艺设计；(4) 根据不同的采矿条件具体介绍了VCR法、阶段崩矿采矿、高阶段崩矿采矿、当量球形药包高分层落矿采矿、带补偿槽的阶段连续崩落单步骤采矿等大直径深孔采矿的工程工艺及应用案例；(5) 大直径深孔大量落矿爆破设计、爆破作用控制及大爆破的组织与安全。

全书共分十章。第一章绪论，主要阐明地下大直径深孔采矿是破岩技术适应于采矿高效率、大规模现代发展具体成果。第二章介绍了大直径深孔采矿的凿岩设备和凿岩技术，重点是地下大直径高风压潜孔钻机的发展、应用和凿岩技术。第三章从采矿爆破的角度系统地介绍了爆破理论、破岩机理、工业炸药、炸药性能与矿岩物理力学性质匹配、矿岩可爆性及参数计算等，特别提及爆破大孔径效应、地下岩体高应力爆破机理特性，对适应于不同的采矿技术条件和不同的采矿技术方案的大直径深孔爆破技术进行了分类介绍。第四章比较全面地介绍了适应于不同采矿技术条件的各类大直径深孔采矿技术方案及其工程工艺并多有实际应用案例。本章最后还就扩大地下大直径深孔采矿技术应用范围和开拓新的应用领域进行了初步探讨。第五章大直径深孔大量落矿爆破是复杂条件下回采残矿和处理采空区的有效技术手段，本章结合具体案例介绍了大直径深孔爆破技术的选择和应用。第六章是为实践大直径深孔采矿所涉及爆破方案选择、工艺参数计算、工程实施、爆破作用控制措施等项的工艺设计和现场实施。大直径深孔爆破界面的形成和稳定性是采场回采过程的重要环节，第七章重点介绍了两侧为充填体条件下，如何通过系统的研究、试验、测试以及爆破作用控制，保证采场围岩和充填体在采场回采过程的稳定性。第八章专题讨论了地下大直径大量爆破的井下空气冲击波和爆破地震波传播规律及防护措施。第九章为爆破作业的组织与安全措施。第十章为地下大直径深孔采矿技术的发展与MassMin，具体分析了大直径深孔采矿在地下大规模采矿现代发展中的地位和作用。

各章编写分工为：第一章余斌，第二章郭利杰，第三章孙忠铭、余斌，第四章刘庆林、谢源，第五章王湖鑫、刘建东，第六章陈何、张银平，第七章杨小聪、孙忠铭，第八章吴春平、孙忠铭，第九章王湖鑫、解联库，第十章孙忠铭。

在编写过程中，参阅了大量有关爆破理论、爆破技术、工业炸药、起爆器材等方面文献资料，特别是汪旭光主编的《爆破手册》、于亚伦主编的《工程爆破理论与技术》、王运敏主编的《中国采矿设备手册》等，在此表示衷心感谢。

由于作者水平所限，书中不足之处，恳请广大读者批评指正。

著者

2014年8月

目　录

1 绪 论

1.1 破岩方法概述

追溯矿物开采的发展历史，破岩方法一直是采矿技术进步最活跃的主导因素。

早期的采矿源于包括水、火等手段在内的手工作业，我国明朝开始出现绳凿法，即是通过破岩方法的改进扩大矿物资源可利用范围和提高采矿效率较早的先例。16 世纪初期火药用于采矿破岩；1849 年发明了蒸汽凿岩机；1857 年发明了压气凿岩机；1845 年发明了硝化甘油炸药；1918 年发明了硝酸铵炸药，伴随提升与排水技术发展，采矿技术随之进入了现代发展阶段。此后，在采矿破岩领域值得记载的主要技术成就有：气动活塞式凿岩机（1890 年）、微差爆破（1946 年）、潜孔钻机（1955 年）、铵油炸药（1956 年）、乳化炸药（1969 年）、高风压潜孔钻机（1973 年）。总的来看，工业革命以来，包括凿岩设备、凿岩工具、工业炸药、爆破器材和爆破技术在内的破岩手段的进步引领着采矿技术的变革蔚为壮观。凿岩爆破破岩技术在效率和规模方面几乎可以满足所有类型的硬岩采矿作业，依托现代凿岩爆破技术与相应的工艺装备配套建设，矿石年生产能力超过 1000 万吨的地下矿和采剥总量超过 1 亿吨的露天矿不存在任何困难。目前，有 10 余座矿石生产能力超过 1000 万吨的地下金属矿山，有 20 余座露天矿年生产规模超过 4000 万吨。

使用凿岩爆破方法破岩，其工艺过程是间断的，并伴有粉尘、噪声等影响作业环境的不利因素。Missoun - Rolla 大学、美国航天研究室（DARL）、前美国矿业局等单位曾经采用了多种形式的能源进行破岩试验，以探索新的破岩方法，包括热能（等离子体、激光、电子束）、水力（低速射流、连续高速射流、脉冲高压射流）、水力与机械联合、高能冲击等，从设备功率、能耗比、应用的限制性因素等方面看，上述工作除了探索的意义外，还没有提供可能大规模应用的比较明确的结论。波兰科拉克夫矿冶大学、巴西圣保罗大学试验的电液破岩方法还仅限于破碎岩石块体。

机械的连续切割被认为是一种最有发展前景和适用性强的破岩技术。随着材料科学、机械设计和制造水平的提高，机械切割连续破岩，将在连续化、自动化、改善作业环境方面引起硬岩矿物采掘工艺的重大变革。

迄今为止，连续破岩技术发展，已有各种不同类型的掘进机成功地用于井巷掘进。因为连续掘进机更适合掘圆形大断面巷道，多用于土建工程部门，矿山应用的较少，加拿大 TBM 公司等正欲研制结构更紧凑、适用于矿山巷道掘进的掘进机。阿特拉斯·科普柯（Atlas Copco）、罗宾斯（Robbins）和维尔特（Wirth）公司都在研制开发履带铰接式硬岩连续采矿机[1]。在连续采矿机制造和应用方面，加拿大居领先地位[2]，除了大量应用在煤矿、钾矿等中硬以下矿岩开采以外，在硬岩连续采矿机方面，据称已有数种机型进行了应用试验，其中 HDRK/WIRTH 公司研制的 TM60 铰接式连续采矿机曾在抗压强度为 300MPa 的岩层进行了试验。Robbins 公司的 MM－120 自移式连续采矿机曾在抗压强度 50～240MPa 的矿层中的分层充填采矿方法采场进行了采矿应用试验，该公司后来又推出了 MM－130 掘进、采矿两用型连续采矿机，掘、采断面高 4m、宽 5m。

总的来看，硬岩连续采矿机连续采矿技术还处于试验阶段或发展的早期阶段。从实际应用的角度看，在机械设计、刀具、可靠性、能力等方面还需要作进一步重大改进，早期的应用可能仅限于缓倾斜薄矿体或分层充填采场。如果按试验取得的比较好的 40～50t/(台·h) 的生产能力计，现在还很难设想，一个年生产能力几百万吨矿石的地下金属矿山采用十数台甚或几十台重达 200t 的连续采矿机如何进行矿山的开采设计和生产规划。

自然崩落采矿法是以诱导、控制地应力破岩为主要技术特点的地下高效率采矿技术。在条件适宜的矿山采用自然崩落采矿法可以获得最大的采矿作业效率和生产能力、最低的采矿成本，也是目前在效率、规模、成本等方面唯一能与露天采矿相竞争的地下采矿技术。但适用条件要求比较严格，仅限于少数特大型矿床。

在可以预期的未来，凿岩爆破仍然是硬岩矿物开采基本破岩手段。

1.2 大直径深孔采矿技术概述

以大直径深孔大量落矿为主要工艺特点的地下大直径深孔高效采矿技术是 20 世纪 60～70 年代业界综合凿岩设备、工业炸药、爆破器材、爆破技术、爆破理论等方面现代发展成就之大成，是地下采矿技术发展的重大成就。

20 世纪 50 年代，加拿大国际金属公司在萨德伯里矿区采用金刚石钻机试验过深孔采矿，孔径为 50mm，孔深不超过 38m；1962 年开始试验潜孔钻机，主要因为钻头的问题而未获成功；早期的牙轮钻机因为体形大，运搬困难，钻头寿命短等原因未能推广。1973 年 3 月，在加拿大国际金属公司铜崖北矿重新试验改进的潜孔钻机，将十字形钻头改为柱齿形钻头（152mm），取得成功并迅速在十二个矿山有效推广，仅两年就有 18 台高风压潜孔钻机投入应用[3]，后来经过进一步改进的钻机基本是由 Atlas Copco、Joy 和 Ingersoll－Rand 三家公司生产。

目前，地下大直径深孔采矿采用 165mm 孔径的为多，凿岩速度可达

0.8m/min，台班效率超过110m，每米孔崩矿量30～50t。Ingersoll－Rand公司的Cmm2E型钻机最大凿岩孔深230m，直径可达254mm。20世纪90年代，发达的采矿大国已经完成了凿岩作业的自动化和智能化开发研究工作，并已进入实用化阶段[4]。

大直径深孔采矿工艺设计一般在采场的上部水平开挖凿岩硐室，采用大直径深孔钻机打下向深孔，采用球形药包以自下而上顺序向采场下部已开挖好的拉底空间逐层崩矿或者以切割立槽为自由面和补偿空间进行阶段崩矿，崩落的矿石从采场下部的出矿巷道运出[5]。大直径深孔采矿的全部回采工艺在大型设备配套的情况下，可以获得相当高的效率和采场生产能力，所有作业都在经过维护的巷道内进行，有利于作业安全和提供良好的作业环境。

大直径深孔采矿技术与大型无轨装运设备配套，不仅以其高效率、高强度、低成本和作业安全直接推动了金属矿地下开采大型化、连续化、集中作业的发展，同时，还由于大直径深孔大参数大量落矿技术选择的灵活性，影响和改变了采矿工程结构和回采工艺的传统设计概念，可以根据矿体的规模和开采的技术条件在更大的范围内进行技术选择，以获得矿床开采最大的技术经济效果。

我国有关科研单位、大学、矿山企业自20世纪80年代初期的“六五”科技攻关开始一直持续至“十一五”科技攻关，先后在凡口铅锌矿、铜陵狮子山铜矿、金厂峪金矿、安庆铜矿、凤凰山铜矿、冬瓜山铜矿、大厂铜坑矿等矿山，针对不同的矿体条件和采矿工艺条件开展了以大直径深孔大量落矿为主要工艺特点的大直径深孔高效率采矿技术的系统、大规模试验和应用研究，包括以球形药包分层落矿的VCR采矿法、阶段深孔的台阶崩矿采矿法、带补偿槽的阶段挤压崩矿盘区连续崩落采矿法、带临时隔离矿柱的嗣后充填阶段深孔连续采矿法、束状孔盘区连续崩落采矿法、束状孔当量球形药包盘区大量落矿嗣后充填采矿法等。在大直径深孔大量落矿爆破技术方面，试验应用了球形药包分层爆破、阶段深孔台阶爆破、阶段深孔挤压爆破、球形与柱状装药联合爆破以及梯段爆破、束状孔等效直径当量球形药包大分层爆破等。由于作业安全、高效率、矿石破碎质量好、成本低等良好的技术经济效果，除了上述矿山的试验应用外，还在金川镍矿、铜绿山铜矿、大红山铜矿、大姚铜矿等矿山进行了推广[6~8]。为实现预期的爆破效果和预防爆破有害效应造成的破坏作用，根据爆破条件进行了相应的块度数学建模、爆破参数优化、爆破振动监测以及邻近装药的充填体爆破动力学响应和界面效应等方面的工作，基本形成了适用于我国不同技术条件的大直径深孔高效率采矿比较齐全的方案类型和相应的工艺技术。

经过不断地研发和应用实践，大直径深孔采矿技术在应用条件分析、方案选择和采场工程结构、设备配套、工艺设计和参数计算等方面，事实上已经形成了有别于传统采矿技术的相对独立的采矿技术系统。

参考文献

[1] DAVID FORRESTER. Underground continuous mining - An overview [J]. CIM Bulletin, 1996: 89(1000): 32~37.
[2] ANDRE P. Noranda's participation in continuous mining development [J]. CIM Bulletin, 1996, 89(1000): 38~39.
[3] GARFIELD R G. Big hole blasthole at Inco [J]. Mining Congress Jour. wal. 1920 N S T NW, Washington, D. C., 20003 6: J ALLEN OVERTON JR, 1976, 62(12): 21~28.
[4] 普尔 R A, 戈尔德 P V, 斯科比 M. 斯托比矿地表单人遥控井下多机试验 [J]. 国外金属矿山, 1997(5).
[5] 孙忠铭. 硬岩矿物井下半连续采矿技术的研究发展 [C] //中国有色金属学会第三届学术会议论文集, 1997: 27~29.
[6] 北京矿冶研究总院, 凡口铅锌矿. VCR采矿法回采矿采场的试验研究 [R]. 1984.
[7] BROOKS R H, Myers R E. Blasterholestoping at Incosbirchtreemine [J]. CIM Bulletin, 1979, 72(806): 68~75.
[8] 北京矿冶研究总院. 冬瓜山铜矿冬瓜山铜矿束状孔等效直径当量球形药包大量落矿采矿技术 [R]. 2004.

2 深孔凿岩设备与技术发展

2.1 地下潜孔凿岩

潜孔凿岩是在凿岩过程中使冲击器潜入孔内，以减小由于钎杆传递冲击功所造成的能量损失，从而减小孔深对凿岩效率的影响。潜孔凿岩的凿岩设备是潜孔钻机，我国地下矿山常用的有 YQ－80、YQ－100 及 QZ－165 等型号，在坚固性系数 $f=8\sim14$ 的矿岩中钻凿孔径为 80～165mm 的深孔，能获得较高的凿岩速度。地下大直径深孔采矿大多采用 105～165mm 的孔径，孔深数十米至 150m，属于必须采用潜孔凿岩的孔深范围。采场的采切作业多采用重型凿岩机的中深孔凿岩，一般根据不同的功能要求和应用条件，与执行机构和行走底盘配置成不同型号的凿岩台车。

2.1.1 地下大直径潜孔钻机

目前潜孔钻机是钻凿炮孔作业广泛使用的凿岩机械之一。它是由冲击器潜入孔内，直接冲击钻头，而回转机构在孔外，带动钻杆旋转，向岩石钻进的设备。其优点是结构简单，使用方便。国外潜孔凿岩始于 1932 年，首先使用于地下矿山钻凿深孔，10 余年后，露天矿山开始采用潜孔凿岩。20 世纪 70 年代，国外对潜孔钻机进行了大量研制工作，广泛用于采矿、采石、水电、交通、勘探、锚固等施工作业。

目前，我国生产的潜孔钻机种类繁多，型号各异。其分类根据使用地点不同分为井下和露天两大类，亦可根据行走方式以及孔径和机重的不同分类：（1）根据行走方式分为自行式和非自行式，自行式包括轮胎式和履带式，非自行式分为支柱（架）式和简易钻机；（2）根据孔径和机重不同分为轻型、中型、重型和特重型。

2.1.1.1 阿特拉斯·科普柯公司生产的主要地下潜孔钻机

A Simba260 系列地下潜孔钻机

Simba260 系列钻机是轮胎自行式高气压地下潜孔钻机，它的底盘与 Simba250 系列顶锤式采矿钻车的底盘完全一样，钻臂、滑台、旋转器的型号也完全一样，只是推进器、夹钎器与凿岩机具（包括凿岩机与钻具）有所不同，Simba260 系列使用潜孔冲击器，而 Simba250 系列使用顶锤式液压凿岩机。Simba260 系列包含 Simba260/261/262/263/264 五个型号，我国许多地下矿山曾经引进多台 Simba261 型地下潜孔钻机，目前 Simba260 系列的五个型号中，因为 Simba260/261 两个型号的钻机不能打平行孔，已经很少使用，最常用的是 Simba262/263/264 三个型号。Simba262/263/264 钻机的外形尺寸如图 2－1 所示，其主要技术规格见表 2－1。

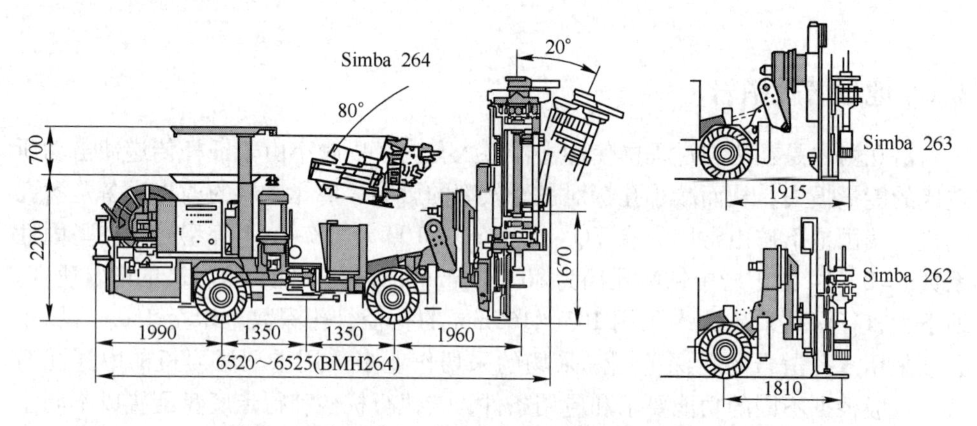

图 2－1　Simba262/263/264 地下潜孔钻机外形尺寸

表 2－1　Simba 260 系列地下潜孔钻机的主要技术规格

潜孔冲击器	1×COP34，44，54，64	动力站/kW	1×45
钻具回转器	1×DHR 48H56	凿岩控制系统	EDS
推进器	1×264，265，266	移动时长度/mm	6500～6525(BMH264)
旋转器	1×BHR 30	宽度/mm	1925/2380
滑台	1×BHT15(Simba263/264)	移动时高度/mm	2660/2770/2810
推进器后顶尖	1×BSJ8－115E	顶棚升起时高度/mm	2900
夹钎器	1×BSH65	转弯半径（外/内）/mm	5100/(2500～2700)
钻臂	1×BHP10(Simba262/264)	总质量（含换杆器）/kg	11300

Simba260 系列地下潜孔钻机与 Simba250 系列顶锤式采矿钻车的定位机构与定位方式也是一样的，即：0 型定位系统是定臂摆器系统，即钻臂固定、推进器扇形摆动的定位系统；1 型系统是无臂旋器系统，即无钻臂、推进器旋转的定位系统；2 型系统是旋臂摆器系统，即是钻臂旋转、推进器扇形摆动的定位系统；3 型系统是无臂旋移器系统，即无钻臂、推进器旋转和移动的定位系统；4 型系统是旋移臂摆器系统，即钻臂旋转和移动、推进器扇形摆动的定位系统。

B　Simba M2 C－ITH 型地下潜孔钻机

Simba M2 C－ITH 是电脑控制的高气压地下潜孔钻机，具有很高的钻孔精度，钻孔孔径为85~165mm，冲击器的工作气压高达2.5MPa。

Simba M2 C－ITH 地下潜孔钻机与 Simba M2 C 采矿钻车的底盘完全一样，旋转器与钻臂也完全一样，凿岩控制系统也一样，二者的区别是：Simba M2 C－ITH 是潜孔式凿岩，而 Simba M2 C 是顶锤式凿岩。

Simba M2 C(M3 C、M4 C、M6 C)－ITH 地下潜孔钻机与 Simba M2 C 采矿钻车的定位系统也是完全一样的，都是采用旋臂摆器定位系统（2型定位系统），Simba M2 C－ITH 地下潜孔钻机外形尺寸如图2－2所示，主要技术规格见表2－2。Simba M3 C(M4 C、M5 C、M6 C)－ITH 型钻机与 Simba M2 C－ITH 相比，除了定位系统不同之外，其他结构完全一样。Simba M3 C(M4 C、M6 C)－ITH 的主要技术规格与 Simba M2 C－ITH 完全一致，只是总质量略有不同。

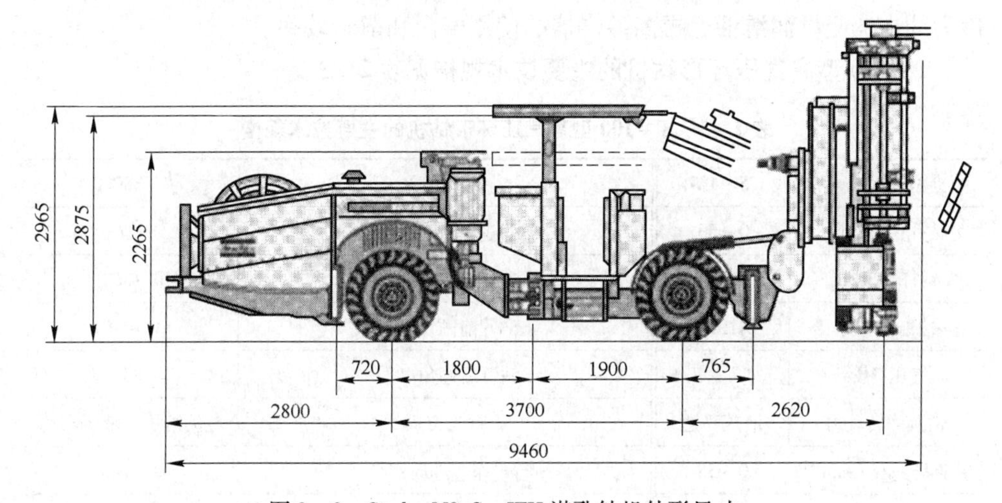

图2－2 Simba M2 C－ITH 潜孔钻机外形尺寸

表2－2 Simba M2 C－ITH 潜孔钻机的主要技术规格

潜孔冲击器	1×COP34，44，54，64	动力站/kW	1×55
钻具回转器	1×DHR 48H56	凿岩控制系统	RCS
推进器	1×BMH 234，235，236	移动时长度/mm	10500
旋转器	1×BHR 60－2	移动时宽度/mm	2210
钻臂	1×BHP 150	移动时高度/顶棚升起高度/mm	2875/2965
推进器后顶尖	1×BSJ8－200	转弯半径（外/内）/mm	6300/3800
推进器后顶尖	1×BSJ8－150	总质量（钻机＋换杆器）/kg	17300

2.1.1.2 铜陵金三相重型机械公司生产的潜孔钻机

我国20世纪80年代开始研制地下大直径深孔钻机，目前已经获得大量推广的主要有T－150系列地下大直径潜孔钻机。以下对铜陵金湘重型机械公司生产的主要地下潜孔钻机作一介绍。

A　T－100型高气压环形钻机

T－100型高气压环形钻机是轮胎自行式地下潜孔钻机，工作可靠性高、穿孔效率高、成孔质量好，能进行高精度、大直径的中深孔凿岩。该机适用于井下高阶段环形（全方位）孔的凿岩作业，尤其适用于向上孔凿岩。该钻机的特点是：（1）电动液控；（2）回转头由中空低速大扭矩液压马达直接驱动，摒弃了复杂的减速机构，并且用中孔供气，替代了要求高的密封可靠性；（3）钻臂侧设置上下顶撑，保证了钻臂的稳定性，提高了成孔质量和凿岩效率；（4）电液控卸杆器减少了接卸杆时间，增加了接卸杆的可靠性；（5）电子脉冲注油可精确为冲击器提供润滑油，提高冲击器的使用寿命和凿岩效率。

T－100型高气压环形钻机的主要技术规格见表2－3。

表2－3　T－100型高气压环形钻机的主要技术规格

穿凿孔径/mm	75～127	推进力/N	0～38000
钻孔深度/mm	0～60	推进速度/m·min^{-1}	3.7
钻杆长度/m	1.5	推进器回转角度/(°)	0～360
冲击器型号	DHD340	钻臂前倾角/(°)	10
气压/MPa	1～1.7	钻臂后倾角/(°)	80
钻具回转动力	液压马达	行走方式	电动液压－液压马达
钻具转速/r·min^{-1}	0～38	行走车速/km·h^{-1}	0～1.2
钻具转矩/N·m	1800	机器质量/kg	3000
推进方式	液压油缸	外形尺寸（长×宽×高）/mm×mm×mm	4350×1580×2360

B　T－150型高气压潜孔环形钻机

T－150型高气压环形钻机是高阶段大直径深孔采矿工艺的配套装备。主要用于地下矿山及隧道、水坝等岩土工程中进行全方位大直径深孔凿岩。该机采用全轮驱动底盘，液压远控操作，设计工作气压1.7MPa。该机的特点是：（1）远程控制系统可设置在安全、方便的位置，完全在操作台上监控操作；（2）四轮独立驱动、钻机行走通过能力强；（3）大扭矩马达直接驱动钻具回转，机构简单可靠、效率高；（4）电子脉冲注油系统，有效润滑冲击器，使用寿命高；（5）机械拆卸杆系统减轻了作业人员劳动强度；（6）液压主泵的双向滤油保护，确保了液压系统可靠运行。

T－150型高气压环形钻机的主要技术规格见表2－4。

表 2-4 T-150 型高气压环形钻机主要技术规格

钻孔直径/mm	120~254	行走机构形式	四轮独立驱动
钻孔深度/mm	100	行走动力	液压马达
钻孔方向/(°)	360	行走速度/km·h^{-1}	0~4.5
钻具回转机构形式	液压马达直接驱动	爬坡能力/%	25(20°)
钻具转速/r·min^{-1}	0~30	电动机参数	15kW, 380V, 50Hz
钻具正转扭矩/N·m	0~3400	冲击器工作气压/MPa	0.5~2.1
钻具反转扭矩/N·m	0~4800	外形尺寸（长×宽×高）/mm×mm×mm	4350×1580×2360
推进机构形式	油缸直接驱动	最大件尺寸（长×宽×高）/mm×mm×mm	2600×400×300
推进油缸形式	二级双作用液压油缸	工作高度/mm	3100~3700
推进力/N	0~44000	总质量/kg	5200
推进行程/mm	≥1700		

2.1.2 潜孔冲击器

潜孔钻机的主要部件为冲击器和钻头，它们的性能直接影响到潜孔钻机的技术经济指标。冲击器结构形式、规格型号较多，分类方法也各异，可按配气原理、排粉方式、动力源等分类。

目前国内使用气动潜孔冲击器较多，液压潜孔冲击器较少，而且以低气压潜孔冲击器居多，一般以中心排气吹粉为主。国内高气压潜孔冲击器，除外资企业外，基本上处于仿制和仿制改进阶段，主要是仿制 COP 系列和 DHD 系列。国内生产的潜孔冲击器技术性能参数见表 2-5。目前国内低气压潜孔冲击器及潜孔钻头的使用寿命偏低。据某矿山报表统计资料（含非正常损耗），以钻凿岩石硬度 $f=10\sim14$ 为例，ϕ100mm 规格的冲击器寿命大约为 2500m（延米）炮孔，配套的 ϕ110mm 潜孔钻头寿命大约为 200m（延米）炮孔[1]。

表 2-5 国内生产的潜孔冲击器技术性能参数

型号	钻孔直径/mm	全长/mm	工作气压/MPa	冲击能量/J	冲击频率/Hz	耗气量/L·s^{-1}	质量/kg	生产厂家
QCW150	150~155	938	0.50~0.70	254.0~291.0	16.00	133	81.0	通化风动工具厂
QCW170	170~155	1193	0.50~0.70	333.0~392.0	15.00	200	100.0	
QCW200	200~210	1190	0.50~0.70	392.0~460.0	14.00	300	152.0	
QCW200B	200~210	1190	0.49	392.0	14.30	350	152.0	

续表 2－5

型号	钻孔直径 /mm	全长 /mm	工作气压 /MPa	冲击能量 /J	冲击频率 /Hz	耗气量 /L·s^{-1}	质量 /kg	生产厂家
J－80B	90～95	854	0.63	108.0	16.00	100	19.0	
J－100B	105～120	870	0.63	165.0	16.00	150	30.0	
J－150B	155～165	1012	0.63	400.0	16.00	250	81.0	
J－170B	175～194	1036	0.63	430.0	15.00	300	94.0	
J－200B	210～235	1249	0.63	520.0	17.20	400	163.0	
J－250B	250～300	1250	0.63	560.0	16.20	500	208.0	嘉兴冶金机械厂
K1121	105～120	459	0.50	70.0	30.00	75	13.3	
K1151	155～165	573	0.50	150.0	20.00	180	42.0	
JG－80	90～95	860	1.00	120.0			23.0	
JG－100A	105～120	1051	1.00	210.0	19.20	90	37.5	
JG－150	155～165	1510	1.00	560.0	18.20	300	118.0	
JW－150	155～165	1248	1.05～2.45	509.0	19.00	317	95.0	
DHD340A	105～108	1138	0.50～0.70		21.7～30.0		47.0	
DHD360	152～165	1450	0.50～0.70		20.0～27.5		129.0	
CIR65A	65,75	745	0.50～0.70	37.2	20.70	42	12.0	
CIR80	83	860	0.50～0.70	79.5	13.50	83	21.0	
CIR90	90,100	860	0.50～0.70	107.9	14.20	120	17.0	宣化英格索兰公司
CIR110	110,120	871	0.50～0.70	176.6	14.25	200	36.0	
CIR130	130,140	950	0.50～0.70	313.9	14.00	233		
CIR150A	155,165	1008	0.50～0.70	411.6	14.00	275	89.0	
CIR170A	175,185	1142	0.50～0.70		14.08	317	119.0	
CIR200W	200	1360	0.50～0.70			333	180.0	

我国潜孔冲击器生产厂家分布在机械、冶金、有色、地质、煤炭、军工等行业。近年来，由于国家加大了基础建设的投入，采石场也大力推广中深孔爆破作业，以及大多凿岩作业施工部门财力有限，占有价格优势的非自行潜孔钻机（架）发展很快，潜孔冲击器的产量猛增。宣化及周边地区年产冲击器超过 1 万台；长沙及附近区域年产冲击器近 1 万台；山东省钎具行业厂家年产冲击器 1 万台左右。衢州、泰安、黄石及其他地区年生产非自行钻机（架）超过 2 万台，这些钻机（架）都需与冲击器配套。但由于厂家隶属关系不同，未见大多数潜孔冲击器生产企业的年产量统计报表。据保守估计，我国潜孔冲击器年产量超过 4 万台。

2.1.3 潜孔凿岩钻具

地下潜孔凿岩钻具是一种以压缩空气为动力源，将凿岩冲击动力部分潜入凿岩孔中，通过冲击器中的配气装置控制活塞往返运动，冲击配置在冲击器前端的潜孔凿岩钻头（钎头）将冲击能量传递到钻头（钎头），由潜孔钻头（钎头）破碎岩石的凿岩设备。

目前，潜孔凿岩钻具（钎具）在露天矿山、地下矿山、采石场、水电工程、水井钻进、矿物勘探岩体钢索锚固孔钻凿、矿山工程开挖边柱支护等施工场地大量使用。由于潜孔凿岩钻具（钎具）具有钻孔平直度高，孔壁光整，钻杆（钎杆）、冲击器刚性好，不依赖高轴向推力，钻孔深度不受限制和设备投资低，便于维护等一系列特点，受到凿岩工程行业的普遍重视，特别在钻凿 110 ~ 254mm 炮孔的施工场地，高风压潜孔钻具（钎具）是一种使用量非常大的凿岩机械。

2.2 重型凿岩机及凿岩台车

2.2.1 重型凿岩机

深孔钻孔是地下金属矿山采矿、中小型露天矿、采石场及工程爆破施工主要的施工手段。其中除部分采用潜孔钻机外，由于重型凿岩机（Topham mer）钻进的钻速高亦得到了广泛应用。

重型凿岩机配用露天钻车或地下钻车（架）在露天或地下实施中深孔钻孔，其钻孔直径一般为 50 ~ 100mm，多采用独立回转转钎机构。重型凿岩机有气动凿岩机和液压凿岩机两种。气动凿岩机是传统产品，其特点是结构简单、工作可靠。

液压凿岩机是 20 世纪 70 年代推出的新型凿岩设备，它具有穿孔效率高（一般高出气动凿岩机一倍以上）、噪声小、能耗低的特点。我国研制液压凿岩机起步较早，1980 年长沙矿冶研究院、株洲东方工具厂、湘东钨矿合作完成了我国第一台用于生产的液压凿岩机，并通过了鉴定。液压凿岩机近年来得到了快速的发展。

我国气动凿岩机产品主要为南京工程机械厂的 YGZ90 和天水风动工具厂的 YG80。YGZ170 亦有少量应用，销售量约数百台。

我国液压凿岩机因为机械制造和液压技术总体水平的限制，虽然研制的型号很多，但形成稳定生产的产品较少，使用几十台至几百台的有 YYG80、YYG90A、YYG2508 等几种型号。引进国外技术或仿制国外的产品居多，通过多年的生产，目前产品性能和质量日趋稳定。

目前，我国中深孔气动凿岩机（YGZ90、YG80）在地下矿山仍被广泛使用，重型凿岩机配用钎具多为 ϕ32mm、ϕ38mm 接杆钎，目前我国接杆钎在工程中应用反映的主要问题是几何尺寸偏差大、能量传递效率低，与国外产品有较大差距。根据某地下铁矿 2004 年统计数据，在原生铁矿（$f=12\sim16$）中采用 YGZ90 凿岩机和 TT25 圆盘式钻架实施中深孔钻进，中深孔接杆钎（ϕ32mm，长 1.1m）平均寿命为 116.82m/支，钎头（ϕ70mm，十字）平均寿命为 270m/支，套筒平均寿命 143m/支，钎尾平均寿命 222m/支。以上寿命值由该铁矿全年钻凿中深孔总米数与全年消耗钎具数量得出。

我国在有使用条件的煤矿、金属矿山（梅山、镜铁山）、采石场、隧道工程中逐年来引进了大量的液压凿岩机及配套钻车，已达数百套。

气动凿岩设备的主要优点是使用简单，工作可靠，便于维修，价格较低；缺点是效率低，钻速慢，不能满足深孔钻进的要求。液压凿岩设备的优点是效率高，钻速快，卫生条件好；缺点是系统复杂，维护技能要求高，作业巷道要求尺寸大，造价高。考虑到气动和液压凿岩设备两者的优缺点，国外最近开发了综合两者特点的新型凿岩设备——气液联动凿岩设备，采用压气作为冲击动力，液压作为旋转动力，在德国、奥地利、俄罗斯的煤矿、金属矿山和水电工程中得到了广泛的应用。

长沙矿冶研究院与有关单位合作，于 1998 年开始研制气液联动凿岩机，于 1999 年研制出第一台样机，与露天钻车配套进行了露天穿孔试验，试验取得了良好的结果。作为“十五”国家科技攻关项目，进行了地下中深孔气液联动凿岩设备的研制，在鲁中冶金矿业集团公司投入使用 3 台。

2.2.2 凿岩台车

凿岩台车是将凿岩机和推进装置安装在钻臂上进行凿岩作业的设备，它的使用标志着凿岩机械化水平进一步提高。它提高了凿岩效率，减轻了工人的劳动强度，改善了劳动条件。

凿岩台车分为掘进台车、露天台车、采矿台车和锚杆台车；按行车方式分为轨轮式台车、轮胎式台车、履带式台车和牵引式台车；还可按驱动方式和安装凿岩机台数分类。

掘进台车以轮胎和轨轮式台车居多，大部分是两机或多机台车，用于巷道、隧道掘进。配用相应的凿岩机能钻凿平行孔、倾斜孔、顶板孔、帮孔和锚杆孔，一般钻凿孔径小、深度浅和移位频繁的炮孔。

露天台车以履带式和牵引式台车为主，爬坡能力强，一般安装一台凿岩机或潜孔冲击器，配用相应的凿岩机或潜孔冲击器。一般钻凿直径大、有一定深度的炮孔，广泛用于中小型露天矿山及采石场开采，以及水电、交通和建筑工程的凿岩作业。

采矿台车一般为轮胎式和履带式，多为单机或双机台车，配用相应凿岩机或潜孔冲击器进行井下深孔凿岩，根据采矿方法（如分段崩落法、水平充填法等）

的要求，钻凿环形孔、扇形孔和平行中深孔。锚杆台车又称锚杆安装机，配用相应的凿岩机或回转钻，不仅能钻凿顶板锚杆孔，而且能够安装锚杆和进行注浆。用于煤矿和金属矿山井下巷道及隧道支护。

当今世界液压凿岩台车钻机市场占有率最好的钻机生产公司为阿特拉斯·科普柯公司、山特维克公司及汤姆洛克公司。下面对阿特拉斯公司和山特维克公司广泛应用的钻机进行较为详细的介绍。

2.2.2.1 瑞典阿特拉斯·科普柯公司凿岩采矿钻车

A Simba L3C/6C 采矿钻车

Simba L3C/6C 也是电脑控制采矿钻车，L 系列与 M 系列的底盘、钻臂、旋转器、凿岩控制系统都相同，但是配置的凿岩机与推进器不同，L 系列配置了功率更为强大的 COP4050 液压凿岩机，可钻更大的孔，孔径达 89 ~ 115mm，孔深可达 51m。Simba L3C/6C 采钻车主要技术规格见表 2 - 6。

表 2 - 6 Simba L3C/6C 采矿钻车的主要技术规格

钻车型号	Simba L3C	Simba L6C	环形钻孔范围/(°)	360	360
凿岩机	COP4050ME		平行钻孔范围/mm	1500	3000
推进器	BMH244/245/246/244×/245×/246×		俯仰架前倾/(°)	30	45
旋转器	BHR60 - 2		俯仰架后倾/(°)	30	30
钻臂	无	BHP 300	工作时长度/mm	9310	10140
滑台	BHT150	无	工作时宽度/mm	2350	2210
液压顶尖	下顶尖 BSJ 8 - 200、上顶尖 BSJ 8 - 115		工作时高度/mm	3715	4450
夹钎器	BSH55		适用断面宽/mm	7440	8520
集尘器	BSC55		适用断面高/mm	3715 ~ 4915	4450 ~ 5650
换杆器	RHS27		移动时最大长度/mm	10500	10500
凿岩控制系统	RCS		移动时最大宽度/mm	2350	2210
水泵	CR 16 - 80		移动时最大高度/mm	2875	3200
空压机	Atlas GA5		离地间隙/mm	205	
钻孔直径/mm	89 ~ 115		转弯半径/mm 外侧	6300	
钻孔深度/mm	51		转弯半径/mm 内侧	3800	
钻臂转动角度/(°)	无	45	运行速度/km · h^{-1}	0 ~ 15	
钻臂移动距离/mm	无	0	总质量/kg	18700	20900
推进器转动角/(°)	380	380	装机容量/kW	158	
推进器移动距离/mm	1500	0			

B Simba 250 系列采矿钻车

Simba H250 系列（Simba H252/253/254）是全液压顶锤式采矿钻车，钻孔孔径范围为 51～89mm，孔深可达 33m。采用的底盘、钻臂、推进器、凿岩机都是完全相同的，它们的区别在于定位系统的不同，Simba H252 是旋臂摆器定位系统（2 型定位系统），Simba H253 是无臂旋移器定位系统（3 型定位系统），Simba H254 是旋移臂摆器定位系统（4 型定位系统）。Simba H252/253/254 采矿钻车的主要技术规格见表 2－7。

表 2－7 Simba 250 系列采矿钻车的主要技术规格

钻车型号	Simba H252	Simba H253	Simba H254	钻车型号	Simba H252	Simba H253	Simba H254
凿岩机	1×COP1238ME、HE			环形钻孔范围/(°)	360		
推进器	1×BMH244/245/246			平行钻孔范围/mm	1500	1500	3000
旋转器	1×BHR30			俯仰架前倾/(°)	20		
钻臂	1×BHP10	无	1×BHP10	俯仰架后倾/(°)	80		
滑台	无	1×BHP15	1×BHP15	顶棚高度（升起）/mm	2900		
夹钎器	1×BSH55			工作时长度/mm	6500	6605	6650
集尘器	1×BSC55			工作时宽度/mm	1925	2380	2380
接杆器	1×RSH17			工作时高度/mm	3075(BMH254)		
推进器液压顶尖	后顶尖 1×BSJ 8－115E、前顶尖 1×BSJ 8－115E/55			适用断面宽/mm	3300～3900		
底盘	1×DC11D			适用断面高/mm	3300～3900/3600～4200/3900～4500		
凿岩控制系统	1×EDS12L			移动时长度/mm	6500	6520	6525
水泵	1×CR 4－80			移动时宽度/mm	1925	2380	2380
空压机	1×Atlas Copco LE22			移动时高度/mm	2660	2770	2810
钻孔直径/mm	51～89			转弯半径/mm 外侧	5100	5100	5100
钻孔深度/mm	33			转弯半径/mm 内侧	2700	2500	2500
钻臂转动角度/(°)	360	无	360	运行速度/km·h^{-1}	0～11.5		
钻臂移动距离/mm	0	无	1500	总质量/kg	10800	11300	11600
推进器转动角/(°)	±45	360	±45	装机容量/kW	49（50Hz）		
推进器移动距离/mm	0	1500	0				

C Simba 1250 系列采矿钻车

Simba 1250 系列（Simba 1252/1253/1254）是全液压顶锤式采矿钻车，钻孔孔径范围 51～89mm，孔深可达 33m。Simba 1252 是旋臂摆器定位系统（2 型定位系统)，Simba 1253 是无臂旋移器定位系统（3 型定位系统)，Simba 1254 是旋移臂摆器定位系统（4 型定位系统)。Simba 1252/1253/1254 采矿钻车的主要技术规格见表 2 - 8。

表 2 - 8 Simba 1250 系列钻车的主要技术规格

钻 车 型 号	Simba 1252	Simba 1253	Simba 1254
凿岩机	1 × COP 1838 HE		
推进器	1 × BMH 250 系列		
旋转器	1 × BHR30		
滑台	无	1 × BHT 15	1 × BHT 15
钻臂	BHP 10	无	BHP 10
推进器的后顶尖	1 × BSJ8 - 115E		
推进器的前顶尖	1 × BSJ8 - 115E/55		
夹钎器	BSH 55		
动力站/kW	1 × 49		
凿岩控制器	EDSL18L		
移动时长度（BMH254)/mm	6500 ~ 6525		
移动时宽度/mm	1925	2380	2380
移动时高度/mm	2660	2770	2810
顶棚高度（升起)/mm	2900	2900	2900
转弯半径（外/内)/mm	5100/2700	5100/2500	5100/2500
总质量（钻车 + 换钎器)/kg	11300	11300	11300

Simba 1250 系列与 Simba 250 系列的底盘、钻臂、推进器、旋转器、滑台等部件都是完全相同的，区别在于所配置的液压凿岩机和凿岩控制系统不同，详见表 2 - 9。

表 2 - 9 Simba 1250 系列与 Simba 250 系列钻车区别

钻车系列	Simba 250 系列	Simba 1250 系列
凿岩机	COP 1238 ME	COP 1838 HE
凿岩控制系统	EDS12L	EDS18L

D Simba H257/1257 采矿钻车

Simba H257/1257 都是液压顶锤式采矿钻车，都采用万能钻臂定位系统（7 型定位系统)，孔径范围为 48 ~ 76mm，孔深可达 32m。可以进行 360°环形钻进，平行钻孔距离可达 5.7m。Simba H257 与 Simba 1257 的主要区别是配置的液压凿岩机不同，Simba H257 配置了 COP1838 液压凿岩机，BMH6800 推进器，DCS18 凿岩控制系统。Simba H257 与 Simba 1257 的其他部件是完全相同的。Simba H257/1257 型采矿钻车的主要技术规格见表 2－10。

表 2－10 Simba H257/1257 型采矿钻车的主要技术规格

凿岩机	1×COP 1238/1838	凿岩控制系统	DCS 12/18
推进器	1×BMH 6300/6800	移动时长度/mm	9460
旋转器	无	宽度/mm	2000
钻臂	1×BUT 32PD，伸缩行程 1250mm	移动时高度/mm	2100
推进器的后顶尖/mm	伸缩行程 1380	顶棚高度（升起）/mm	2800
推进器的前顶尖	无	转弯半径（外/内）/mm	4900/2700
动力站/kW	1×45，1×55	总质量（钻车＋换杆器）/kg	8800

E Simba H157 采矿钻车

Simba H157 是小型液压顶锤式采矿钻车，采用万能钻臂定位系统（7 型定位系统），孔径范围 48～64mm，孔深可达 32m。可以进行 360°环形钻进，平行孔距离可达 3.7m。Simba H157 采矿钻车的主要技术规格见表 2－11。

表 2－11 Simba H157 采矿钻车的主要技术规格

凿岩机	1×COP 1238/1838	凿岩控制系统	DCS 12/18
推进器	1×BMH 2300/2800	移动时长度/mm	9460
旋转器	无	宽度/mm	1220
钻臂	1×BUT 4，伸缩行程 900mm	移动时高度/mm	1990
推进器的后顶尖/mm	伸缩行程 1380	顶棚高度（升起）/mm	2690
推进器的前顶尖	无	转弯半径（外/内）/mm	4400/2485
动力站/kW	1×50/1×60	总质量（钻车＋换杆器）/kg	8800

F Simba H1350 采矿钻车

Simba H1350 系列（Simba 1352/1353/1354）与 Simba 250/1250 系列相比，底盘比较大，采用了 DC15 底盘，其他各个部件基本相同。Simba H1350 系列采矿钻车的主要技术规格见表 2－12。

表 2－12 Simba H1350 系列钻车的主要技术规格

钻车型号	Simba H1352	Simba H1353	Simba H1354	钻车型号	Simba H1352	Simba H1353	Simba H1354
凿岩机	COP1838ME			推进器移动距离/mm	0	1500	0
推进器	BMH254/255/256			环形钻孔范围/(°)	360		
旋转器	BHR 30			平行钻孔范围/mm	1500	1500	3000

续表 2-12

钻车型号	Simba H1352	Simba H1353	Simba H1354	钻车型号		Simba H1352	Simba H1353	Simba H1354
钻臂	BHP10	无	BHP 10	俯仰架前倾/(°)		20		
滑台	无	BHP15	BHP 15	俯仰架后倾/(°)		70		
底盘	DC15			工作时长度/mm		7860~8430	7705~8305	7720~8320
夹钎器	BSH55			工作时宽度/mm		2430		
集尘器	BSC55			工作时高度/mm		3075~3685		
接杆器	RSH17/27			适用断面宽/mm		3300~3900		
液压顶尖	后顶尖 1×BSJ 8-115E			适用断面高/mm		3300~3950/3600~4250/3900~4550		
凿岩系统	EDS18L			移动时长度/mm		8430	8310	8320
水泵	CR 4-80 (1.5kW)			移动时宽度/mm		1960	1960~2380	1960~2381
空压机	Atlas Copco LE22			移动时高度/mm		2260~2930	2260~3100	2260~3140
钻孔直径/mm	51~89			转弯半径/mm	外侧	5240	5440	5440
钻孔深度/m	51				内侧	3050	2890	2890
钻臂转动角度/(°)	360	无	360	运行速度/km·h^{-1}		0~13		
钻臂移动距离/mm	0	无	1500	总质量/kg		12700	13200	13500
推进器转动角/(°)	±45	360	±45	装机容量/kW		59(50Hz)		

2.2.2.2 山特维克公司凿岩采矿钻车

山特维克公司深孔采矿钻车主要有 Quasar 和 Solo 系列，都配置了功率强大的液压凿岩机、全自动换杆器，还可以配置激光定位仪，根据用户的要求提供不同程度的自动控制系统。

小型深孔钻车（如 Quasar 1L，Solo 5-5 系列）一般用于小型矿山或小型矿体的开采，钻凿的孔径 76mm 以下，孔深小于 23~38m。

中型深孔钻车（如 Solo 5-7、Solo 7-7、Solo 7-10 系列等）一般适用于中型出矿设备的较小凿岩巷道的中型矿山。孔径为 76mm、89mm、102mm，孔深为 25~45m，此类钻车有较小的转弯半径，能够精确确定孔位，凿岩机功率较大。因此，矿车多装备小型铰接式底盘或整体式底盘，采用多点支撑工作机构或多点支撑与落地式机架，18kW 以上的凿岩机，自动换杆器并配备相应水平的角度、深度凿岩参数检测系统。确保精确的钻孔位置和深度，较小的孔偏和适当的钻进速度。

大型深孔钻车（如 Solo 7-15C、Solo 7-15F 系列等）适用于大型矿山的厚大矿体的高强度开采，孔径为 102mm、115mm、127mm，孔深在 50m 以上。要求设备非常稳定，定位精准，有足够容量的储钎器，人工几乎不可能实现全部工作，均需由机械自行完成。此类钻车装备了大型铰接底盘，落地式或框架式支撑，22kW 以上的大型液压凿岩机，自动化换杆器，大部分钻车配备了电脑控制的凿岩控制系统和数字化显示仪表，并且具有自诊断功能。山特维克公司采矿钻车的适用范围见表 2－13，技术规格见表 2－14～表 2－18。

表 2－13　山特维克公司采矿钻车的适用范围

序号	钻车型号	最小作业断面（宽×高）①/m×m	最大作业断面（宽×高）①/m×m	孔深/m	孔径/m	宽度/mm	高度/mm	质量/kg	凿岩机型号
1	Quasar 1L	2.4×2.6	5.6×3.8	30	48～64	1290	2750	7400	HL510LH
2	Solo 5－5C	3.1×3.1	5.3×4.2	38	51～76	1900	2675	17000	HLX5LT
3	Solo 5－5F	3.1×3.3	5.3×4.2	38	51～76	1900	3100	17000	HLX5LT
4	Solo 5－5P	3.1×3.1	5.3×4.4	38	51～76	1900	2860	17500	HLX5LT
5	Solo 5－5V	2.9×2.9	7.0×4.6	23	48～64	1900	3100	14600	HL710S
6	Solo 5－7C	3.2×3.2	5.3×4.2	38	64～102	1900	2675	17000	HL710S
7	Solo 5－7F	3.2×3.4	5.3×4.2	38	64～102	1900	3100	17000	HL710S
8	Solo 5－7P	3.2×3.2	4.3×4.4	38	64～102	1900	2860	17500	HL710S
9	Solo 7－7C	3.5×3.5	5.1×4.4	54	64～102	2240	2700	20000	HL710S
10	Solo 7－7F	3.5×3.8	5.1×4.4	54	64～102	2240	3400	22000	HL710S
11	Solo 7－7V	3.2×3.2	5.3×5.3	40	64～102	2240	2750	20100	HL710S
12	Solo 7－10C	3.5×3.5	5.4×4.7	54	89～127	2240	2700	21000	HL1010S
13	Solo 7－10F	3.5×3.8	5.4×4.7	54	89～127	2240	3700	22000	HL1011S
14	Solo 7－15C	3.5×3.5	5.4×4.7	54	89～127	2240	2700	21000	HL1560S
15	Solo 7－15F	3.5×3.8	5.4×4.7	54	89～127	2240	3700	22000	HL1561S

①取决于推进器长度。

表 2－14　山特维克公司采矿钻车主要技术规格（一）

序号	钻车型号	Quasar 1L	Solo 5－5C	Solo 5－5F
1	底盘	1×Quasar	1×TC5	1×TC5
2	安全棚	1×FOPS	1×FOPS（ISO3449）	1×FOPS（ISO3449）
3	凿岩机	1×HL 510LH	1×HLX 5LT	1×HLX 5LT
4	推进器	1×LGF 2005－5	1×LF700/Pito5	1×LF700/Pito5
5	换杆器		1×RC700（可选择）	1×RC700（可选择）
6	钻臂	1×BSL 360	1×ZR 20	1×ZR 20
7	控制系统	1×IBCL	1×TPC LH5	1×TPC LH5
8	遥控系统	1×ECRL	无	无
9	动力站/kW	1×45	55.0（1×HP 555）	55.0（1×HP 555）

续表 2-14

序号	钻车型号	Quasar 1L	Solo 5-5C	Solo 5-5F
10	钎尾润滑装置		1×KVL 10-1	1×KVL 10-1
11	空压机		1×CT 10(75kW)	1×CT 10(75kW)
12	水泵		1×WBP 2(4kW)	1×WBP 2(4kW)
13	主开关		1×MSE-10	1×MSE-10
14	电缆卷筒	1×TCR 1	1×TCR 1	
15	长度/mm	6450	8450	9855
16	宽度/mm	1290	1900	1900
17	高度/mm	1850，2750	2675	3100
18	质量/kg	7400	17000	17000
19	移动速度（平地）/km·h^{-1}	6.5	12	12
20	移动速度（8°坡道）/km·h^{-1}	4	5	4.5
21	最大爬坡能力/%	35	28	28
22	噪声水平（操作台）/dB	102	97	97
23	噪声水平（噪声源）/dB	124	115	115

表 2-15 山特维克公司采矿钻车主要技术规格（二）

钻车型号	Solo 5-5p	Solo 5-5V	Solo 5-7C
底盘	1×TC5	1×TC5	1×TC5
安全棚	1×FOPS(ISO3449)	1×FOPS/ROPS	1×FOPS(ISO3449)
凿岩机	1×HLX 5LT	1×HLX 5	1×HL 710S
推进器	1×LF700/Pito5	1×LHF200-5	1×LF700/Pito5
换杆器	1×RC700(可选择)	1×ERHC12(可选择)	1×RC700(可选择)
钻臂	1×ZR 32P	1×B26 LC	1×ZR 20
控制系统	1×TPC LH5	1×THC 560LH	1×TPC LH5
遥控系统	无		无
动力站/kW	55.0(1×HP 555)	55.0(1×HP 560)	55.0(1×HP 555)
钎尾润滑装置	1×KVL 10-1	1×KVL 10-1	1×KVL 10-1
空压机	1×CT 10(75kW)	1×CT 10(75kW)	1×CT 10(75kW)
水泵	1×WBP 2(4kW)	1×WBP 2(4kW)	1×WBP 2(4kW)
主开关	1×MSE-10	1×MSE-10	1×MSE-10
电缆卷筒	1×TCR 1	1×TCR 1	1×TCR 1
长度/mm	8660	9550	8450
宽度/mm	1900	1900	1900

续表 2－15

钻车型号	Solo 5－5p	Solo 5－5V	Solo 5－7C
高度/mm	2860	2100，3100	2675
质量/kg	17500	14600	17000
移动速度（平地）/km·h^{-1}	12	12	12
移动速度（8°坡道）/km·h^{-1}	5	5	5
最大爬坡能力/%	28	28	28
噪声水平（操作台）/dB	102	97	97
噪声水平（噪声源）/dB	124	115	115

表 2－16 山特维克公司采矿钻车主要技术规格（三）

钻车型号	Solo 5－7F	Solo 5－7P	Solo 5－7C
底盘	1×TC5	1×TC5	1×TC7W
安全棚	1×FOPS(ISO3449)	1×FOPS/ROPS	1×FOPS(ISO3449)
凿岩机	1×HL 710S	1×HL 710S	1×HL 710S
推进器	1×LF 700/Pito5	1×LF700/Pito5	1×LF1500/Pito14
换杆器	1×RC 700(可选择)	1×ERHC12(可选择)	1×RC1000(可选择)
钻臂	1×ZR 20	1×ZR 32P	1×ZR 30
控制系统	1×TPC LH5	1×TPC LH5	1×TPC LH
遥控系统	无	无	无
动力站/kW	55.0(1×HP 555)	55.0(1×HP 555)	55.0(1×HP 755)
钎尾润滑装置	1×KVL 10－1	1×KVL 10－1	1×SLU 1
空压机	1×CT 10(75kW)	1×CT 10(75kW)	1×CT 10(75kW)
水泵	1×WBP 2(4kW)	1×WBP 2(4kW)	1×WBP 3(7.5kW)
主开关	1×MSE－10	1×MSE－10	1×MSE－10
电缆卷筒	1×TCR 1	1×TCR 1	1×TCR 3E
长度/mm	9945	8860	8840
宽度/mm	1900	1900	2240
高度/mm	3100	2860	2700
质量/kg	17000	17500	20000
移动速度（平地）/km·h^{-1}	12	15	12
移动速度（8°坡道）/km·h^{-1}	5	6.5	5
最大爬坡能力/%	28	28	28
噪声水平（操作台）/dB	97	102	97
噪声水平（噪声源）/dB	115	126	115

表2-17 山特维克公司采矿钻车主要技术规格（四）

钻车型号	Solo 7-7F	Solo 7-7V	Solo 7-10C
底盘	1×TC7W	1×TC7W	1×TC7W
安全棚	1×FOPS(ISO3449)	1×FOPS/ROPS	1×FOPS(ISO3449)
凿岩机	1×HL 710S	1×HL 710S	1×HL 1010S
推进器	1×LF1500/Pito14	1×LF1500/Pito14	1×LF1500/Pito14
换杆器	1×RC1000(可选择)	1×RC1000(可选择)	1×RC1000(可选择)
钻臂	1×ZR 30	1×ZRU 1408R	1×ZR 30
控制系统	1×TPC LH5	1×TPC LH	1×TPC LH
动力站/kW	55.0(1×HP 755)	55.0(1×HP 755)	75.0(1×HP 1075)
钎尾润滑装置	1×SLU 1	1×SLU 1	1×SLU 1
空压机	1×CT 10(75kW)	1×CT 10(75kW)	1×CT 10(75kW)
水泵	1×WBP 3(7.5kW)	1×WBP 3(7.5kW)	1×WBP 3(7.5kW)
主开关	1×MSE-10	1×MSE-10	1×MSE-10
电缆卷筒	1×TCR 3E	1×TCR 3E	1×TCR 3E
长度/mm	10240	11170	9145
宽度/mm	2240	2240	2240
高度/mm	3400	2750	2700
质量/kg	22000	20100	21000
移动速度（平地）/km·h^{-1}	12	15	12
移动速度（8°坡道）/km·h^{-1}	5	6.5	6.5
最大爬坡能力/%	28	28	28
噪声水平（操作台）/dB	102	102	102
噪声水平（噪声源）/dB	126	126	126

表2-18 山特维克公司采矿钻车主要技术规格（五）

钻车型号	Solo 7-10F	Solo 7-15C	Solo 7-15F
底盘	1×TC7W	1×TC7W	1×TC7W
安全棚	1×FOPS(ISO3449)	1×FOPS/ROPS	1×FOPS(ISO3449)
凿岩机	1×HL 1010S	1×HL 1560S	1×HL 1560S
推进器	1×LF1500/Pito14	1×LF1500/Pito14	1×LF1500/Pito14
换杆器	1×RC1000(可选择)	1×RC1000(可选择)	1×RC1000(可选择)
钻臂	1×ZR 30	1×ZRU 1408R	1×ZR 30
控制系统	1×TPC LH	1×TPC LH	1×TPC LH
动力站/kW	75.0(1×HP 1075)	90.0(1×HP 1590)	90.0(1×HP 1590)

续表 2-18

钻车型号	Solo 7-10F	Solo 7-15C	Solo 7-15F
钎尾润滑装置	1×SLU 1	1×SLU 1	1×SLU 1
空压机	1×CT 10(75kW)	1×CT 10(75kW)	1×CT 10(75kW)
水泵	1×WBP 3(7.5kW)	1×WBP 3(7.5kW)	1×WBP 3(7.5kW)
主开关	1×MSE-10	1×MSE-10	1×MSE-10
电缆卷筒	1×TCR 3E	1×TCR 3E	1×TCR 3E
长度/mm	10240	9145	10240
宽度/mm	2240	2240	2240
高度/mm	3700	2700	3700
质量/kg	21000	21000	21000
移动速度（平地）/$km \cdot h^{-1}$	15	15	15
移动速度（8°坡道）/$km \cdot h^{-1}$	6.5	6.5	6.5
最大爬坡能力/%	28	28	28
噪声水平（操作台）/dB	102	102	102
噪声水平（噪声源）/dB	126	126	126

A　山特维克公司 Solo 系列采矿钻车的型号含义

山特维克公司 Solo 系列采矿钻车型号的编制比较混乱，经历了多次变化，逐步规范，本书是根据 2006 和 2007 年年初的产品资料，总结的 Solo 系列采矿钻车的型号含义。

表示方法：Solo 1-2 3。

符号含义：

（1）1——钻车底盘的型号，5 表示采用了 TC5 型底盘，7 表示采用了 TC7 型底盘；

（2）2——钻车采用的凿岩机型号。5 表示采用了 HL500 系列的凿岩机，如 HLX5LT 型液压凿岩机；7 表示采用了 HL500 系列的凿岩机，如 HL710S 液压型凿岩机；10 表示采用了 HL1000 系列的凿岩机，如 HL1010S 型液压凿岩机；15 表示采用了 HL1500 系列的凿岩机，如 HL1560S 液压型凿岩机；

（3）3——工作机架的形式。

可选择的字母有 C/F/P/V，C 表示紧凑型，F 表示为落地式机架，F 型钻车可以称之为落地型钻车，P 表示为平移型机架。

P 型工作机架与 C 型工作机架几乎完全相同，只是采用的钻臂不同。C 型工作机架采用的是 ZR-20 型钻臂，可打平行孔的范围是 2m；P 型工作机架采用的是 ZR-32P 型钻臂，可打平行孔的范围是 3.2m。因此，采用 P 型工作机架的钻车是平行钻孔范围更大的钻车。P 型钻车可以称之为平移型钻车。V 表示为万能型钻车。类似于阿特拉斯公司 7 型 Simba 采矿钻车的万能钻臂，V 型工作机架采用了 B 26LC 型与 ZRU 1480R 型万能钻臂，它的钻孔方向更多，功能更加全面，平行钻孔的最大范围为 5480mm。

B 山特维克公司采矿钻车的主要部件

山特维克公司采矿钻车的主要部件包括底盘、钻臂、推进器等。

a 底盘

山特维克公司采矿钻车采用的底盘有 3 种：Quasar 型、TC 5 型、TC 7W 型。Quasar 型底盘为柴油机—静液压传动行走，铰接式转向，适用于小型钻车，其主要技术规格见表 2－19。TC 5 型底盘为轮胎行走，铰接式转向，适用于中小型钻车，其技术规格见表 2－20。TC 7W 型底盘为轮胎行走，铰接式转向，适用于中大型钻车，其主要技术规格见表 2－21。

表 2－19 Quasar 型底盘的主要技术规格

柴油机型号	Deutz F3L 912 带尾气催化器	紧急停车制动	弹簧力制动，液压松开、失效安全型，油浸多片制动片，每个车轮安装一个
柴油机功率/kW	30		
油压泵类型	轴向柱塞变量泵	前稳车装置	2×前车架液压千斤顶
4 个车轮液压马达类型	径向柱塞马达	后稳车装置	2×后车架液压千斤顶
后桥摆动角/(°)	2×6	安全顶棚	液压 FOPS
轮胎规格	10.00×15	安全顶棚起落行程/mm	900
转向/(°)	铰接转向，2×30	柴油箱	60litre
工作制动	液压传动	液压油箱	130litre

表 2－20 TC 5 型底盘的主要技术规格

柴油机型号	Deutz BF4M 2012 带尾气催化器	转向方向	铰接转向，摆线式转向器
柴油机功率/kW	74	转向角/(°)	±40
变速箱	液压动力式	后桥摆动角/(°)	±10
传动箱	Clark－Hurth 齿轮箱	离地间隙/mm	300
车桥	Case New Holland D63	柴油箱/L	150
工作制动	变速器制动＋直接制动	前稳车装置	2×前车架液压支腿/1×前机架稳定器
紧急与停车制动	油浸多片制动器，每个车桥都安装	后稳车装置	2×液压千斤顶
轮胎规格	12.00－20 PR20	安全顶棚	液压 FOPS(ISO3449)

表2-21 TC 7W型底盘的主要技术规格

柴油机型号	MB OM904LA	转向方向	铰接转向，摆线式转向器
柴油机功率/kW	110	转向角/(°)	±40
变速器	Clark 20000液压动力式	后桥摆动角/(°)	±10
车桥	Clark - Hurth前桥宽	离地间隙/mm	320
工作制动	液压操纵，油浸制动器	柴油箱/L	150
紧急与停车制动	弹簧力制动，液压松开、失效安全型，油浸制动器	前稳车装置	1×前机架稳定器/1×TJ 40
		后稳车装置	2×TJ 60
轮胎规格	12.00 - 20 PR20	安全顶棚	液压FOPS(ISO3449)

b 钻臂

山特维克公司采矿钻车采用的钻臂有6种：BSL 360型、ZR 20型、ZR 30型、ZR 32P型、B26型与ZRU 1408R型钻臂。

（1）BSL 360型钻臂。BSL钻臂应用于Quasar 1L采矿钻车，BSL钻臂可用于垂直面与倾斜的扇面（环）形的深孔凿岩，它的作业断面类似矩形，平行钻孔范围为1.5m。它的钻臂和油缸结点采用可调式胀销，油缸采用防腐活塞杆。其主要技术规格见表2-22。

表2-22 BSL 360钻臂的主要技术规格

钻臂类型	质量（含软管）/kg	推进器旋转角/(°)	推进器仰俯角/(°)	推进器补偿行程/mm	平行钻孔范围/mm
垂直平行孔	800	360	30（前倾），70（后倾）	1200	1500

（2）ZR 20型钻臂。ZR 20型钻臂应用于Solo 5 - 5C、Solo 5 - 5F、Solo 5 - 7C、Solo 5 - 7FC采矿钻车，它的平行钻孔范围为2m。主要技术规格见表2-23。

表2-23 ZR 20型钻臂的凿岩尺寸

平行钻孔范围/mm	推进器补偿行程/mm			钻臂质量(净质量)/kg	推进器旋转角度/(°)	后顶尖行程/mm
	LF 704型	LF 705型	LF 706型			
2000	985	1050	1200	2200	360	1500

（3）ZR 30型钻臂。ZR 30型钻臂应用于Solo 7 - 7C、Solo 7 - 7F、Solo 7 - 15C、Solo 7 - 15F采矿钻车，它的平行钻孔范围为3m。主要技术规格见表2-24。

表2-24 ZR 30钻臂的主要技术规格

平行钻孔范围/mm	推进器补偿行程/mm		钻臂质量(净质量)/kg	推进器旋转角度/(°)	推进器的顶尖行程/mm	
	LF 1505型	LF 1506型			LF 1505型	LF 1506型
3000	1000	1100	2800	360	1500	1700

（4）ZR 32P 型钻臂。ZR 32P 型钻臂应用于 Solo 5－5P、Solo 5－7P 采矿钻车，它的平行钻孔范围为 3.2m。主要技术规格见表 2－25。

表 2－25　ZR 32P 钻臂的主要技术规格

平行钻孔范围/mm	推进器补偿行程/mm			钻臂质量（净质量）/kg	推进器旋转角度/(°)	后顶尖行程/mm
	LF 704 型	LF 705 型	LF 706 型			
3255	985	1050	1200	2800	360	1500

c　推进器

（1）LHF 2000 系列推进器。使用的是 LHF 2000 系列推进器，应用于 Quasar 1L、Solo 5－5V 采矿钻车，可以配用不同的换杆器，存储 12 根或 22 根钻杆。其主要技术规格见表 2－26 和表 2－27。

表 2－26　LHF 2000 系列推进器技术规格（一）

钻 杆 规 格	R 32/39/46			
推进力/kN	20			
钻进器型号	选配	选配	标配	选配
	LHF 2003	LHF 2004	LHF 2005	LHF 2006
净质量/kg	754	760	775	790

表 2－27　LHF 2000 系列推进器技术规格（二）

推进器型号	钻杆长度/mm(ft)	总长度/mm(ft)	工作范围/mm(ft)	
			最小	最大
LHF 2003	915(3)	2490(8～2)	2600(8～6)	4100(13～5)
LHF 2004	1220(4)	2790(9～2)	2900(9～6)	4400(14～5)
LHF 2005	1525(5)	3095(10～2)	3200 (10～6)	4700 (15～5)
LHF 2006	1830(6)	3400(11～2)	3500(11～6)	5000(16～5)

（2）LF 700 系列推进器。LF 700 系列推进器应用于 Solo 5－5C/F/P/V 型、Solo 5－7C/F/P 型采矿钻车，LF 700 系列推进器使用的钻杆长度为 1220mm (4ft)/1525mm (5ft)/1830mm(6ft)，配用的集尘器型号为 CC705，配用的夹钎器型号为 Pito 5。

（3）LF 1500 系列推进器。LF 1500 系列推进器应用于 Solo 7－7C/F/V 型、Solo 7－10C/F 型、Solo 7－15C/F 型采矿钻车，LF 1500 系列推进器采用油缸推进，在油缸压力为 140bar 时，推进力为 31kN。推进速度为 0.3m/s。LF 1500 系列推进器配置了 CC 1014 型的集尘器、Pito 14H 型夹钎器。其技术规格见表 2－28。

表 2-28 LF 1500 系列推进器技术规格

推进器型号	凿岩机型号	总长度/mm(ft)	钻杆长度/mm(ft)	净重/kg
LF 1504	HL1000	3200(10~6)	1220(4)	975
LF 1505	HL600	3200(10~6)	1525(5)	925
LF 1505	HL1000	3525(11~7)	1525(5)	990
LF 1506	HL600	3525(11~7)	1830(6)	940
LF 1506	HL1000	3830(12~6)	1830(6)	1005

2.3 地下大直径深孔凿岩技术

2.3.1 合理孔深和炮孔精度控制

不精确的深孔凿岩主要后果有：凿岩生产率低（补钻多和偏斜钻孔钻进率低）、凿岩爆破成本高、破碎效果差、碎屑或大块引起的装岩效率低、炮孔偏斜使得设计采场范围内炸药分布不均匀导致的矿石回收率低、偏斜炮孔在围岩中的超钻及可能使围岩进一步滞后破坏的爆破破坏引起贫化。

钻孔偏斜原因有三种：孔口位置偏差、钻孔方向偏斜和钻进孔迹偏移。凿岩精度指的是总的钻凿偏差。一般钻孔精度测定设计孔和实际孔孔底的间距，用占钻孔总长度的百分比表示。凿岩精度通常受操作人员技能和工作态度、地质条件、总体测量网的精度、钻机的机电状况、钻进作业参数（推力、旋转速度等）、孔深和孔径控制。产生偏斜的地质构造特征是层理、片理、节理和其他不连续面。这些构造的重要特征是其频度和相对于钻孔的方位。采矿诱生裂隙，如受压矿柱中的裂隙，也能导致钻孔偏斜。引起直线偏移最重要的钻进参数是推力。

尽管已经普遍认识到精确凿岩的重要性，但还是缺乏公开的设计和实际偏斜数据。这主要是因为矿山对此重视不够，或者还没有孔内测量设备。孔口位置，定向精度或孔迹偏移的监测很少进行过和报道过。在瑞典的卢奥萨瓦拉矿进行过炮孔精度预测试验。支护了凿岩平巷，仔细准备了 165mm 炮孔孔口。经过这些努力并使用稳杆器，100mm 炮孔的平均偏斜率为 1%。

最大的容许偏斜主要取决于炮孔的重要性和孔深。导向孔、充填孔、排水孔需严格加以控制。在国际镍公司曼尼托巴省境内的矿山，大多数这类专用孔洞平行于矿岩接触面钻凿，61m 孔深的平均偏移为 1.5%。所出现的最大偏斜产生于一倾角 65°，长 320m 的孔中，偏移距离达 7.6m，与矿岩接触面的交角达 13°~20°。

200m 深以下的天井导向孔钻凿需特别定向钻进。近年来用 Navi - Drill 系统取得了成功，该系统由特别稳定的下向孔定向钻进马达和偏斜导向板组成。采场深孔容许的最大偏斜率为 2%。该值取决于爆破设计，炮孔间距和抵抗线。

在实际凿岩过程中，若要更好的控制合理的深孔钻凿精度则需要从凿岩设备定位测定和炮孔偏斜测定两方面进行改进。

2.3.1.1 凿岩设备定位测定

正确使用合适的工具，炮孔倾角和偏斜是可测量的。大多数矿山利用简单的水平仪指导凿岩设备的定位。虽然这种仪器易于操作，但往往可靠性不高。倾角和偏差通常用重力机械罗盘或测斜仪来测定。这些仪器供货足，易于更换。测斜仪误差一般为2°。

为在地下凿岩设备上使用，测斜仪需有高技术传感器以满足不渗透、维护量小和具有抗震、抗冲击抗腐蚀的要求。固态测斜仪满足这些要求。应安装两个正角规，一个水平安置测定炮孔组的倾角，另一个竖直放置，并垂直于炮孔组，测偏差。最常用的测斜仪是瑞典生产的 Angie360 型。以下五个钻具公司在他们的新产品上将 Angie360 测斜仪作为任选件：阿特拉斯·科普柯公司、圆粒金刚石公司、连续采矿设备公司、库伯克斯公司和塔姆鲁克公司测斜仪费用仅为钻机总费用的3% ~6% 。

钻孔的方位取向是定位时对位误差的主要来源。通常方位取向仅用环形前视和后视着色标志来确定，目测对准凿岩机底部。当需要更加精确时，便在凿岩巷道上吊一根线，比较钻杆与其偏差。但这两种方法都不够精确。随炮孔倾角的变缓，凿岩机取向误差对炮孔最终精度的影响增大。在巷道帮壁上垂直于钻机发射一光束能提高钻机的方位精度。可用白炽灯光或激光源，但后者更精确。至少有两家钻具制造厂（塔姆鲁克和阿特拉斯·科普柯）为其新型钻机上提供这种任选件。

2.3.1.2 炮孔偏斜测定

到目前为止实际上还没有适合于地下炮孔的日常测量仪器，为辅助生产控制，所有炮孔通常都应先于装药前测量。这种日常使用的仪器应满足下列要求：费用低廉、坚固耐用、便于携带、使用方便、快速准确。

此外，加拿大有许多矿山不能采用磁性指向仪来确定炮孔方位。因为这些矿山含有大量的磁化矿，特别是磁黄铁矿。

传统的勘探钻孔偏移测量仪器无法满足地下矿山炮孔测量的要求。目前主要集中对不依赖磁性指向仪测量露天浅孔的最新仪器进行了评价。根据其操作原理，可将这些仪器分为三类：根据刚性指向棒原理工作的仪器、沿孔迹测定测孔曲度的仪器、利用沿孔迹的磁场强度的微差读数以校正现场磁场影响的仪器。

目前正在研究的问题是将现有的仪器用于测量大直径炮孔是否与在探孔中使用一样可靠。炮孔孔壁较粗糙，这与探孔孔壁光滑、孔径小的情况不大一样。

A 指向棒仪

炮孔偏移测定的指向棒仪是用测斜仪或过载传感器由规则孔长间隔距离测定炮孔的伏角和偏角的变化。内装测量传感器和相关电子电路的探头，附于一系列相连测棒端部，置于孔内。这种方法可在不使用陀螺仪或罗盘的情况下确定炮孔轨迹。

市场上现有两种这类仪器，即 Measuring – Devices 公司生产的 Boretrak 和 Reflex Instruments 公司制造的 Minibor 系统。虽然这两种产品的操作原理是一样的，但设计上截然不同（见表 2 – 29）。这些仪器近年来才用于井下测量，Minibor 系统最初用于地面勘探浅孔和采石场炮孔测量，Boretrak 则用于采石场浅孔测量。

表 2 – 29　Boretrak 和 Minibor 炮孔测量系统比较

项　目	Boretrak	Minibor
传感器	电解重力传感器	继动控制过载传感器
标称精度/%	1	0.1
测棒	玻璃纤维/碳纤维	铝质
棒长/cm	183	200
棒径/cm	2.5	4.7
50m 炮孔棒重/kg	16.4	45.3
工作范围/(°)	±30	±60
测量方向	下向	上向和下向

B　光导曲度仪

Reflex 仪器公司生产的第二种炮孔测量仪 Maxibor 已成为日常炮孔测斜仪的换代产品。这两种仪器的工作原理都是通过测定炮孔内长棒体（直径 46mm）的弯曲程度来测定炮孔偏斜。孔的曲度根据仪器一空匣内的同心环重叠程度计算。气泡式水平仪连续提供与纵轴的偏斜情况。Fotober 系统摄下这些环的规则图片，通过环重叠部分的人工描述进行图片的脱机处理，从而从每一张图片中计算孔的坐标。1990 年末出现的 Maxibor 仪运用探头中的计算机控制显示器的摄像机和图像分析计算来自动区分和记录每一测定距离内环的重叠信息。从孔中取出 Maxibor 探头后，将信息输入计算机中进行孔的轨迹处理和求解。这种设备能满足即时得到测量结果的要求而不需离开测量现场进行测量数据分析，但设计将其主要用于测量探孔而不是测量浅孔。

C　磁性校正仪

第三种测试仪器是由蒙特利尔诺兰达技术中心改进研制的新仪器，是设计用于磁性环境的地下炮孔测定专门仪器。坚固、紧凑、易于在井下携带，其整体设计反映了仪器工作的环境特征。

诺兰达的这种仪器包括两套三轴饱和铁心式磁力仪，用来确定测定方位角。多个磁力仪安装在一个 1.83m 长的探杆上，相距 1.22m，其间装有一套同轴安装的测斜仪，记录探头的倾角和仰角。仪器敷在一加强数据通信电缆上，放入孔内。两套磁力仪能对沿炮孔任何位置上的磁场变化定量化，这样就能修正对仪器方位的影响。

这种仪器在汤普森矿强磁环境下首次应用，初步结果令人鼓舞。仪器设计者相信经过一定的改进，这些仪器将达到设计要求。在非磁性采场环境的两次应用中，这一仪器工作良好。

虽然确有适合于地下采矿炮孔测量的仪器，但全部现有设备都有以下不足：（1）难以保持炮孔测量中孔内探头准确置中；（2）确定炮孔开口位置不够精确。虽然尚无理想的仪器，但上述三种炮孔测量装备各有其优点，至少在解决炮孔偏移问题之初都有些用处。仪器的选择由所使用的环境的性质确定。除了诺兰达仪器外，三种商用仪器对孔底坐标的平均测量精度误差不超过测量长度的1.0%～3.0%。每种设备在测量炮孔时都需三人操作。

虽然应用尚不是很理想，但这些设备确实能为通常当作不可知的过程提供有价值的测试手段。特别是对扇形炮孔，大多数炮孔都未穿透，无法用传递方法测定验证其孔迹。虽然目前的仪器不能准确和稳定地指出孔底位置，但能在一定的误差范围内示明孔的偏向，这就具有重要的意义，因为钻孔偏斜通常不会超过孔深的10%、20%或30%。在汤普森矿一扇形炮孔中，54m长的炮孔偏差约为11m，偏斜率为20%。显然，工程师们着重通过这一现象来推测未测的其他几个剩余炮孔的大致方位。但偏差是否一样呢？在这种情况下，精度在3%内的仪器便颇受欢迎了。要是能在此采场测定所有炮孔的偏差，就能通过采场地质条件校正其结果，从而为该采场找到一种更好的凿岩对策。

2.3.2 地下大直径深孔自动化凿岩和遥控凿岩机

随着新的采矿方法和先进采矿设备的不断涌现，采矿已经脱离了传统的低效率、高强度作业，发展成为一种大规模、高效安全的工业部门。随着自动控制技术的发展，自动化作业已经渗透到采矿作业的每个环节。近年来，一些采矿发达国家（如美国、加拿大、澳大利亚、瑞典等）已经在采矿工业自动化领域开展了深入而卓有成效的研究和试验，开发出大量的矿山自动化技术和设备，并在矿山广为应用，大大提高了矿山生产效率、降低了采矿成本，全面改善了作业条件，提高了采矿作业安全性和舒适度，为受到因世界经济状况波动的冲击、资源条件恶化的影响、公众反对态度的困扰和环境保护压力的采矿工业注入新的发展动力。

凿岩是采矿作业过程中的一项重要工作，其速度和质量直接影响矿山生产效率。近年来凿岩设备的性能和自动化程度不断提高，使凿岩作业的劳动强度和作业成本不断降低。下面详细介绍一下采矿自动化凿岩领域所取得一些发展技术和先进成果案例。

2.3.2.1 自动化凿岩[2]

在加拿大国际镍公司斯托比矿和瑞典卢基公司基律纳矿，自动化凿岩都已成为现实。

这两座矿山都拥有芬兰塔姆鲁克公司（Tamrock）的DataSolo凿岩台车，这些台车在闭路电视监视和遥控下已工作了很长时间，此外，基律纳矿正在进行Atlas Copco Simba W469凿岩台车的自动化凿岩试验，该机配备有G－Dritt Wassara水力潜孔钻机。

实现加拿大各镍矿山凿岩和装运作业自动化是国际镍公司在寻找成本效益更高的采矿技术方面的主要发展方向。于是将一些开发计划紧密结合起来。这样就可使斯托比矿凿岩和装载设备的自动化操作采用同一套通信设备和同一个控制室。因为控制站位于地表，所以斯托比矿的凿岩系统已进入了一个比基律纳矿已建类似系统更高的阶段，基律纳的凿岩台车司机在井下操作，比较靠近设备，故钻完一个炮孔时他可拆卸钻管。基律纳矿的Atlas Copco潜孔钻机的司机也在井下。国际镍公司和卢基公司想要尽快使一名操作工在同一操作站同时操作多台凿岩台车。

国际镍公司对其自动化技术信心十足。首先，该公司地下矿山中最大的矿山斯托比矿很适于自动化，该矿采用大量开采的垂直后退和分段崩落技术。其次，国际镍公司使用塔姆鲁克公司的Solo深孔凿岩台车已有多年的历史。克林山矿购买了该公司的第一台Solo深孔台车，斯托比矿于1987年首次使用。直到斯托比矿开始实施自动化计划以前，该矿的分段崩落法用普通重型深孔凿岩台车凿岩，其中两台为Tamrock Solo台车，另外两台为Atlas Copco Simba台车，切割槽用一台潜孔钻机凿岩。约有95%的分段崩落凿岩使用重型凿岩机，相反用来钻凿回采矿上向孔的Solo凿岩台车凿岩量在垂直后退崩落凿岩中约占5%。第三，斯托比矿应用的自动化系统的扩大性试验成功，意味着这个系统可在生产条件下完全实现。该系统利用国际镍公司矿山自动化和机器人技术研究小组与自动化采矿系统公司协作开发的宽频无线电通信系统。这个系统目前只将一辆Tamrock台车与地面控制站相连，但是国际镍公司计划最终由一名司机操作三辆Tamrock台车和一辆连续采矿系统公司的自动化潜孔凿岩台车，而另一名司机则控制两台Roboscoope铲运机和一辆汽车。

如同在基律纳一样，斯托比矿将DataSolo 1000 Sixty液压重型凿岩台车用于分段崩落法自动化钻管钻进。这种台车配备有Tamrock HL100型凿岩机，在HL 1500型问世后将装备这种凿岩机。也如同在基律纳矿一样，这种钻管是通过在加拿大的塔姆罗克公司销售的山特维克公司（Sandvik）的产品。1994年8月塔姆罗克公司的Data Solo凿岩台车交货，大约在同一个时候安装宽频通信系统。

斯托比矿的Data Solo 1000型60台车已钻凿炮孔24390～30400m，以每班122～132m的速度进行凿岩，每天工作2班。国际镍公司认为：该台车以自动化方式凿岩时可直接节省开支，因为在换班等过程中损失的时间比有人操作的一般深孔台车要少。

用 Data Solo 凿岩台车向锚杆、金属网和喷射混凝土联合支护的顶板内钻孔，但在刚开孔后因为钻头碰到锚杆，凿岩工常常必须停止钻孔。这就是为什么国际镍公司希望只采用纤维加强喷射混凝土支护方法的原因，这种支护方法在斯托比矿使用经过了验证。

2.3.2.2 遥控凿岩机的地表操作

斯托比矿遥控凿岩机的地表操作斯托比矿是国际镍公司（INCO）最大的生产矿山，日产含镍 0.85%，铜 0.75% 和贵金属 0.024% 的矿石 11200t。该矿采用两种不同的采矿方法：分段崩落法和 VCR 法。在低品位用分段崩落法的地区，采用遥控凿岩。较低的矿石品位加上高强度的生产方式，特别是在分段崩落法开采的地区，确定了要实现生产自动化提高 20 世纪末斯托比矿的经济效益。

在遥控凿岩计划开始实施时，该矿有 561 名雇员，执行调整后的每周 7 天、每天 3 班工作制。需要在准备装药的崩落采区内进行凿岩。用 3 台 Data Solo 1500 Sixty 型凿岩机替换的 5 台 Solo 和 Simba 上向钻孔凿岩机，需要 15 名工人进行操作和维修。分段崩落法的分段高度根据所用凿岩机的性能定为 21m。每班向上钻凿，炮孔的平均进尺为 90m，最大孔深达 30m。该矿的远景目标是每班进尺至少达到 150m，钻孔偏斜率不超过 2%，分段高度为 30m。

Tamrock 1000 Sixty Data Solo 凿岩机是一种用于上向钻孔的电动凿岩机。凿岩机安设在由液压驱动的台车上。钻杆系中空的，凿岩时用来输送冲洗水和压气至钻头，向上钻凿 10cm 孔径的扇形炮孔，钻孔最大深度达 42m。经爆破的矿石块度适于用一台 Scooptrams 铲运机装运。在这种自动化计划项目中所用凿岩机的选择是基于该矿使用手动 Tamrock Solo 凿岩机 9 年的实践经验。Data Solo 系列新型凿岩装置，在钻机操纵台上装有计算机，可帮助操作工在作业过程中保持正常的凿岩参数。

这种凿岩机的优点实际上是利用串行通信技术在操作台和机器之间用一根专用连接电缆进行联络，这使得要增加至遥控操作台的联络十分便利。

在此项目中使用的首台 Tamrock DataSolo 凿岩机能进行单孔凿岩和卸钻杆。在此讨论期间，着手完成了能自动钻凿扇形炮孔的其他性能的试验，包括进行多孔钻凿而无需人工介入。操作者通过操纵台按编制的程序钻凿扇形炮孔。装在操纵台上的计算机控制凿岩过程。钻孔、拔钻杆，然后换孔位重复钻孔步骤。

参考文献

[1] 王运敏. 中国采矿设备手册 [M]. 北京：科学出版社，2007.

[2] 孙仲鸣. 凿岩钻进机械自动化发展现状及方向 [J]. 探矿工程，1997(6)：54 ~ 56.

3 矿岩爆破基本物理过程和地下大直径深孔采矿的爆破技术

在可以预期的未来，爆破仍然是金属矿采矿的主要破岩手段，除了大直径深孔凿岩设备的条件以外，适应于不同工艺条件下的大直径深孔爆破技术是地下大直径深孔采矿的技术核心。除了需要借鉴工业炸药、爆轰理论与起爆技术、矿岩破碎机理、基于矿岩可爆性和能量平衡原理的爆破工艺参数设计以及可以预期爆破效果爆破数值模拟等爆破领域现代发展成就以外，经多年实践，地下大直径深孔大量落矿爆破由于孔径增大的幅度较大以及地下采矿的具体应用条件，在爆破方法的演化、爆破条件分析、矿岩可爆性、炸药性能以及与矿岩物理力学性质的合理匹配、爆破方法、工艺参数设计等方面，大体上形成了比较有特点的技术体系。

3.1 工业炸药及主要性能

工业炸药及爆破器材是爆破技术发展的基础。由于应用的技术条件、采用的爆破方法、装药结构和约束条件以及预期效果要求的不同，根据能量特点和主要性能合理选择炸药是正确进行地下大直径深孔大量落矿爆破设计的前提。

3.1.1 常用工业炸药[1]

工业炸药多为混合炸药，是由氧化剂、可燃剂和其他添加剂等组分按氧平衡配制并均匀混合制成的混合物。氧化剂通常是硝酸铵，可燃剂是木粉、石蜡、地蜡、柴油类碳氢化合物。

3.1.1.1 铵油炸药

在我国，20 世纪 60 年代采用结晶硝酸铵作为主要原料配制粉状铵油炸药，70 年代末期研制成功多孔粒状硝酸铵，为多孔粒状铵油炸药的推广应用创造了条件。

铵油炸药是一种无梯炸药，主要成分是硝酸铵和轻柴油。为了减少铵油炸药的结块现象，可适量加入木粉作为疏松剂。铵油炸药的性能不仅决定于它的配比，也取决于它的生产工艺。

最适合作炸药的硝酸铵通常有两个品种：即细粉状结晶硝酸铵和多孔粒状硝酸铵。

A 铵油炸药主要特点

（1）成分简单，原料来源充足，成本低，制造使用安全。

（2）感度低，起爆较困难。

（3）铵油炸药吸潮及结固的趋势较为强烈。

B 铵油炸药品种

a 粉状铵油炸药

粉状铵油炸药中的粉状硝酸铵、柴油和木粉的含量按炸药爆炸反应的零氧平衡原则计算确定。考虑到制造设备条件和工程爆破作业的具体要求，各组分在一定的范围内可以调整。几种粉状铵油炸药的组分及性能指标见表3-1。

表3-1 几种粉状铵油炸药的组分、性能

成分与性能		1号铵油炸药	2号铵油炸药	3号铵油炸药
成分/%	硝酸铵	92±1.5	92±1.5	94.5±1.5
	柴油	4±1	1.8±0.5	5.5±1.5
	木粉	4±0.5	6.2±1	—
性能指标	药卷密度/$g \cdot cm^{-3}$	0.9~1.0	0.8~0.9	0.9~1.0
	水分含量/%	≤0.25	≤0.8	≤0.8
	爆速/$m \cdot s^{-1}$	≥3300	≥3800	≥3800
	爆力/mL	≥300	≥250	≥250
	猛度/mm	≥12	≥18	≥18
	殉爆距离/cm	≥5	—	—

注：1号铵油炸药的测试包的约束为内径40mm，长300mm的双层牛皮纸管。2号和3号铵油炸药的测试药包的约束为ϕ40mm的普通钢管。

b 多孔粒状铵油炸药

多孔粒状铵油炸药是由94.5%的多孔粒状硝铵和5.5%柴油混合而成，考虑到加工过程中柴油可能有部分挥发和损失，通常加6%的柴油。柴油一般采用6号、10号及20号轻柴油。北方严寒地区可用-10号柴油。

多孔粒状铵油炸药主要有以下几种加工方法：

（1）渗油法：按比例将柴油注入装有多孔粒状硝酸铵的袋子中，放置两天后可供使用。该方法简单易行，但混合不均。

（2）人工混拌法：将一定数量的多孔粒状硝酸铵放在平板上（可在爆破现场，亦可在固定工房），按比例喷洒柴油，用铝锹或木锹翻混2~3次，直接装入炮孔或装袋备用，此法混合均匀，但人工操作劳动强度大，效率低。

（3）机混法：采用圆盘给料机以及特质的混合机械按比例将多孔粒状硝酸铵与柴油混拌。该方法混合效率高且均匀。

（4）混装车制备法：采用粒状铵油炸药混装车在爆破现场直接混制并装孔。此法经济效益好，对大中型露天作业场所非常适合。

多孔粒状铵油炸药性能指标见表3－2。

表3－2　多孔粒状铵油炸药性能指标

项　目		性能指标	
		包装产品	混装产品
水分/%		≤0.30	
爆速/m·s⁻¹		≥2800	≥2800
猛度/mm		≥15	≥15
做功能力/mL		≥278	
使用有效期/d		60	30
炸药有效期内	爆速/m·s⁻¹	≥2500	≥2500
	水分/%	≤0.50	

c　改性铵油炸药

改性铵油炸药与铵油炸药配方基本相同，主要区别为其组分中硝酸铵、燃料油和木粉进行改性，使炸药的爆炸性能和储存性能明显提高。将复合蜡、松香、凡士林、柴油等与少量表面活性剂按一定比例加热融化配制成改性燃料。硝酸铵改性主要是利用表面活性技术降低硝酸铵的表面能，提高硝酸铵颗粒与改性燃料油的亲和力，从而提高改性铵油炸药的爆炸性能和储存稳定性。它适合用于岩石爆破工程。改性铵油炸药的组分、含量和指标性能见表3－3、表3－4。

表3－3　改性铵油炸药的组分、含量

组分	硝酸铵	木粉	复合油	改性剂
质量分数/%	89.8～92.8	3.3～4.7	2.0～3.0	0.8～1.2

注：1. 制造改性铵油炸药的硝酸铵应符合GB 2945的要求；
　　2. 木粉可用煤粉、炭粉、甘蔗渣粉等代替。

表3－4　改性铵油炸药性能指标

炸药名称	性　能										
	有效期/d	殉爆距离/cm		药卷密度/g·cm⁻³	猛度/mm	爆速/km·s⁻¹	做功能力/mL	可燃气安全度(以半数引火计量)/g	炸药爆炸后有毒气体含量/L·kg⁻¹	抗爆燃性	煤尘－可燃气安全度(以半数引火量计量)/g
		浸水前	浸水后								
岩石型改性铵油炸药	180	≥3	—	0.90～1.10	≥12.0	≥3.2	≥298	—	≤100	—	—
抗水岩石型改性铵油炸药	180	≥3	≥2	0.90～1.10	≥12.0	≥3.2	≥298	—	≤100	—	—

续表3-4

炸药名称	性能										
	有效期/d	殉爆距离/cm		药卷密度/g·cm^{-3}	猛度/mm	爆速/km·s^{-1}	做功能力/mL	可燃气安全度(以半数引火计量)/g	炸药爆炸后有毒气体含量/L·kg^{-1}	抗爆燃性	煤尘-可燃气安全度(以半数引火量计量)/g
		浸水前	浸水后								
一级煤矿许用改性铵油炸药	120	≥3	—	0.90~1.10	≥10.0	≥2.8	≥228	≥100	≤80	合格	≥80
二级煤矿许用改性铵油炸药	120	≥2	—	0.90~1.10	≥10.0	≥2.6	≥218	≥218	≤80	合格	≥150

注：抗水岩石型改性铵油炸药与非抗水岩石型改性铵油炸药的油相含量相同，仅油相成分不同。

3.1.1.2 乳化炸药和粉状乳化炸药

A 乳化炸药

乳化炸药是以氧化剂水溶液为分散相，以不溶于水、可液化的碳质燃料作为连续相，借助乳化作用及碳化剂的敏化作用而形成的一种油包水（W/O）型特殊结构的含水混合炸药。

a 乳化炸药的主要成分及其作用

（1）氧化剂水溶液。绝大多数乳化炸药的分散相是由氧化剂水溶液构成，乳化炸药中氧化剂水溶液的主要作用是形成分散相和改善炸药的爆炸性能。通常使用硝酸铵和其他硝酸盐的过饱和溶液作为氧化剂，它在乳化炸药占的质量分数可达90%左右，加入硝酸盐（如硝酸钠、硝酸钙）的目的主要是要降低氧化剂溶液的析晶点。水的含量对炸药的能量及性能有明显的影响，过多的水分使炸药的爆热值因水分汽化而有所降低。经验表明，雷管敏化的乳化炸药的水分含量宜控制在8%~12%。

（2）油相材料。乳化炸药的油相材料可广义的理解为一种不溶于水的有机化合物，当乳化剂存在时，可与氧化剂水溶液一起形成W/O型乳化液。油相材料是乳化炸药中的关键成分，其作用主要是：1）形成连续相；2）使炸药具有良好的抗水性；3）既是燃烧剂，又是敏化剂；4）同时对乳化炸药的外观、存储性能有明显影响。其含量以2%~6%为宜。

（3）乳化剂。乳化剂作用使油水相互紧密吸附，形成比表面积很高的乳化液，并使氧化剂同还原剂的耦合程度增强。经验表明，HLB(亲水亲油平衡值）为3~7的乳化剂多数可以用作乳化炸药的乳化剂，乳化炸药可含有一种乳化剂，也可以含有两种或两种以上的乳化剂。乳化剂的含量一般为乳化炸药总量的1%~2%。

（4）敏化剂。用在其他含水炸药中的敏化剂也可用在乳化炸药中，如单质猛炸药（梯恩梯、黑索今等）、金属粉（铝、镁粉等）、发泡剂、玻璃微球、树脂微球、珍珠岩的加入可调整炸药密度，所以又称密度调节剂。

（5）其他添加剂。包括乳化促进剂、晶形改性剂和稳定剂等，用量为0.1%～0.5%。

b　乳化炸药的主要特性

（1）密度可调范围较宽。根据加入微孔密度降低材料数量的多少，炸药密度变化于0.8～1.45g/cm³之间，可根据工程爆破实际需要制成不同密度的品种。

（2）爆速和猛度较高。乳化炸药的爆速一般可达4000～5500m/s，猛度可达17～20mm。然而，由于乳化炸药含有较多的水，其爆力比铵油炸药低，故在硬岩中使用的乳化炸药大都加有热值较高的物质如铝粉、硫黄粉。

（3）起爆感度高。乳化炸药通常可用8号雷管起爆。

（4）抗水性强。乳化炸药的抗水性比浆状炸药和水胶炸药更强。

表3－5中列出部分国产乳化炸药的组分与性能。

表3－5　几种乳化炸药的组分与性能

炸药名称		EL系列	RL－2	RJ系列	MRY－3	CLH
组成成分/%	硝酸铵	63～75	65	53～80	60～65	50～70
	硝酸钠	10～15	15	5～15	10～15	15～30
	油相材料	2.5	2.8～5.5	2～5	3～6	2～8
	水	10	10	8～15	10～15	4～12
	乳化剂	1～2	3	1～3	1～2.5	0.5～2.5
	尿素	—	2.5	—	—	—
	铝粉	2～4	—	—	3～5	—
	密度调节剂	0.3～0.5	—	0.1～0.7	0.1～0.5	—
	添加剂	2.1～2.2	—	0.5～2.0	0.4～1.0	0～4；3～5
性能	猛度/mm	16～19	12～20	16～18	16～19	15～17
	爆力/mL	—	302～304	—	—	295～330
	爆速/m·s⁻¹	4500～5000	3500～4200	4500～5400	4500～5200	4500～5500
	殉爆距离/cm	8～12	5～23	>8	8	—

B　粉状乳化炸药

粉状乳化炸药又称乳化粉状炸药，它以含水量较低的氧化剂溶液的细微液滴为分散相，特定的碳质燃料与乳化剂组成的油相溶液为连续相，在一定的工艺条件下通过强力剪切形成油包水型乳胶体，通过雾化制粉或旋转闪蒸使胶体雾化脱水，冷却固化后形成具有一定力度分布的新型粉状硝铵炸药。粉状乳化炸药含水量一般在3%以下，因此其做功能力大于乳化炸药，由于其在制备的过程中颗粒中及颗粒间形成许多空隙，使其具有较好的雷管感度和爆轰感度。这种炸药的颗粒具有 W/O 型特殊的微观结构，因而它具有良好的抗水性能，粉状乳化炸药兼具乳化炸药及粉状炸药的优点，其主要性能指标见表 3－6。

表 3－6　粉状乳化炸药的性能指标

炸药名称	药卷密度 /g·cm^{-3}	殉爆距离 /cm	猛度 /mm	爆速 /km·s^{-1}	做功能力 /mL	炸药爆炸后有毒气体含量 /L·kg^{-1}	可燃气安全度（以半数引火量计）/g	抗爆燃性	撞击感度 /%	摩擦感度 /%
岩石粉状乳化炸药	0.85～1.05	≥5	≥13.0	≥3.4	≥300	≤80			≤15	≤8
一级煤矿许用粉状乳化炸药	0.85～1.05	≥5	≥10.0	≥3.2	≥240	≤80	≥100	合格	≤15	≤8
二级煤矿许用粉状乳化炸药	0.85～1.05	≥5	≥10.0	≥3.0	≥230	≤80	≥180	合格	≤15	≤8
三级煤矿许用粉状乳化炸药	0.85～1.05	≥5	≥10.0	≥2.8	≥220	≤80	≥400	合格	≤15	≤8

3.1.1.3　重铵油炸药

重铵油炸药又称乳化铵油炸药，是乳胶基质与多孔粒状铵油炸药的物理掺合产品。在掺合的过程中，高密度的乳胶基质填充多孔粒状硝酸铵颗粒间的空隙并涂覆于硝酸铵颗粒的表面。这样，既提高了粒状铵油炸药的相对体积威力，又改善了铵油炸药的抗水性能。乳胶基质在重铵油炸药中的比例可为0～100%，炸药的体积威力及抗水性能等也随着乳胶含量的变化而变化。图 3－1 所示为重铵油炸药的相对体积威力与乳胶含量的关系。

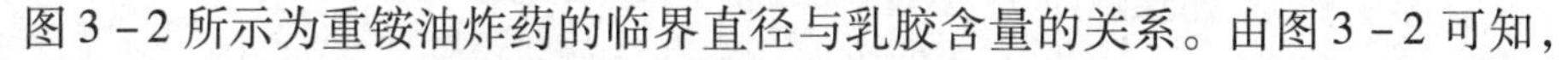

图 3－2 所示为重铵油炸药的临界直径与乳胶含量的关系。由图 3－2 可知，

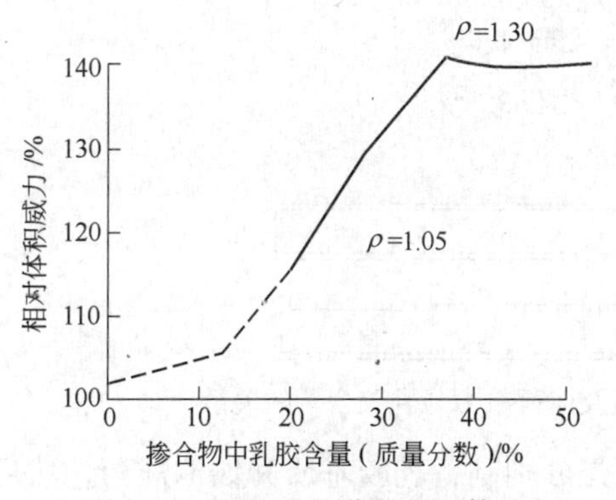

图 3－1　重铵油炸药的相对体积威力与乳胶含量的关系

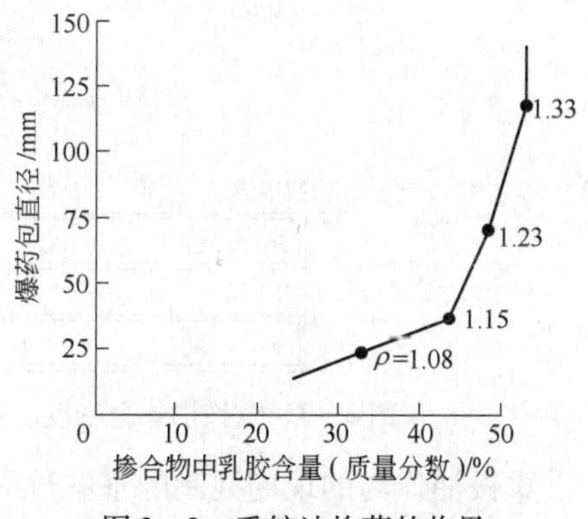

图 3－2　重铵油炸药的临界直径与乳胶含量的关系

随着铵油炸药中乳胶含量的增加，炸药临界直径逐渐增大，即炸药的起爆感度降低了。表3－7为重铵油炸药两种组分与性能的关系。

表3－7 重铵油炸药的性能与组分的关系

组分（质量分数）/%	乳胶基质	0	10	20	30	40	50	60	70	80	90	100
	ANFO	100	90	80	70	60	50	40	30	20	10	0
密度/g·cm^{-3}		0.85	1.0	1.10	1.22	1.31	1.42	1.37	1.35	1.32	1.31	1.30
爆速/m·s^{-1}（药包直径127mm）		3800①	3800	3800	3900	4200	4500	4700	5000	5200	5500	5600
膨胀功/J·g^{-1}		3799.1	3753.0	3707.0	3665.2	3606.6	3539.7	3447.6	3363.9	3280.3	3213.3	3146.4
冲击功/J·g^{-1}							3460.2					3138.0
气体生成产量/mol·kg^{-1}		43.8	43.3	42.8	42.3	41.4	41.4	40.9	40.4	39.9	39.4	39.0
相对重力威力		100	99	98	96	95	93	91	89	86	85	83
相对体积威力		100	116	127	138	146	155	147	171	133	131	127
抗水性		无	同一天内可爆			无约束包装下，可保持3d起爆					无包装保持3d	
最小直径/mm		100	100	100	100	100	100	100	100	100	100	100

①为测量值，其余为估算值。

重铵油炸药密度、爆热及体积威力与乳胶含量的关系如图3－3所示。

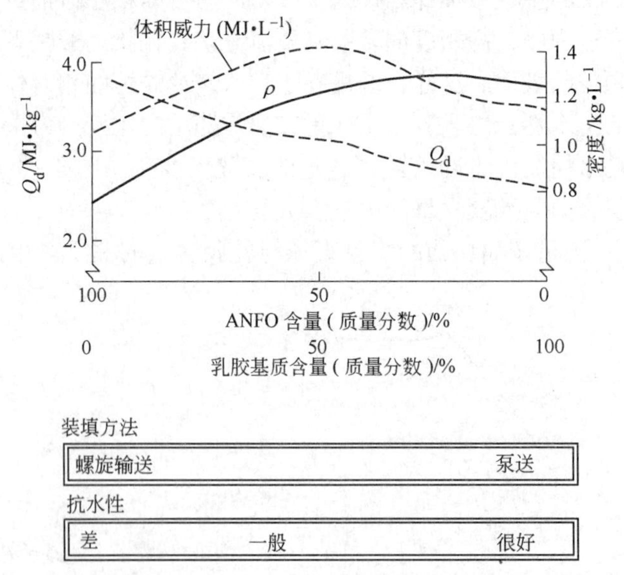

图3－3 重铵油炸药密度、爆热及体积威力与乳胶含量的关系

重铵油炸药的现场混制的基本过程是先分别制备乳胶基质和铵油炸药，然后将二者按设计比例掺和，所制备的乳胶基质可泵送至固定储罐中存放，亦可用专用罐车运至现场，还可在车上直接制备。多孔粒状硝铵与柴油可按94∶6的比例

在工厂等固定地点混拌，亦可在混装车上混制。

3.1.1.4 水胶炸药

水胶炸药与浆状炸药、乳化炸药同属抗水炸药。水胶炸药是在浆状炸药的基础上发展起来的，它是以硝酸甲胺为主要敏化剂的含水炸药，即由硝酸甲胺、氧化剂、辅助敏化剂、辅助可燃剂、密度调节剂等材料溶解、悬浮于有胶凝剂的水溶液中，再经化学交联而制成的胶凝状含水炸药。水胶炸药与浆状炸药的主要区别在于水胶炸药用硝酸甲胺为主要敏化剂，而浆状炸药敏化剂主要用非水溶性的火炸药成分、金属粉和固体可燃物。

水胶炸药的优点是：（1）爆炸反应较完全，能量释放系数高，威力大；（2）抗水性好，爆炸后有毒气体生产量少；（3）机械感度和火焰感度低；（4）储存稳定性好；（5）成分间相容性好；（6）规格品种多，特别是煤矿许用型可用于高瓦斯地区。但水胶炸药也有缺点：（1）不耐压，不耐冻；（2）易受外界条件影响而失水解体，影响炸药的性能；（3）原材料成本较高，炸药价格较贵。

国标规定的水胶炸药主要性能指标见表3－8。

表3－8 水胶炸药主要性能指标（GB 18094—2000）

项　目	指　标					
	岩石水胶炸药		煤矿许用水胶炸药			露天水胶炸药
	1号	2号	一级	二级	三级	
炸药密度/g·cm^{-3}	1.05～1.30		0.95～1.25			1.15～1.35
殉爆距离/cm	≥4	≥3	≥3	≥2	≥2	≥3
爆速/km·s^{-1}	≥4.2	≥3.2	≥3.2	≥3.2	≥3.0	≥3.2
猛度/mm	≥16	≥12	≥10	≥10	≥10	≥12
做功能力/mL	≥320	≥260	≥220	≥220	≥180	≥240
爆炸后有毒有害气体含量/L·kg^{-1}	≤80					
可燃气安全度			合　格			
撞击感度	爆炸概率≤8%					
摩擦感度	爆炸概率≤8%					
热感度	不燃烧不爆炸					
使用保证期/d	270		180			180

注：1. 不具有雷管感度的炸药可不测殉爆距离、猛度、做功能力。

2. 以上指标均采用ϕ32mm或ϕ35mm的药卷进行测试。

表3－9列出几种国产水胶炸药的性能。表3－10为美国杜邦公司水胶炸药的性能。

表 3-9 几种国产水胶炸药的性能

炸药名称		SHJ-K	1号	3号	W-20型
组分/%	硝酸盐	53~58	55~75	48~63	71~75
	水	11~12	8~12	8~12	5.0~6.5
	硝酸甲胺	25~30	30~40	25~30	12.9~13.5
	柴油或铝粉	3~4(铝)	—	—	2.5~3.0(柴)
	胶凝剂	2	—	0.8~1.2	0.6~0.7
	交联剂	2	—	0.05~0.1	0.03~0.09
	密度调节剂	—	0.4~0.8	0.1~0.2	0.3~0.9
	氯酸钾	—	—	—	3~4
	延时剂	—	—	0.02~0.06	—
	稳定剂	—	—	0.1~0.4	—
性能指标	密度/g·cm^{-3}	1.05~1.30	1.05~1.30	1.05~1.30	1.05~1.30
	爆速/km·s^{-1}	3.5~4.0	3.5~4.6	3.6~4.4	
	殉爆距离/cm	≥8	≥7	12~25	6~9
	爆力/mL	350	—	330	350
	猛度/mm	>15	14~15	12~20	16~18
	爆热/kJ·kg^{-1}	4205	4708	—	5006
	临界直径/mm	—	12	—	12~16

表 3-10 美国杜邦公司水胶炸药的性能

产 品	直径/mm	密度/g·cm^{-3}	爆速/m·s^{-1}	抗水性	炮烟等级	雷管感度
Tovex90	25.4~38.1	0.9	4300	好	1	有
Tovex100	25.4~44.5	1.1	4500	极好	1	有
Tovex200	25.4~44.5	1.1	4800	极好	1	有
Tovex300	25.4~38.1	1.02	3400①	好	A	有
Tovex500	44.5~102	1.23	4300	极好	1	有
Tovex650	44.5~102	1.35	4500	极好	1	有
Tovex700	44.5~102	1.2	4800	极好	1	有
Tovex800	44.5~102	1.2	4800	极好	1	有
Tovex T-1	25.4	—	6700	好	1	有
Tovex P	51~102	1.1	4800	极好	1	有
Tovex C	袋装	—	—	极好	1	有
Tovex extra	102~104	1.33	5700	极好	—	无
Pourvex extra	89 和灌装	1.33	4900	极好	—	无
Drivex	38.1 和泵送	1.25	5300	极好	1	无

①无约束，其他为有约束。

3.1.1.5 膨化硝铵炸药

膨化硝铵炸药是指用膨化硝酸铵作为炸药氧化剂的一系列粉状硝铵炸药，其关键技术是硝酸铵的膨化敏化改性，膨化硝酸铵颗粒中含有大量的“微气泡”，颗粒表面被“歧性化”、“粗糙化”，当其受到外界强大激发作用时，这些不均匀的局部就可能形成高温高压的“热点”进而发展成为爆炸，实现硝酸铵的“自敏化”设计。膨化硝铵炸药的组分和性能指标分别见表3－11和表3－12。

表3－11 膨化硝铵炸药的组分

炸药名称	组分（质量分数）/%			
	硝酸铵	油相	木粉	食盐
岩石膨化硝铵炸药	90.0～94.0	3.0～5.0	3.0～5.0	—
露天膨化硝铵炸药	89.5～92.5	1.5～2.5	6.0～8.0	—
一级煤矿许用膨化硝铵炸药	81.0～85.0	2.5～3.5	4.5～5.5	8～10
一级抗水煤矿许用膨化硝铵炸药	81.0～85.0	2.5～3.5	4.5～5.5	8～10
二级煤矿许用膨化硝铵炸药	80.0～84.0	3.0～4.0	3.0～4.0	10～12
二级抗水煤矿许用膨化硝铵炸药	80.0～84.0	3.0～4.0	3.0～4.0	10～12

注：1. 抗水煤矿许用膨化硝铵炸药与非抗水煤矿许用膨化硝铵炸药的油相含量相同，仅油相成分不同。
2. 岩石、露天膨化硝铵炸药的木粉可用煤粉替代。

表3－12 膨化硝铵炸药的性能指标

炸药名称	性能												
	水分（质量分数）/%	殉爆距离/cm		猛度/mm	药卷密度/g·cm^{-3}	爆速/km·s^{-1}	做功能力/mL	保质期/d	保质期内		有害气体含量/L·kg^{-1}	可燃气安全度	抗爆燃性
		浸水前	浸水后						殉爆距离/cm	水分/%			
岩石膨化硝铵炸药	≤0.30	≥4		≥12.0	0.80～1.00	≥3.2	≥298	180	≥3	≤0.50	≤80	—	
露天膨化硝铵炸药	≤0.30	—		≥10.0	0.80～1.00	≥2.4	≥228	120	—	≤0.50	—	—	—
一级煤矿许用膨化硝铵炸药	≤0.30	≥4		≥10.0	0.80～1.05	≥2.8	≥228	120	≥3	≤0.50	≤80	合格	合格
一级抗水煤矿许用膨化硝铵炸药	≤0.30	≥4	≥2	≥10.0	0.80～1.05	≥2.8	≥228	120	≥3	≤0.50	≤80	合格	合格

续表 3 - 12

炸药名称	性能												
	水分（质量分数）/%	殉爆距离/cm		猛度/mm	药卷密度/g·cm^{-3}	爆速/km·s^{-1}	做功能力/mL	保质期/d	保质期内		有害气体含量/L·kg^{-1}	可燃气安全度	抗爆燃性
		浸水前	浸水后						殉爆距离/cm	水分/%			
二级煤矿许用膨化硝铵炸药	≤0.30	≥3	—	≥10.0	0.80 ~ 1.05	≥2.6	≥218	120	≥2	≤0.50	≤80	合格	合格
二级抗水煤矿许用膨化硝铵炸药	≤0.30	≥3	≥2	≥10.0	0.80 ~ 1.05	≥2.6	≥218	120	≥2	≤0.50	≤80	合格	合格

3.1.2 炸药的爆炸性能[1]

3.1.2.1 爆速

爆轰波在炸药中的传播速度称为爆轰速度，简称爆速，其单位是 m/s 或 km/s。爆速与爆压、猛度等密切相关，是衡量炸药爆炸性能的重要指标之一。

在理想的情况下，一种炸药的爆速应当是一个常量，实际情况则不然，炸药的爆速总是低于理想的爆速，影响爆速的主要因素包括药柱直径、约束条件、炸药密度和炸药粒度等。一般条件下，直径越大、约束越强、密度越高、炸药粒度越细，爆速越高。

就工业炸药而言，当药柱直径一定时，存在有使爆速达到最大值的密度值，即最佳密度。再继续增大密度，就会导致爆速下降，当爆速下降至临界爆速，爆轰波就不能稳定传播，最终导致熄爆。

爆速可采用半经验半理论公式计算，也可通过导爆索法（Dautriche 法）、测时仪法和高速摄影法测定。

3.1.2.2 威力

炸药的做功能力称为炸药的威力，通常用爆轰产物绝热膨胀直到其温度降低到炸药爆炸前温度时，对周围介质所做的功来表示。所有爆炸作用做的功只是炸药总能量的一部分。表达式为：

$$A = Q_V\left(1 - \frac{T}{T_{\mathrm{d}}}\right)$$

式中　A——炸药做功能力；

Q_V——炸药的爆热，J/mol；

T_d——炸药的爆温，K。

3.1.3 炸药的感度与爆轰理论

3.1.3.1 炸药的感度

炸药的感度是指炸药在外界能量作用下发生爆炸反应的难易程度，是炸药加工、包装、运输、储存和施工安全技术条件设计的依据，也是工程爆破起爆方法和起爆器材设计和选择的依据。按外部作用能量的形式，炸药感度分为热感度、机械感度、爆轰感度、冲击波感度、静电火花感度等。

A 热感度

炸药的热感度是指在热能作用下引起炸药爆炸的难易程度。热感度包括加热感度和火焰感度两种。加热感度用来表示炸药在均匀加热条件下发生爆炸的难易程度，通常采用炸药在一定条件下的爆发点来表示。炸药在明火（火焰、火星）作用下，发生爆炸变化的能力称为炸药的火焰感度。炸药对火焰的感度用点火的上下限来表示。实践表明，在非密闭状态下，黑火药与猛炸药用火焰点燃时通常只能发生不同程度的燃烧变化，而起爆药却往往表现为爆炸。

B 机械感度

炸药的机械感度是指炸药在机械作用下发生爆炸的难易程度。按照机械作用形式不同，炸药的机械感度通常有摩擦感度、撞击感度等，此外，还有针刺感度、枪弹射击感度、对惯性力的感度等。

a 摩擦感度

炸药在机械摩擦作用下发生爆炸的能力称为摩擦感度。测定炸药摩擦感度的仪器有多种，但大多数测定误差较大，精度不高。比较精确的方法是摆式摩擦仪，是我国最常用的仪器。

炸药的颗粒粒径减小，摩擦感度随之减小。例如对于黑索今，当颗粒粒径为0.20～0.28mm时，摩擦感度为32%；当颗粒粒径尺寸小于0.20mm时，摩擦感度为20%～24%。

b 撞击感度

在机械撞击作用下，引起炸药爆炸的难易程度，称为炸药的撞击感度。

撞击感度的表示方法有多种，如爆炸百分数法、上下限法、50%爆炸的特性落高法以及冲击能法等。目前国内对猛炸药广泛使用的是爆炸百分数表示法，对起爆药广泛使用的是上下限法。

c 针刺感度

针刺感度主要是指火工品（火帽、雷管）中起爆药或击发药在针刺作用下能发火或爆炸的能力。

一般针刺感度使用上、下限或感度曲线（落高与爆炸百分数关系曲线）来表示。

C 爆轰感度

在爆轰波的作用下，炸药发生爆炸的难易程度成为炸药的爆轰感度。猛炸药的爆轰感度一般用极限起爆药量来表示。1g 猛炸药完全爆轰所需起爆药的最小药量称为极限起爆药量。对于同一种起爆药，不同的猛炸药极限起爆药量不同。一般起爆药的爆轰增长速度越快（即爆轰增长期越短），爆速越大，它的起爆能力也就越大。

D 冲击波感度

炸药在冲击波作用下发生爆炸的难易程度，称为炸药对冲击波作用的感度。一般用被发药柱 50% 爆炸时，间隙厚度来表示炸药的冲击波感度。

E 静电火花感度

炸药在静电火花作用下，发生爆炸变化的能力，称为炸药的静电火花感度。用使炸药 100% 爆炸时静电火花的最小能量表示，或用在一定放电电能条件下所发生的爆炸频数来表示。

3.1.3.2 炸药的爆轰理论

A 爆轰波

一般来说，波的形成是与扰动分不开的。所谓扰动就是在受到外界作用时，介质状态（压力、密度、温度等）发生的局部变化。而波就是扰动的传播。换句话说，介质状态变化的传播即称为波。扰动波传播后，压力 p、密度 ρ、温度 T 等状态参数增加的波称为压缩波，而介质状态参数 p、ρ、T 均下降的波称为稀疏波。冲击波是指在介质中以超声速传播并能引起介质的状态参数（p、ρ、T）发生突跃升高的一种特殊形式的压缩波。

众所周知，用加速运动的活塞压缩圆管内的气体，可在其中形成冲击波。在正常条件下，炸药一旦被起爆，首先在起爆点发生爆炸反应而产生大量高温、高压和高速的气流。这种高压气流与加速运动的活塞相类似，能够在周围介质（即炸药分子）中激发冲击波。冲击波波阵面所到之处，以其高温、高压、高速、高密等状态所表征的高能量使炸药分子活化而发生化学反应。快速化学反应所释放出来能量的一部分足以补偿冲击波传播的能量损耗。因此，冲击波得以维持并以固有波速和波阵面压力继续向前传播，其后紧跟着一个炸药化学反应以同等速度向前传播。这种伴随化学反应，在炸药中传播的特殊形式的冲击波，简称爆轰波。冲击波头和化学反应的传播速度是相同的，这个速度称为爆轰波传播速度，简称爆速。

爆轰波通过时，为简化起见，假设气体只能产生轴向方向的流动。

图 3－4 中的 A—A 面表示冲击波头，假设其传播速度为 D。A—A 面右方是

未扰动区，假设该区域的气体初始状态参数为p_0、v_0、T_0，流速$u_0=0$。在波头A—A面上，由于冲击波的压缩，状态参数发生突跃变化并获得流速（图中用p_s、v_s、T_s、u_s表示变化后的数值），同时开始化学反应。

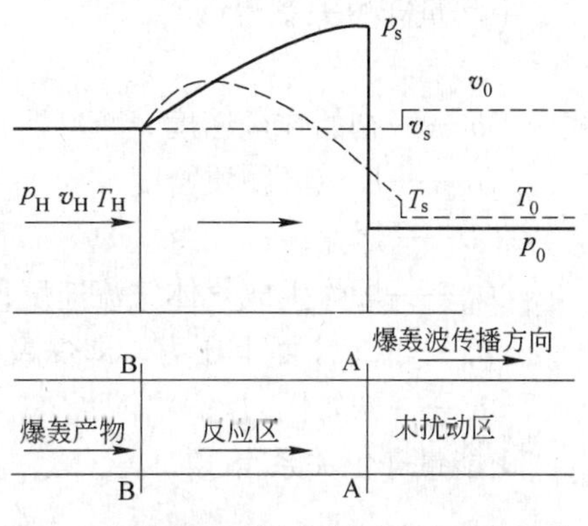

图3-4 爆轰过程中气体状态参数的变化

因此，冲击波头A—A面是未扰动区和反应区的分界面。B—B面表示反应结束的面。介于A—A面和B—B面间的空间区域即为化学反应区。在反应区内，由于化学反应和放出热量，气体状态将相应的发生变化。因反应是逐步完成的，气体状态参数也将逐步地发生变化。与开始反应时的参数（即A—A面上的参数）相比较，气体的比体积和温度逐渐增大，压力逐渐减小。当反应接近结束时，因放热量减少，温度开始下降。由此可见，反应区内不同截面上的状态参数是不相同的。但在爆轰波稳定传播和一维流动条件下，无论反应区传播至何处，其中任一截面上的状态参数都是固定不变的。换句话说，由一个追踪爆轰波运动的观察者来看，反应区内的情况始终保持稳定，不会随着反应区的传播而发生变化。在这种情况下，反应区又称作稳恒区。尚应指出，若除了产生轴向流动外，还产生径向流动，则稳恒区只是反应区内的一部分，这时应将两者区别开来。稳恒区末端面称为C—J面（Champan-Jouget面），用p_H、v_H、T_H和u_H表示该面上气体的状态参数和流速。通常将C—J面称为爆轰波阵面。冲击波阵面和紧随其后的化学反应区合起来称为爆轰波阵面[3]。

爆轰波具有以下特点：

（1）爆轰波只存在于炸药的爆轰过程中，爆轰波的传播随着炸药爆轰的结束而终止。

（2）爆轰波阵面中的高速化学反应区是爆轰得以稳定传播的基本保证。爆轰波阵面的宽度A—B通常约为0.1~1.0mm。爆轰波参数通常是B—B面上的状态参数。

（3）爆轰波具有稳定性，即波阵面上的参数及其宽度不随时间变化，直至爆轰终止。

B 爆轰波基本方程

因为爆轰波是一种强冲击波，所以冲击波的基本方程也可用于爆轰波，即由质量守恒关系得

$$\rho_0 D = \rho_H (D - D_H) \tag{3-1}$$

由动量守恒关系得

$$p_{\mathrm{H}} - p_0 = \rho_0 D_{\mathrm{H}} \tag{3-2}$$

式中 ρ_0——初始炸药密度；

ρ_{H}——反应区物质密度；

D——爆速；

D_{H}——爆炸生成气体气流速度；

p_{H}——C—J 面上压力，即爆轰压力；

p_0——初始压力。

由能量守恒关系得

$$E_{\mathrm{H}} - E_0 = \frac{1}{2}(p_{\mathrm{H}} + p_0)(v_0 - v_{\mathrm{H}}) \tag{3-3}$$

式中 E_{H}，E_0——炸药爆轰时和爆轰前的能量；

v_0——炸药初始比体积；

v_{H}——爆轰波阵面上爆炸气体的比体积。

考虑到爆轰波反应中要放出热量，故有

$$E_{\mathrm{H}} - E_0 - Q = \frac{1}{2}(p_{\mathrm{H}} + p_0)(v_0 - v_{\mathrm{H}}) \tag{3-4}$$

式中 Q——爆热。

式（3-4）称为爆轰波雨果尼奥（Hugoniot）方程。

图 3-5 所示的 $p-V$ 曲线 H_1 称为爆轰波雨果尼奥曲线，曲线 H_2 称为冲击波雨果尼奥曲线。在曲线 H_2 上，相对应的各点存在着各种强度的冲击波；然而在曲线 H_1 上，并不是所有的点都与爆轰过程相对应。实验结果表明，在稳定的爆轰时存在着如下的关系：

$$D = c_{\mathrm{H}} + u_{\mathrm{H}} \tag{3-5}$$

式中 D——爆速；

c_{H}——C—J 面处爆轰气体产物的声速；

u_{H}——C—J 面处气体产物质点速度。

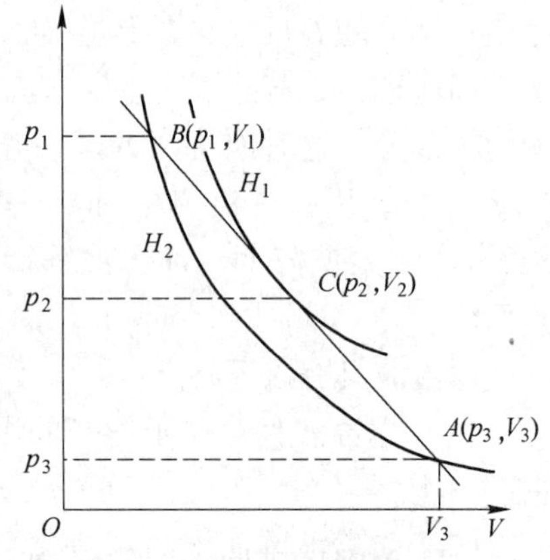

图 3-5 爆轰波雨果尼奥曲线（$p-V$ 曲线）

式（3-5）由查普曼和朱格得出，叫做 C—J 方程或 C—J 条件。由于 C—J 面处满足 C—J 条件，爆轰波后面的稀疏波就不能传入爆轰波反应区中。因此，反应区所释放出的能量就不发生损失，而全部用来支持爆轰波的定常传播。

C 爆轰波参数计算

爆轰波参数可用与求一般冲击参数相似的方法求得：

（1）C—J 面处的质点速度：

$$u_{\mathrm{H}} = \frac{1}{K+1}D \tag{3-6}$$

（2）爆轰压力：

$$p_{\mathrm{H}} = \frac{1}{K+1}\rho_0 D^2 \tag{3-7}$$

（3）爆轰结束瞬间产物体积：

$$V_{\mathrm{H}} = \frac{K}{K+1}v_0 \tag{3-8}$$

（4）爆轰结束瞬间产物密度：

$$\rho_{\mathrm{H}} = \frac{K+1}{K}\rho_0 \tag{3-9}$$

（5）爆速：

$$D = \sqrt{2(K^2-1)Q_V} \tag{3-10}$$

（6）爆轰结束瞬间产物温度：

$$T_{\mathrm{H}} = \frac{2K}{K+1}T_{\mathrm{c}} \tag{3-11}$$

式中 K——系数，通常可取为 $K=3$；

T_{c}——定容条件下的爆温。

从上述式子可知：

（1）反应产物质点速度比爆速小，但随爆速的增大而增大。

（2）爆轰反应结束瞬间产物的压力取决于炸药的爆速和密度。

（3）爆轰刚结束时，产物的密度比原炸药的密度大。

（4）爆轰结束瞬间的温度不是爆温，它比爆温高。爆温是假定爆轰产物在定容条件下加热温升，而 T_{H} 除此以外还包含爆轰产物体积被压缩时造成的温升，故较爆温为高。

在现代技术条件下，爆速 D 可以直接准确地测知。设 ρ_0 为已知的炸药初始密度，利用前述方程可求得爆轰波其余各参数值。

D 爆轰波稳定传播的条件

在一定的条件下，炸药起爆后能继续传播，然而在不利条件下，爆炸也可以中止或者转变为燃烧或爆燃；相反，在密闭情况下或者大量炸药燃烧时，燃烧也可因热量不断积聚而转变为爆炸。在其他条件一定时，爆轰波是以与反应区释出的能量相对应的参数进行传播的。

a 反应区化学反应机理

在冲击波作用下引起的反应区中化学反应的机理有多种解释，但可归纳为两类。第一类是整体均匀灼热引起化学反应。这种反应机理适用于不含气泡或其他掺和物的均质炸药，例如不含气泡或其他掺和物的液体炸药。在冲击波作用下，邻接波阵面的炸药薄层均匀地受到强烈压缩，温度迅速上升，产生急剧化学反应。由于整个薄层炸药均需均匀受压缩、灼热而发生反应，这就需要有较强的冲击波来提供较高的压力。第二类是热点局部灼热引起化学反应。这种反应机理适用于不均匀的炸药。与上述整体均匀灼热机理不同，在不均质炸药中，由于冲击波的作用，化学反应首先是围绕热点开始的，然后进一步发展至整个炸药薄层。因为冲击能量首先集中在一定数量的热点处，所以为引起炸药薄层化学反应所必须的冲击波压力比均匀灼热时要低。换言之，较低的冲击波压力也可以引起爆炸反应。但是，由热点形成到全部炸药爆炸反应需要经历一定时间，这样就导致不均质炸药化学反应区宽度大而爆速低、炸药颗粒、密度等各种物理因素对爆轰传播和爆轰波参数变化的影响更为显著。

工业炸药多为混合炸药，而混合炸药往往含有多种不同性质成分，这种多成分带来的不均匀性决定其反应区中的反应具有多阶段的特点。在冲击波阵面压力作用下，首先是炸药中各成分的分解，即第一次反应。然后，分解产物互相作用，或与尚未分解或尚未汽化的成分（如铝粉）发生反应，生成最终爆轰产物，即第二次反应。

b　理想爆轰与稳定爆轰

爆速是爆轰波的一个重要参数，人们往往通过它来分析炸药爆轰波传播过程。这一方面是因为爆轰波的传播要靠反应区释放的能量来维持，爆速的变化直接反映了反应区结构以及能量释放的多少和释放速度的快慢；另一方面则是在现代技术条件下，爆速是比较容易准确测定的一个爆轰波参数。

图 3－6 所示为炸药爆速随药包直径变化的一般规律。它表明，随着药包直径的增大，爆速相应增大，直到药包直径增大至 $d_{极}$ 时，药包直径虽然继续增大，爆速将不再升高而趋于一恒定值，亦即达到了该条件下的最大爆速。$d_{极}$ 称为药包极限直径。随着药包直径的减小，爆速逐渐下降，直到药包直径降至 $d_{临}$ 时，如果继续缩小药包直径，即 $d < d_{临}$，则爆轰完全中断。$d_{临}$ 称为药包临界直径。

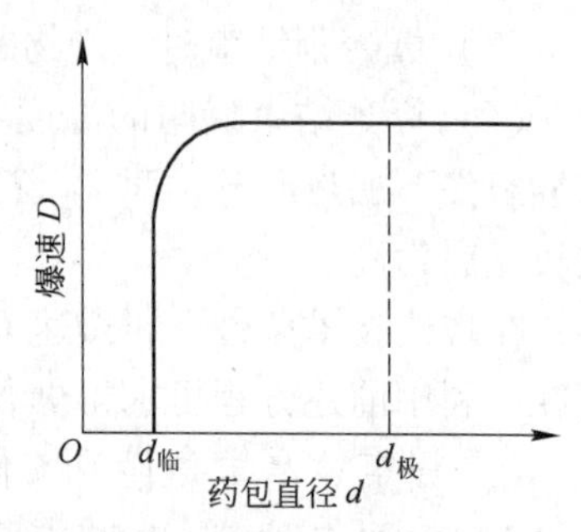

图 3－6　炸药爆速随药包直径变化

当任意加大药包直径和长度而爆轰波传播速度仍保持稳定的最大值时，称为理想爆轰，图 3－6 中 $d_{极}$ 右边的区域属于这一类爆轰。若爆轰波以低于最大爆速的定常速度传播，则称为非理想爆轰。非理想爆轰又可以分为两类。图 3－6 中 $d_{临}$ 至 $d_{极}$ 之间的爆轰属于稳定爆轰区，在此区间内爆轰波以一定条件相对应的定常波速传播。药包直径小于 $d_{临}$ 的区域属于不稳定爆轰区。稳定爆轰区和不稳定爆轰区合称非理想爆轰区。

炸药临界直径和极限直径同爆速一样，都是衡量炸药爆轰性能的重要指标。从工程爆破角度来看，显然必须避免不稳定爆轰的发生而应力求达到理想爆轰。也就是说，药包直径不应小于 $d_{临}$，而尽可能达到或大于 $d_{极}$，然而，由于技术或其他条件的限制，矿山实际采用的药包直径往往都比 $d_{极}$ 小，即 $d<d_{极}$，尤其是在使用低感度混合炸药时更加突出。在这种情况下，不可避免地出现了非理想爆轰，尽管达到了稳定爆轰，但化学反应过程中炸药能量没有充分释放出来，能量损失很大。

c 侧向扩散对反应区结构的影响

药包直径小于极限直径时，药包直径减小，爆速随之下降。当 $d<d_{临}$ 时，爆轰即完全中断。这是因为随着药包直径的缩小，由于侧向扩散的损耗使得用以维持爆轰波传播的能量急剧减少。

能量侧向扩散的原因及对爆轰波传播过程的影响如下：冲击波阵面抵达之处炸药薄层受到强烈压缩而产生急剧化学反应，形成化学反应区。化学反应生产的高温高压气体产物自反应区侧向向外扩散。在扩散强大气流中，不仅有反应完全的爆轰气体产物，而且还有来不及发生反应或反应不完全的炸药颗粒以及其他中间产物。由于这些炸药颗粒的逸散，化学反应的热效应降低而造成能量损失。

图 3－7 所示为在不同药包直径的条件下，侧向扩散对反应结构的影响。

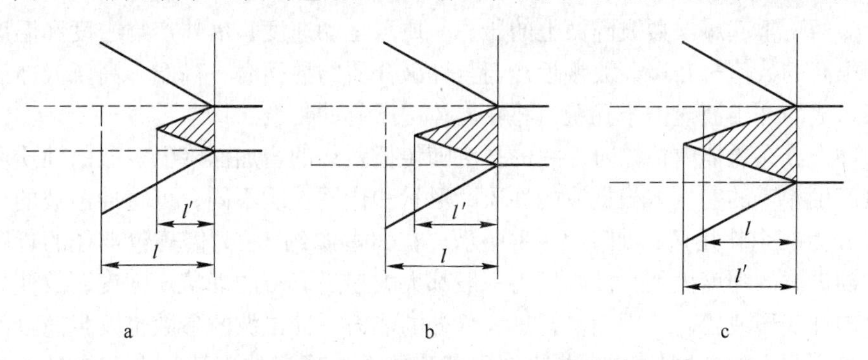

图 3－7 不同药包直径侧向扩散对反应结构影响示意图
a—不稳定传播区；b—非理想爆轰稳定传播；c—理想爆轰
l—反应区宽度；l'—有效反应区宽度

就同一种炸药而言，随着药包直径的减小，有效反应区宽度也相应缩小，如图 3－7a 所示，$d<d_{临}$ 时，侧向扩散影响严重，有效反应区大大缩小，成为不稳定传爆。图 3－7b 所示为 $d_{临}<d<d_{极}$，侧向扩散仍有明显影响，有效反应区宽度比炸药固有化学反应区宽度略小，不过这是有效反应区内释放出的能量还足够维持爆轰波以定常速度传播，成为非理想稳定爆轰。图 3－7c 所示为 $d>d_{极}$，药包中心部分不受侧向扩散影响，爆轰波以最大速度传播，为理想爆轰。

综上所述可以看出，药包爆轰时是否能达到稳定爆轰甚至理想爆轰，取决于

t_1 同 t_2 之间的相对关系。炸药爆轰反应速度高，反应终了所需时间 t_2 小，则不稳定传播到稳定传播时间 t_2 值可以相应减小，即可以采用较小直径药包。

3.1.4 炸药的起爆与起爆器材

炸药是一种相对稳定的平衡系统，要使其爆炸必须要由外界施加一定的能量，通常将外界施加给炸药局部而引起炸药爆炸的能量称为起爆能。引起炸药发生爆炸过程称为起爆。

外界施加于炸药的起爆能可以是热能、机械能、爆炸能。爆炸能是工程爆破中最广泛应用的一种起爆能，例如，在爆破作业中，利用雷管、导爆索和中继药包的爆炸来起爆爆破装药。地下大量落矿为达到爆破体预期的位移顺序、堆积以及爆破作用控制，目前已广泛应用的等微差高精度雷管及逐孔起爆等起爆系统基本可满足工程设计要求。

3.2 岩体中的爆炸应力波

炸药在岩石和其他固体介质中爆炸所激起的应力波称为爆炸应力波。

3.2.1 应力波的形成与传播

炸药正常起爆爆轰波阵面上的压力、质点运动速度、爆炸产物密度和温度都达到很高的数值，当爆轰波接近炸药与爆破介质的界面时，高温、高压气体迅速膨胀形成的冲击波撞击于孔壁，将在岩体中激起冲击波。

冲击波在岩体内传播时，它的强度随传播距离的增加而降低。波的性质和形状也产生相应的变化。根据波的性质、形状和作用性质不同，可将冲击波的传播过程分为三个作用区，如图 3－8 所示。在离爆源约 3～7 倍药包半径的近距离内，冲击波的强度极大，波峰压力一般都大大超过岩石的动抗压强度，故使岩石产生塑性变形或粉碎。因而消耗了大部分的能力，冲击波的参数也发生急剧的衰减，这个距离的范围叫做冲击波作用区。冲击波通过该区后，由于能量大量消耗，冲击波衰减成不具陡峻波峰的应力波，波阵面上的状态参数变化得比较平

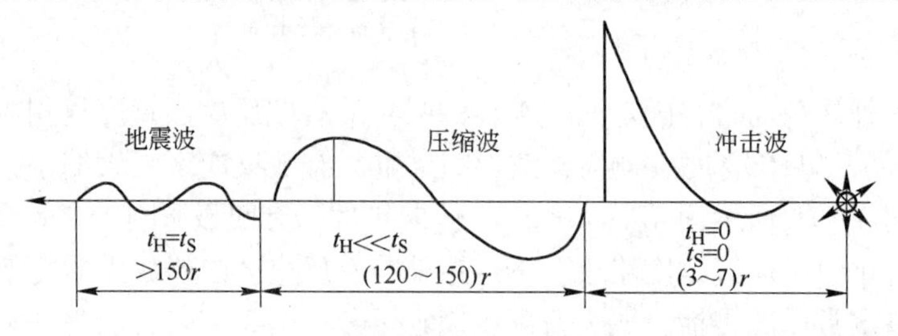

图 3－8 爆炸应力波及其作用范围

r—药包半径；t_H—介质状态变化时间；t_S—介质状态恢复到静止状态时间

缓，波速接近或等于岩石的声速，岩石的状态变化所需时间大大小于恢复到静止状态所需时间。由于应力波的作用。岩石处于非弹性状态，在岩石中产生裂隙网和变形，可导致岩石的破坏。该区称作应力波作用区或压缩应力波作用区，其范围可达 120 ~ 150 倍药包半径的距离。应力波穿过该区后，波的强度进一步衰减，变为弹性波或地震波，波的传播速度等于岩石中声速，它的作用只能引起岩石质点做弹性振动，而不能使岩石产生破坏，岩石质点离开静止状态的时间等于恢复到静止状态的时间。故此区称为弹性振动区。

3.2.2 近距离炮孔爆破的应力波参数

采用更大直径的炮孔可以提高作业效率和生产能力，但是需要更大的凿岩设备，这不仅涉及设备制造，对地下矿山而言，在大多数情况下，还受到设备运输和作业条件的更大限制。

束状孔也称近距离平行深孔，可以直观地理解为数个平行深孔当使其距离减小到适宜的距离时，将其同时起爆，对爆破介质的作用等同一个更大直径的炮孔，在工程应用上有很大的灵活性和适用性。

前苏联学者实验测试表明，近距离平行双孔与等效单孔相比，在相同的相对距离上，压缩相的长度增加 1.5 ~ 1.7 倍，最大径向压力增加 1.5 ~ 1.8 倍，能流密度增加 2.8 ~ 5.2 倍。近距离炮孔爆破的共同应力场如图 3 - 9 所示。

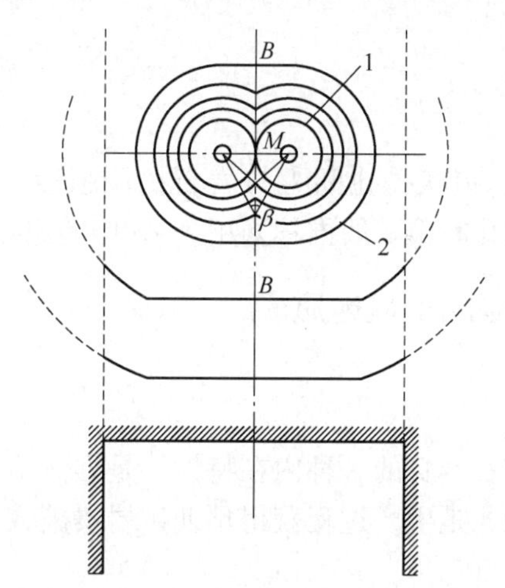

图 3 - 9 近距离炮孔爆破的共同应力场

1—单孔应力场；2—冲击波相遇后共同应力场波阵面

应力波参数增加的原因是由于在不太远距离内，近距离药包爆炸时，在其近区传播的应力波的波前和平面波相近（图 3 - 10），而单孔药包爆炸时传出的应力波是柱面波；还因为应力波的波长不同时，其耗损程度也不同，这也造成了应力和能流密度的差异[4~6]。

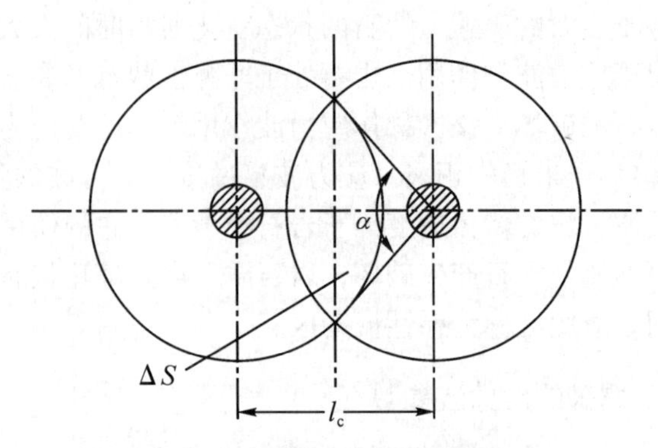

图 3-10 密集炮孔的冲击波破碎区的重叠

l_c—孔距；ΔS—破碎区重叠面积

近距离平行孔的孔间距是束状孔设计的基础参数，按束状孔基本概念，束状孔的孔距应使相邻炮孔的冲击波强烈破碎区有一定的重叠，并使其冲击波相遇以后形成共同的应力场，向爆破中远区继续传播，显然，束状孔孔间距与装药的爆破冲击波强烈破碎区的大小有关，即取决于装药参数和岩石性质，前苏联学者推荐的束状孔相邻孔孔间距计算公式为

$$r = 0.3d(\sigma^2 c_p \gamma / g)^{0.1} \tag{3-12}$$

式中 r——束状孔孔间距；

σ——抗压强度；

c_p——岩石纵波速度；

γ——岩石容重。

式（3-12）表明，束状孔孔间距与岩石抗压强度、纵波波速、容重有关。在实际应用中，束状孔孔间距一般推荐采用 3～6 倍的炮孔直径。

3.3 矿岩可爆性与爆破工程地质

3.3.1 矿岩可爆性

岩石的可爆性是岩石本身的一种内在特性，是岩体结构、岩石物理力学性质和爆破工艺的综合反映，是生产过程获得预期矿岩爆破数量、破碎质量和爆破经济指标的设计依据。

自从爆破用于采矿以来，如何科学的进行岩石可爆性的分类、分级一直是采矿工作者研发工作的命题，随着采矿工业在效率、规模和工艺技术系统精细化作业的发展，对岩石可爆性的命题和分级将不可避免提出新的要求。

17 世纪霍夫曼提出按开挖方法和开挖工具的不同分类，1889 年哈奇提出按开挖工具和炸药消耗量分类，1926 年普罗托吉雅柯诺夫提出以岩石坚固性系数 f 作为分类指标（$f = R/10$，其中 R 为岩石极限抗压强度 MPa），并认为“一种岩石在各种破碎情况下，难的都难，易的都易”，而苏哈诺夫认为“决定岩石坚固性的基础是在每一特定情况下实际被应用具体破岩方法，规定了一整套标准测试条件下的炸药单耗来确定岩石爆破性”。前苏联、美国、英国、加拿大、日本等国家学者，分别根据岩石强度、容重、岩石纵波速度、岩体裂隙间距、波阻抗、破碎功指数、炸药单耗、岩石表面能、破碎功指数作为判据，这些判据从不同方面表征岩石的爆破性，有的采用单一判据，有的考虑几个判据，有的用表格方式表达，有的用公式，有的用计算法等，提出了不同类型的岩石可爆性分级。我国除了个别爆破工程因为其工程规模、复杂性或对爆破预期效果的严格要求，进行具体的爆破工程地质和岩石可爆性的分析判断外，大多数情况，因为简单和可参考性，仍沿用“普氏岩石坚固性系数f”作为其可爆性的判据。东北工学院1984年根据大量爆破漏斗试验数据分析，提出了“岩石爆破指数”分级法，按其爆破性指数N值的级差将岩石的可爆性分为5级10等，该分级除了通过漏斗试验遵循了“能量平衡准则”外，还采用岩体的波阻抗ρC_p作为岩石可爆性的辅助判据，实际上也反映了岩体的节理、裂隙情况及岩体的弹性模量、密度等物理力学性质的影响。此法已为国内矿山采用。

3.3.2 地质条件对爆破的影响

爆破岩体是一种地质体，是经历不同的复杂地质作用和改造才形成现今状态的岩体，岩体的内部结构是指各种地质作用所形成各种地质界面——结构面，不同的结构面及其组合把岩体切割为大小不一，形状各异的岩石块体，即岩体是由结构面和岩石块体组合而成并使之具有非均匀性、各向异性、不连续性的特点。

岩石的类型和组成决定其力学性质，岩体的强度受岩石强度和结构面强度的控制，较多的情况主要受结构面强度的控制，在爆破作用下，岩块的破裂面多数是沿岩体内部结构面形成。凡是沿结构面形成的爆破岩块，其表面均呈风化状态，由岩石断裂形成的表面呈新鲜状态，据统计，有超过90%爆破岩块表面积是风化面，而新鲜面不足10%，其中主要是岩桥断裂，极少有完整的新鲜表面。

研究表明，结构面的密度和分布对爆破破碎岩块的破裂特征和块度分布都有重要影响，因此，通过具体调研分析，确切掌握岩体中节理裂隙系统的空间几何特征和参数是获得爆破预期块度分布的重要因素。

按地质结构面的分类，直接影响采矿落矿爆破效果的地质结构面主要为Ⅳ级、Ⅴ级，即在岩体中断续分布的裂隙。Ⅳ级结构面主要为节理，也包括层面、片理和发育的劈理等。它们在局部将岩体切割成岩块，破坏岩体的完整性，在很大程度上影响岩体的破坏形式。对于规模不大的爆破，因为爆破岩体中的应力波参数和爆破作用冲量有限，易发生应力波反射，局部应力集中和强化应力波衰减；Ⅴ级结构面延展性很差，无厚度可言，分布随机，多为细小的结构面，包括微小的节理、劈理、隐裂隙、不发育的片理，这种结构面的存在降低了Ⅳ级结构面所包围的岩块的强度，如果裂面两侧介质为同一种岩石且裂面闭合，应力波的传播基本不受影响。至于哪一级裂面或弱面足以产生应力波反射增强作用，与爆破规模有关。也就是取决于应力波传播过程中的正压作用足以使张开的软弱面紧密闭合，使应力波的反射增强作用可以忽略不计。因此，软弱面对爆破效果的影响在很大程度上取决于爆破规模。仅个别情况，采矿爆破遇有更高级别的地质结构面，应作为爆区设计的边界条件处理。

3.3.3 高应力岩体的爆破

大规模开采地层更深部位的矿物资源，已是矿业发展的必然趋势。开采深度超过1000m，岩层压力往往超过30MPa，大多数情况下结构应力超过甚至数倍重力场的压应力，此外，还面临最大主应力方向、最大主应力与最小主应力差等复杂应力环境，所以，深部开采的采矿爆破事实上是一种复杂预应力岩体的爆破，与常规条件下岩体爆破比较，在爆破阻抗计算、主裂隙延伸、破碎区范围和形状等可能都有所不同。一般认为，与处于正常状态的岩体相比，高应力条件下的岩体爆破有一个岩体附加强度，从而导致爆破阻抗和炸药单耗的增加。爆破径向裂隙延伸明显受结构应力的主应力方向影响。

“九五”期间，北京矿冶研究总院为完成“深井高效率采矿技术”国家攻关课题曾进行预应力介质爆破径向裂隙延伸特性的模拟试验研究。试验采用 WZDD－1 型多次火花动态光弹仪，该仪器可以一次拍摄几幅不同瞬间的爆破模型的应力条纹图片，因而可以模拟布孔形式、爆破参数的模型、爆破的应力波传播衰减规律，并结合模型的破坏情况借以分析其爆破作用机理和破岩特性。

为了模拟高应力条件下的爆破，试验模型施加单向和双向预载荷进行爆破的动光弹试验，模型尺寸 150mm × 150mm × 5mm，施加单向预载荷 0.6 ~ 1.2kN，双向预载荷0.4 ~ 0.8kN，为试验对比，同时进行了无外加载荷模型的爆破动光弹试验。

试验分析表明，预应力的大小及方向直接影响模型裂纹的扩展及延伸，单轴加载模型的主裂纹（或最大裂纹）不在主应力线上，而是与主应力线成 15°夹角；双向等量加载，两主裂纹总体扩展类似，与主应力成 45°角，其他次级裂纹大体上呈圆形扩展；裂纹扩展长度与外加载荷有直接关系，在其他条件不变的情况下，外加载荷越大，也就是附加应力越大，裂纹扩展范围越小，这可以解释为，附加应力形成介质的附加强度，增加了介质的爆破阻抗。

前苏联 Мамаев В. И. 和 Корявов В. И. 等学者曾在高应力岩体爆破特性方面通过预应力模型爆破模拟试验进行过类似研究，通过单向和双向预应力加载的平面模型的爆破模拟试验，基本确认了“爆破裂隙扩展的优势方向与预应力方向基本一致”的结论。为了揭示预应力条件下抛掷漏斗爆破特性，在前苏联科学院高压物理研究所的一台50000t级的压力机施压下进行了预应力混凝土模型的爆破漏斗试验，试验结果，预应力方向与非预应力方向爆破漏斗体积之比为68/32（图3－11）。漏斗开口呈椭圆形，其长轴方向与预应力方向基本一致。

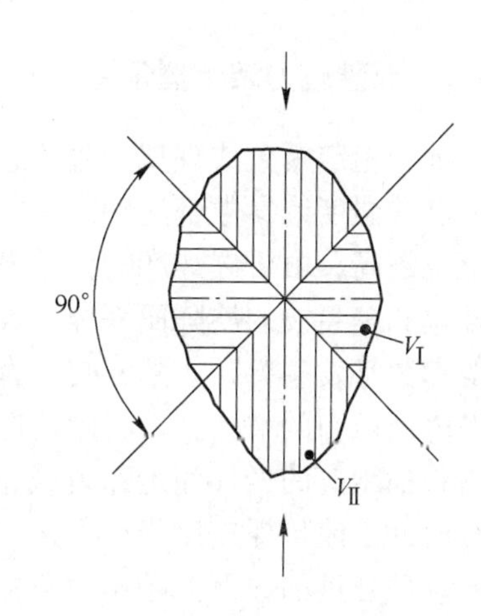

图3－11 预应力条件下爆破漏斗形状
V_I—非预应力方向爆破漏斗体积；
V_{II}—预应力方向爆破漏斗体积

关于深部采矿由于矿岩的附加强度而使之更加难爆，也偶有报道，如前苏联黑比纳矿，岩体的原岩预应力达20～30MPa，矿山因为矿石爆破块度随开采深度增加而恶化，迫不得已也随之改变爆破参数、增加炸药单耗。

3.4 炮孔爆破的大孔径效应及合理利用炸药能量

通常，地下矿山应用大于105mm孔径的炮孔采矿，称为大直径深孔采矿，实际应用，多采用105～165mm的孔径。大直径深孔采矿除了效率和规模方面的优点外，还为合理利用炸药能量提高爆破岩体的破碎质量创造更为有利条件或应称为“大孔径效应”。

3.4.1 创造炸药的理想爆轰条件

爆压可理解为炸药完成爆轰后装药空腔的瞬时压力，是装药对爆破介质做功能力的标识性参数，在约束条件一定情况下，直接取决于炸药的组分、密度和爆速。

地下矿山凿岩爆破过去通常采用的孔径范围一般为32～80mm，对于常用工业炸药而言，这一孔径范围基本位于炸药的临界直径和极限直径之间，炮孔装药的爆速直接受孔径的影响。一般的工业炸药均为混合炸药，感度低，爆轰反应层厚度较大，虽然孔径在临界直径和极限直径之间，可以达到稳定爆轰，但不是理想爆轰，炸药能量释放和对周围岩体冲击加载做功也不可能是理想状态。显然，炮孔装药爆破采用的孔径如果临近或大于所采用炸药的极限直径，正常起爆条件下可使装药在起爆后即时处于理想爆轰状态，有利于提高炸药内能量转化为动能的速度，提高其做功能力。硝铵基工业炸药的极限直径一般在100mm左右。采用直径大于120mm的大直径深孔有利于创造提高炸药能量利用率更有利的条件。

3.4.2 改善应力波传播条件

处于稳定爆轰或理想爆轰状态的爆轰波波阵面压力、质点运动速度、爆炸产物密度和温度诸参数都达到很高的数值，炸药的爆热和爆速越高，上述诸参数的数值也越高，由于爆炸产物扩散强烈作用，冲击波向周围介质传播，冲击波的波阵面也和爆轰波的波阵面一样，表示介质状态的特征的压力、质点运动速度、密度等参数都发生突跃。随着装药直径的增加，由于爆轰波压缩项的长度的增加以及波阵面压力的增加，岩石中的冲击波的能量也相应增加。冲击波的波速和能量随着传播距离的增加而迅速衰减，硬岩条件下，在离开爆破中心 10～15 倍炮孔半径时冲击波传播速度降至声速，冲击波转化为应力波，与由于冲击波远远超过岩石动压强度的数万兆帕压力直接将孔壁周围的岩石直接压碎的破碎机理不同，应力波可使粉碎区外层岩石产生径向扩张和切向拉伸应变，并在一定范围内有条件的产生相应的环状裂隙和径向裂隙，是爆破破碎岩石的重要过程，直接影响爆破破碎质量和爆破效果。在岩石性质和炸药性能一定的情况下，炮孔装药爆破应力波参数，如正压作用时间 τ、波长 λ、最大径向应力 σ_r、最大切向应力 σ_φ、正压作用时间 τ 对应的质点位移量 ω、冲量密度 I、能流密度等，在炮孔直径大于所用炸药临界直径小于极限直径的情况下，上述应力波参数基本取决于炮孔直径。

当应力波传播到岩石的界面处或发生反射，使迎波面岩石的破坏增强，应力波的衰减加剧，这一情况是否发生或发生的程度，除了界面的尺度和是否被充填或充填强度的条件以外，还和应力波的参数有关，特别是应力波的正压作用时间和波长。如果压缩应力波传播过程引起的岩石压缩变形足以使张开的界面紧密闭合或使界面充填物压密，将改善应力波的传播条件，避免应力波的局部反射和应力集中，提高矿石破碎质量。

采用大于 100mm 直径的装药，基本可以保证炸药的理想爆轰，有利于合理利用炸药能量，但是爆破近区冲击波参数也随之增大，在许多情况下冲击波压力超过岩石的动抗压强度极限 10 倍以上，产生装药近区的过粉碎区，造成冲击波初始能量的迅速耗损。根据前苏联学者 A. H. 哈努恰耶夫在《矿岩爆破物理过程》[7]一书中在大理岩中的相关试验分析，在冲击波离开孔壁与装药界面一倍孔径距离时，其初始能量损耗 20%；两倍孔径时，单位介质质量的动能仅为其初始值的 10%，“过粉碎”造成炸药能量的无用损失。如果通过炸药品种和炸药性能的缜密选择、采用非耦合装药，使装药空腔爆压在数量级的尺度上接近岩石动压抗压极限强度，则有利于减少“过粉碎”区和炸药能量的无用损耗。

3.4.3 创造充分利用气泡能的有利条件

采矿爆破要求能获得有利于提高总的采矿工艺过程的效率并满足工艺要求的

可以预期的破碎质量。采用大直径深孔爆破落矿，具有通过工艺参数设计和爆破作用控制，创造爆破岩体的破碎和位移的更有利条件。

大直径深孔大量落矿，一般采用两种爆破方法：一是根据 C. W. Livinston 漏斗爆破理论的最优埋深条件下的漏斗爆破，具有合理利用炸药能量和获得良好破碎质量的大量落矿爆破方法，即国内外统称的 VCR 采矿法，具体应用，可以根据所采用炸药就地进行爆破漏斗试验，确定装药参数和药包最优埋深；二是深孔以竖向自由面的阶段崩矿，孔深可达百米，可以获得很高的效率和生产能力，由于爆破岩体有条件受到应力波和装药空腔准静压力的充分作用，通过合理利用爆破条件，可以获得矿岩的良好的破碎质量。而小直径浅孔爆破崩矿，受爆破技术条件限制，多数情况下只是一种“剥落”或“劈裂”。

美国俄亥俄州立大学 G. H. Rahim 等人的研究表明，阶段崩矿条件下，崩落岩体在爆炸气体卸载以前产生合理位移场的崩落高度应该不小于抵抗线的 4 倍。从合理利用炸药能量的角度看，大直径深孔短柱状装药的梯段式崩矿不如长药包的阶段崩矿，同时也影响每米孔崩矿量等爆破技术经济指标。

3.4.4 减小炸药爆炸过程的化学损失和热损失

与相对较小直径装药比较，大直径装药由于比表面积的减小，炸药爆炸过程的化学损失和热损失（热传导、热辐射）将相应减小，增强炸药爆炸的做功能力。

3.4.5 充分利用岩体变形位移过程的破碎作用

大直径深孔采矿采用的炮孔直径大体在 105 ~ 254mm 范围。瑞典学者兰格福尔斯（U. Langefors）在《现代岩石爆破》一书，提出的在一般岩石中采用松动爆破条件下的药量计算公式为：

$$Q = 0.07W^2 + 0.35W^3 + 0.004W^4 \tag{3-13}$$

分析表明：(1) 在小抵抗线 $0.1\text{m} \leqslant W \leqslant 1.0\text{m}$ 时，上式中的第一项占总需能的 16% 以上，是不能忽略的，所以在药包抵抗线小的情况下单位炸药消耗高。(2) 在抵抗线 $W > 20\text{m}$ 时，第一项占需要总能量的 1%，可以忽略；此时第三项所需总能量上升至 18% 以上，是不能忽略的，也就是不能忽略重力的影响。(3) 在抵抗线 $1.0\text{m} < W < 20\text{m}$ 时，爆破装药量可以不考虑岩体的重力和克服张力形成断裂面的能量，主要用于介质体积变形所需的能量，其药量计算公式可以只采用第二项，即

$$Q = K_3 W^3 \tag{3-14}$$

式（3-16）即是工程爆破常用的体积药量计算公式，不难看出该公式的应用是有条件的。在工程实践中，最小抵抗线取 4 ~ 12m 是综合利用爆破的应变能

和气泡能的比较合理和经济的，这或许有助于我们理解具有一定长度的大直径深孔连续装药爆破往往比小孔或中深孔爆破取得好得多的矿岩破碎效果和爆破总体指标的原因。

在大直径深孔阶段爆破设计，矿岩条件、炸药类型及性能、孔径、设备条件和孔深、炸药单耗和预期爆破效果等应该是需要经过一定的前期工作予以确认的初始条件，然后才是布孔、装药的空间分布和装填结构、起爆时序、微差时间以及为特殊目的的爆破作用控制。

地下大直径深孔采矿爆破技术就其技术称谓已经说明了它的应用条件和技术功能，但作为一种破岩手段，其可能的应用范围可能还需要有一个更大的技术视野。

大直径深孔采矿工艺设计一般先在采场的上部水平开挖凿岩硐室，采用地下大直径深孔钻机打下向深孔，根据矿体开采条件、采矿工艺设计和设备配套，选择适宜的大直径深孔落矿方案并进行具体的爆破设计，崩落的矿石从采场底部的出矿巷道运出。

除了大直径深孔凿岩的因素以外，大直径深孔大量落矿爆破是大直径深孔采矿的关键工艺。经历多年的研发和实践，基本形成了适用于不同开采技术条件和采矿方案类型的自成体系的地下大直径深孔大量落矿爆破技术。

3.5 地下大直径深孔采矿的爆破技术

3.5.1 球形药包垂直后退式分层爆破

3.5.1.1 基于利文斯顿爆破漏斗理论的球形药包分层爆破

球形药包分层落矿，也就是 VCR 采矿法，这一成就应归功于美国学者 W. C. 利文斯顿（W. C. Livinston）经过长期研究提出的球形药包漏斗爆破理论，以及加拿大工业公司 L. C. 郎（L. C. Lang）先生结合大直径深孔采矿条件提出的倒漏斗爆破的新概念，区别于常规的漏斗爆破，倒漏斗（群）爆破，不仅爆破破碎带范围内的矿岩被崩落，在重力和相邻药包爆破动应力互相扰动下，应力带的大部分矿岩也会崩落[8,9]，崩落的总高度可远超过药包上端的最大高度。

VCR 采矿法的实践，建立了一系列球形药包漏斗爆破各参量之间的关系，并提供了相应的技术经验：

（1）长度与直径之比不大于 6 的短柱状装药可视为球形药包。

（2）要求必须使用高密度、高爆速、高体积威力的炸药，并与矿岩的物理力学性质适宜的匹配。

（3）一定的炸药 – 岩石的匹配关系，药量与埋深之间的关系：

$$N = EW^{1/3} \tag{3-15}$$

式中 N——临界埋深；

E——应变能系数，一定岩石 - 炸药匹配下为常数；

W——药包质量。

在具体的矿岩条件下，一定质量的球形药包漏斗爆破，一定存在一个爆破漏斗体积最大，破碎质量最好的埋深，称最优埋深。

$$d_0 = \Delta E W^{1/3} \quad (3-16)$$

式中　Δ——最优埋深与临界埋深之比。

（4）爆破与装药参数设计必须以就地进行的模拟漏斗爆破试验的数据为依据。

据分析，VCR 法球形药包爆破是在大孔径深孔、小抵抗线、采用高爆速、高密度、高体积威力炸药、耦合装药、强力起爆等一系列独特条件下的漏斗爆破。炸药的爆轰对岩体加载、卸载以及鼓包运动等过程都大大加快，因而，可以推断，VCR 球形药包爆破的更重要的实质是岩体在爆破的作用下的破碎是以密集的短裂隙为主，避免了主裂隙的充分发展，这可能是 VCR 球形药包爆破矿岩破碎块度细碎均匀，对其他岩体（如矿壁，充填体、落矿后的顶板）破坏很小的主要原因。

具体实践须经过就地系列爆破漏斗试验根据上述关系直接得到的临界埋深、应变能系数和最优埋深比，借以推算现场球形药包药量的装药爆破参数。

3.5.1.2　球形药包分层爆破的药包间距

球形药包分层爆破在装药量与爆破体体积之间基本遵循能量平衡关系。根据岩性及炸药性能的不同，球形药包间距为最优埋深的 1.2 ~ 1.6 倍[10,11]。

3.5.2　大直径深孔阶段崩矿

3.5.2.1　工程工艺概要

这是地下大直径大量崩矿另一种比较有代表性的爆破技术方案，其技术实施是先在采场上部形成供凿岩作业的凿岩硐室，采用大直径深孔钻机打下向深孔直达采场下部拉底层顶板，以采场的局部面积先行开挖竖向切割槽为自由面和补偿空间，进行全段高的大直径深孔装药台阶爆破，崩落的矿石由采场下部的出矿系统运出。

与 VCR 法采矿法比较，阶段深孔崩矿具有更高的的作业效率和更大的生产能力，同时由于简化生产工艺、集中作业、提高炮孔利用率等有利条件，将进一步降低矿石生产成本[12]。

地下阶段崩矿在实践中多采用下向垂直平行深孔，不仅有利于爆破作用参数的均匀，也有利于凿岩作业控制钻孔精度，通过基于矿岩可爆性的能量平衡设计、合理微差和起爆顺序，达到预期破碎效果。

研究表明，当柱状药包爆破时，在距药包爆破中心同样的距离上，应力波的参数随着装药的相对长度（装药长度与装药直径之比）的增加而增加，但当相对长度超过20~30时，再继续增加装药长度，应力波的参数不再增加，达到或超过这一相对长度的药包称为延长药包。实践中，连续柱状装药设计应参考延长药包的概念并使之达到或大于一定长度，既有利于增强应力波的作用，也有利于因为延长装药空腔的准静压力作用时间提高爆破效果。

在资源开采和凿岩设备技术适宜的条件下，采用高阶段大型采场的阶段崩矿将取得提高采矿强度、作业效率和降低采矿成本和采准比的总体效果，是现代大规模采矿技术发展的重要方面。例如加依铜矿段高180m，孔深150m，芒特艾萨铅锌矿体采用240m段高的分段空场法，基鲁纳铁矿也曾基于阶段深孔崩矿技术设计了250m段高的阶段盘区崩落采矿。

3.5.2.2 装药计算与参数

爆破参数基本遵循炸药与岩石相互作用的能量平衡过程。

地下大直径深孔采矿布孔设计参数应包括孔径、孔深、孔间距等，总的原则是深孔总量（延米或体积）应保证根据前述体积药量公式计算的装药总量按设计的装填结构充满所有炮孔。所以在大直径深孔爆破设计时，应首先根据自由面条件、矿岩性质、炸药类型及性能、预期爆破效果确定合理的炸药单耗，然后才是布孔、装药的空间分布和装填结构、起爆时序、微差时间以及为特殊目的的爆破作用控制。

3.5.3 束状孔爆破

3.5.3.1 关于束状孔爆破

束状深孔也称平行密集深孔，可以直观地理解为数个平行深孔，当使其相互间的距离逐渐缩小到一个适宜的距离时，将其同时起爆，对周围介质爆破作用等效于一个更大直径的爆破作用，一束孔的孔间距视矿岩物理力学性质，一般为孔径的3~6倍，组成一束孔的孔数则根据工程爆破性质和技术条件可由2~20个孔组成，在工程应用上有很大的灵活性和实用性。

束状孔的研究工作最早见于前苏联东方金属矿科学研究院，通过试验研究首先揭示了同时起爆数个间距为3~6倍孔径的一组平行炮孔具有提高炸药能量利用率和矿岩破碎效果的特点，在随后完成了一系列应用前期研究工作之后，首先在乌拉尔的西比利（Сибир）矿应用于地下采矿爆破，并进一步推广应用至很多矿山，我国也于20世纪80年代进行了束状阶段深孔崩矿技术的试验和应用研究。

研究表明，束状孔与对应的等效大孔比较，单位装药量所负担的装药与孔壁接触面积增加了$\sqrt{n}$倍，造成了冲击波能量均匀分布的条件，降低了爆轰压力对孔壁的作用时间，同时由于近距离相邻装药强烈破碎区的部分重合，从而大幅度降低了炸药能量在爆破近区的消耗；也可以推断，由于过粉碎区的减少，也改善了爆破的准静压力作用期间能量向岩体传递的条件。同时起爆由数个孔组成的束状孔，各个孔的冲击波相互作用形成合成的应力场和波阵面，在继续扩展和传播过程的应力波的波阵面仍然具有多孔的应力场相互作用和合成的特点，已经不是一个没有几何厚度的面，有一定厚度且呈网状结构，与等效装药的大孔比较，应力波的压力、能量密度、正压作用时间及冲量，都明显增加。有利于增强装药中远区的爆破作用。基于等效爆破阻抗的概念，将由数个炮孔组成一束孔等同于一个更大直径的单一炮孔，那么，可以简单地将这单一炮孔的孔径理解为这一束孔的等效直径，在工程设计上，一般将这一关系简化为

$$D = \sqrt{n}d \tag{3-17}$$

式中 D——束状孔的等效直径；

n——组成束孔的孔数；

d——组成束孔的炮孔直径。

束状孔可以根据爆破条件，以同样直径的炮孔进行不同孔数的束状孔组合，匹配于不同的爆破阻抗。因而，束状孔除了有条件更合理利用炸药能量和提高爆破的总体效果，在工程应用有其灵活性和适用性。

3.5.3.2 束状孔当量球形药包大量落矿爆破技术

大直径深孔大量落矿，国内外一直基于两种原型爆破技术，一是球形药包分层爆破，二是柱状装药的炮孔爆破，其他基于上述两爆破方法的演化变形技术有球形与柱状联合装药爆破、球形装药自拉槽的梯段式爆破等。

最优埋深条件下的球形药包漏斗爆破是一种合理利用炸药能量的破岩爆破方法，VCR 法实际应用表明，矿岩破碎块度均匀、细碎，爆破有害效应低微；但装药爆破施工操作比较复杂，在现有 165mm 孔径条件下，落矿分层高度仅 3m 左右，限制了采场爆破规模。柱状装药阶段深孔爆破，施工工艺简单，效率高，爆破规模几乎不受限制，在采用天井钻机切割拉槽的条件下，可以获得很高的效率和采场生产能力，但是增加了获得预期的矿岩破碎效果和爆破有害效应控制的难度；如果没有天井钻机，则切割槽将是一项效率低，作业艰苦的工程。

地下大直径深孔采矿采用的下向孔，基本采用方形、矩形、三角形的均匀布孔方式，采场凿岩水平须形成大面积凿岩硐室，增加了支护的难度；采用下向扇形深孔可以改用断面较小的凿岩巷道，但组成扇形孔的大部分炮孔都是倾斜孔，凿岩作业保证炮孔的方位角和倾角的精度有一定难度；与下向垂直平行深孔比较，每米孔崩矿量、爆破块度等指标也明显恶化。

基于上述分析，进行必要的技术知识转移和综合，创立一种地下大直径深孔新的落矿方法，使其兼有球形药包合理利用炸药能量、矿岩破碎质量好，又具有阶段崩矿效率高、能力大和扇形孔在巷道进行凿岩作业，简化采场地压管理并减

少采准工作量的共同特点，将有利于促进地下大直径深孔采矿技术的进一步发展、扩大应用范围和应用的技术经济效果。

事实上，只有当 VCR 法中的孔径大到一定尺寸时，才有其工程应用价值，目前常用的 165mm 孔径条件下，3m 左右的分层高度和相对复杂的施工工艺，限制了效率和生产能力进一步提高，这也是目前在大直径深孔采矿领域，VCR 法应用比重较低的主要原因。采用更大直径的深孔，必然导致钻机机体更加庞大、笨重，在井下运输和作业空间有限的条件下，其应用受到更大的制约。

束状孔当量球形药包爆破是以束状孔布孔和以束状孔等效直径按 VCR 球形药包概念进行的球形药包分层爆破[13,14]。这一新的大量落矿爆破方法具有以下技术特点：

（1）束状孔等效直径当量球形药包爆破，综合利用了最优埋深条件下球形药包漏斗爆破合理利用炸药能量最优条件和有利于增强装药中远区爆破作用的束状孔效应，是一个通过进一步合理利用炸药能量提高爆破效率和爆破质量的爆破新方法。

（2）以束状孔等效直径设计当量球形药包，可根据爆破条件选择组成束状孔的孔数，也就是球形药包装药参数和崩落分层高度已经不直接依赖于炮孔直径，而取决于组成束状孔的炮孔数和相应的等效直径，为爆破方法和爆破参数选择、计算提供了较大的选择性。

（3）大参数球形药包漏斗爆破设计，由于炮孔利用率的提高、装药约束条件的改善，可以采用无任何特殊性能要求的普通炸药等将显著降低爆破成本。

（4）由于束状孔大参数的束间距，可将凿岩水平的凿岩硐室布置成复式凿岩巷道，其间可留有较大尺寸的连续矿柱，简化支护工作；采场高分层落矿可在较大范围内选择爆破参数、爆破规模和爆破周期，完全避免了切割井、切割槽等辅助工程，有利于提高采矿的总体技术经济效果。

3.5.3.3 束状孔当量球形药包爆破参数计算

束状孔当量球形药包漏斗爆破，事实上是衍生于 VCR 球形药包漏斗爆破和束状孔爆破，可遵循 W. C. 利文斯顿关于球形药包爆破的基本概念并通过系列漏斗试验确定各项参数，只是试验设计和实际参数均以束状孔“等效直径”为计算依据[15]。

3.5.4 采场顶层破顶爆破

凡是采用大直径深孔后退式分层落矿采矿，为保证硐室内作业的安全，当回采高度距离凿岩硐室底板一定距离时，通常要进行一次特殊的装药爆破设计，崩落采场剩余高度。阶段崩矿的预先局部破顶，爆破条件类似，但仅涉及采场局部面积，相对简单。

采场剩余顶层矿的厚度是涉及其稳定性和作业安全的主要参数，出于安全的考虑，应该根据矿岩性质和采场尺寸进行严格的稳定性分析，确定安全厚度，但矿山采场数量众多，条件复杂，这一工作很难做得精确。总的看，厚度大有利于安全，但因为在顶层矿全面积上没有侧向自由面，增加了装药爆破设计难度。

3.5.4.1 均匀布孔的采场顶层矿的爆破

在目前常用的165mm孔径的均匀布孔条件下，以孔的上、下端面为自由面的双向漏斗爆破，可能崩落的顶层矿的厚度一般情况下不超过8m。对于矿岩性质一般，面积较大的采场条件，依常规经验，很难确认这一顶层矿厚度的安全程度。具体实践，为确保安全，通常利用装药结构、起爆顺序、微差间隔等元素进行合理设计，在采场的局部面积实现球形药包三分层或多分层装药，连同采场其余炮孔的柱状装药一次崩落，可大幅度增加顶层矿厚度，既有利于安全，也缩短了采场回采周期。

采用阶段崩落法时，一般采用在凿岩硐室打上向中深孔连同采场顶层矿一次崩落上部采场的底柱。

3.5.4.2 束状孔布孔采场顶层矿量的崩落

束状孔布孔因为可以考虑采用束状孔当量球形药包装药高分层的多分层爆破，为崩落厚度较大的采场顶层矿创造了方便条件。比如，一个由4~6个炮孔组成的束状孔，其等效直径在中等坚硬岩石条件下，采用束状孔当量球形药包的崩落分层的高度可达7~8m，2~3个分层的崩落高度即可达15~20m。

参考文献

[1] 汪旭光. 爆破设计与施工［M］. 北京：冶金工业出版社，2011.

[2] 汪旭光. 爆破手册［M］. 北京：冶金工业出版社，2010.

[3] 于亚伦. 工程爆破理论与技术［M］. 北京：冶金工业出版社，2004.

[4] ZIMMERMAN C L, VERNER M E. Large hole rotary sublevel stopping［C］//MINING CONGRESS JOURNAL. 1920 N ST NW, Washington, D. C. 20036: J ALLEN OVERTON JR, 1981, 67(1): 20~23.

[5] БРОННИИКООВ Д. М. Дрразработка и внёдренениё технологии взрывной отббойки руды пучковыми зарядами при подзземной добычё［J］. фтпрпи, 1995.

[6] МОСИНЕЦ В Н, РУБЦОВ С К. Применение параллелбных сблиЖеных зарядов на крберах слоЖноструктуктурных местороЖденый［J］. ГОРНЫЙ ЖУУРНАЛ 2002, 3.

[7] 哈努恰耶夫 A H. 矿岩爆破物理过程［M］. 刘殿忠，译. 北京：冶金工业出版社，1980.

[8] LANG L C. Method of underground mining: US 4135450［P］. 1979-01-23.

[9] CLILTON W. LIVINSION. Mine layout applicable to natural resources development: US 3762771［P］. 1973.

[10] MACLACHLAM R R, SALMAN D E, BARCLAY R J. Spherical charge cratering ~ plane and angle geometry involving small-scale single and row tests［J］. CIM BULLETIN, 1981, 74

(829)：81～85.

[11] MACLACHLAN R R. Cratering by a row of Short Charges [J]. CIM BULLETIN, 1978, 71 (737).

[12] 凡口铅锌矿，北京矿冶研究总院．凡口铅锌矿阶段深孔台阶崩矿采矿法研究 [R]. 1990.

[13] 孙忠铭，陈何，王湖鑫．束状孔当量球形药包大量落矿采矿技术 [J]．矿业开发与研究，2006（增刊）.

[14] 北京矿冶研究总院，冬瓜山铜矿．冬瓜山铜矿束状孔当量球形药包大量落矿采矿技术 [R]. 2007.

[15] 北京矿冶研究总院，大红山铜矿．大红山铜矿束状孔当量球形药包大量落矿采矿技术 [R]. 2009.

4 地下大直径深孔采矿技术

人直径深孔采矿具有作业效率高、采场工程结构简单、矿石破碎质量好、作业安全等优点。北京矿冶研究总院受“六五”至“十二五”国家科技攻关资助，与企业及相关科研单位合作，先后进行了VCR采矿法、阶段崩矿空场采矿和二步回采、阶段连续崩落采矿以及不同类型的残矿回采、空区处理等大直径深孔采矿技术的科技攻关和推广。基本形成了适应于我国不同采矿技术条件的地下大直径深孔采矿技术方案类型和相应的工艺技术。

4.1 VCR采矿法

4.1.1 VCR采矿法概述

VCR（vertical crater retreat），意为垂直深孔漏斗爆破后退式采矿，VCR采矿法是以球形药包分层落矿为主要工艺特点的地下大直径深孔采矿法。

炮孔条件下的球形药包漏斗爆破，只有炮孔直径大到一定程度才有工程应用的实际价值，VCR采矿法大直径深孔条件下的球形药包爆破多采用孔径165mm的炮孔。

VCR法采矿的采场设计一般是在计划回采矿块的顶部掘进凿岩硐室或凿岩巷道，矿块下部掘进拉底空间和出矿底部结构，由采场上水平的凿岩硐室或凿岩巷道向下钻凿大直径深孔直至底部拉底空间的顶板；在凿岩硐室进行装药作业，从炮孔下端开始按设计的分层高度逐层向上爆破崩矿，崩落的矿石从采场下水平的底部结构用高效率无轨出矿设备出矿。这一采矿技术系统可以获得很高的采场生产能力和采矿作业效率，同时，凿岩、爆破和出矿作业均在预先准备好的且通过有效支护手段进行安全处理的硐室及巷道内进行，提高了采矿作业的安全性并改善作业环境。由于采矿作业只集中于采场的上、下两个水平，与其他采矿法相比大幅度减小采准工程量并简化采场工程结构。

4.1.2 VCR采矿法的应用及发展

20世纪70年代初，国外相继发展了适用于地下采矿钻凿大直径（150～200mm）、孔深60～90m的潜孔钻机、牙轮钻机及凿岩器具，同时也发展了相应的爆破材料和爆破技术，从而促进了大直径深孔阶段或分段崩矿以及球状药包分层崩矿等不同类型采矿技术的发展。

大直径深孔采矿方法在地下矿山的应用是加拿大国际金属公司 1973 年 3 月首先在加拿大安大略省萨德伯里区的铜崖北矿井下开始进行试验的[1]，1975 年加拿大国际镍公司 Levack 矿首次试验成功了大直径（165mm），孔深 40m 的 VCR 采矿方法。此后在萨德伯里区国际金属公司的 12 个地下矿山中获得了有效应用。

我国 VCR 采矿法 1981 年开始由北京矿冶研究总院、长沙矿山研究院、凡口铅锌矿联合在广东省凡口铅锌矿开始现场试验研究。1985 年试验成功后，陆续在河北金厂峪金矿、安徽狮子山铜矿、凤凰山铜矿、安庆铜矿、广西铜坑锡矿、湖北铜绿山铜矿、大红山铜矿、大姚铜矿等地下矿山进行推广应用。

4.1.3 VCR 采矿法的适用条件

确切地讲，VCR 采矿法只是一种新的落矿方式和落矿技术，在采场回采期间的采场地压管理应归类于阶段空场法或空场留矿法，对所形成的采场空区应根据采矿和资源回收总体设计进行嗣后充填或后期崩落。

VCR 采矿法适用条件的主要限制性因素是采用阶段大直径深孔、采场自重放矿和矿岩稳定性方面的要求等。

空场采矿法崩落的矿石要靠自重溜到矿块的底部出矿水平，要求采场围岩和矿壁直立或有合适的较陡倾角，因而 VCR 采矿方法对矿体的倾角、厚度和形态有一定要求。对于中厚以上急倾斜矿体，无论矿块沿走向布置还是垂直走向布置，均能达到矿块围岩和矿壁有足够的倾角使得崩落矿石自溜。对于厚大矿体则为采用 VCR 采矿法方案选择和工艺设计提供了更有利条件，基本不受矿体倾角的限制。

矿岩物理力学性质和采场稳定性在矿块回采期间应保证采矿作业的安全和资源合理回收。采矿设计时，对于一定矿岩条件，应根据允许最大暴露面积和围岩自立支撑条件，核定采场尺寸。对于采用嗣后充填二步回采的采矿设计，应统一考虑采场稳定性、充填体强度和自立高度、采场工程结构合理参数和资源回收的综合技术经济效果。

实际上，适用条件是一个相对的概念，随着 VCR 采矿法采矿技术和装备不断进步和工艺方法的新发现，将为扩大其应用范围和适用条件提供更大的灵活性；另外，不要笼统地说，哪个矿山的矿体条件适合采用或不适合采用 VCR 采矿法，而应该是具体考虑该矿山哪一个矿体或矿体的哪一矿段。大部分矿山，尤其有色金属矿，很少有哪一个矿山能用单一采矿方法回收全部资源。实践证明，有的矿山，仅在矿体局部厚大部分采用 VCR 法配以其他原有常规采矿方法，收到了提高矿山生产能力和长期稳产的良好效果。

国内外一些使用 VCR 法采矿的矿山地质条件见表 4－1。

表 4－1 国内外应用 VCR 法矿山的地质条件

矿山	矿体				围岩				
	形状	长/m	厚/m	倾角/(°)	稳定性	上盘		下盘	
						岩石	稳定性	岩石	稳定性
加拿大华树镍矿 83 号矿体	块状	335	3.05～12.2	70	稳固	黑云母片麻岩	稳固	石英岩	稳固
加拿大白马铜矿	窄脉	671	24.4	70	不稳固	闪长岩	不稳固	石灰岩	不稳固
加拿大百周年钼矿	透镜状	120～180	3～18	75～80	稳固	火成碎屑岩	稳固	英安碎屑岩	较稳固
加拿大福克斯钼矿	透镜状	457	4.6～30.5	70～90	不稳固	石灰岩，角页岩	中稳	石英岩	不稳固
加拿大斯特拉康纳镍矿	透镜状	914		30～60		花岗角砾岩		花岗片麻岩	
美国卡尔福克钼矿	脉状	400	40	70～90	不稳固	石灰岩，角页岩	中稳	石英岩	不稳固
美国霍姆斯特克金矿		122	3～30.5	30～75					
美国埃斯卡兰帝银矿		1100	1.5～14	70～75	稳固	火山碎屑岩	稳固	流纹岩	稳固
西班牙鲁比尔斯铅锌矿			20～50	90	节理发育		不太稳固		不太稳固
西班牙阿尔马丹汞矿			4.5～5	90	稳固	石英岩	稳固	石英岩	稳固
瑞典奴阴瓦拉铁矿		200	5～35	60	稳固	斑岩	不稳固	正长岩	稳固
凡口铅锌矿	透镜状	200～600	20～50	60～70	较稳固	灰岩	较稳固	灰岩	较稳固
金川二矿区		50	30～50	70～75	不稳固	混合岩	不稳固	绿泥片岩	不稳固
金长峪金矿		40	12～28	65～75	中稳	斜长角闪岩	中稳	斜长角闪岩	中稳

4.1.4 C. W. Livinston 漏斗爆破理论的应用

VCR 采矿法的球形药包漏斗爆破参数计算是基于美国学者 C. W. Livinston 先生的球形药包漏斗爆破理论。

根据该理论，球形药包漏斗爆破的过程，炸药能量和被爆介质体积之间存在着一定的关系，而药包的位置对这些关系有很大的影响。这种关系可以用如下的经验公式表示：

$$N = E\sqrt[3]{W}$$

式中 N——介质表面破碎不超过规定界限的球形药包中心与介质表面的临界距离，m；

E——应变能系数，对于特定矿（岩）石和炸药的配合，E 为常数；

W——药包质量，kg。

上式的方程式可写成如下形式：

$$d_b = \Delta E\sqrt[3]{W}$$

式中 d_b——球形药包埋深值，是从介质表面到药包中心的距离，m；

Δ——埋深比，等于 d_b/N，表示药包埋深与临界距离之比，是一个无量纲的量。

当 d_b 达到破碎矿岩量最大而破碎块度又好的数值时，称这时的埋深为最佳埋深，最佳埋深用 d_o 表示，相应的埋深比称为最优埋深比，最优埋深比用 Δ_o 表示。

4.1.4.1 VCR 法爆破漏斗爆破试验

矿岩的爆破过程需要进行炮孔布置和装药结构设计，为达到 VCR 采矿法最优的爆破效果，要求有合适炮孔布置和装药结构参数。如上所述，在矿石和炸药性质一定时应变能系数 E 是一常数，临界埋深 N 随着药包质量 W 的变化而变化。当药包质量 W 一定时，N 为一定值，据此，可以通过漏斗爆破试验决定合适的爆破参数。

漏斗爆破试验的过程如下：在采场内或与采场矿石特性相同的矿岩层内，确定一个药包质量 W。在此一定的药包质量 W 条件下，变换药包埋深 d_b 进行爆破并测定爆破效果。当药包埋深较浅时，大部分炸药能量以气泡能的方式过早泄出，爆破崩落的矿石体积较小。随着药包埋深的增加，炸药爆炸作用于矿岩的有效能量增大，崩落的矿石体积也逐渐增加。当药包埋深达到某一深度时，崩落的矿岩体积达到最大，矿岩破碎质量也最好，此时的埋深称为最优埋深，用 d_o 表示。在此深度之后，随着药包埋深的增加，矿岩对炸药的爆炸能量过约束，崩落的矿石体积则会逐渐减小直到仅孔口表面有少量片痂式崩落，崩落矿岩体积趋于零的埋深称为临界埋深，用 N 表示。

以不同的埋深 d_b 与临界埋深 N 之比值，求出一系列埋深比 Δ，崩落矿石体积最大时对应的埋深 d_o 与临界埋深 N 之比值称为最佳埋深比，用 Δ_o 表示。根据不同埋深条件下的试验结果，做崩落矿石体积与药包质量之比与埋深比的关系曲线如图 4－1 所示。

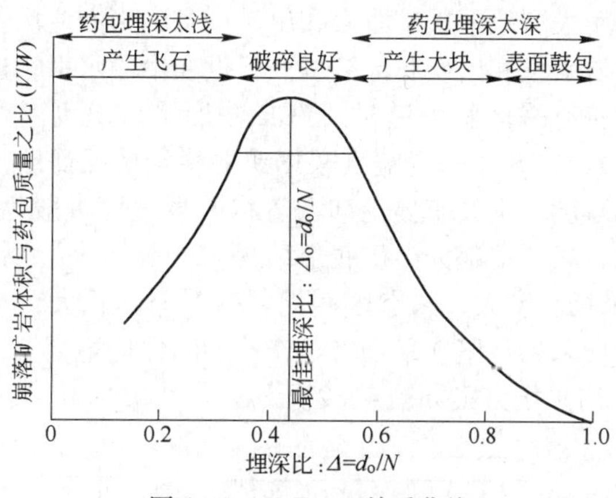

图 4－1　$V/W-\Delta$ 关系曲线

在药包埋深太浅时，大部分炸药能量无效耗散，爆破产生飞石，即漏斗爆破试验关系曲线的产生飞石区段；在药包埋深太深时，矿岩对炸药产生过约束，类似一内部装药，炸药爆炸在药包周围矿石中产生压碎区或以应变能的形式消耗能量，而药包到自由面范围内的矿石得不到足够能量，致使爆破崩落矿石量小且爆落矿石块度较大，即漏斗爆破试验关系曲线的产生大块区段；而随着埋深的增加，只能在爆破自由面产生鼓包直到不能产生爆破结果的临界埋深，即漏斗爆破试验关系曲线的产生鼓包区段；只有在合理的埋深范围内，崩落矿石的体积才较大，矿石的块度分布才比较合理，即漏斗爆破试验关系曲线的破碎良好区段。而关系曲线最顶点对应的纵坐标为最佳爆破效果，对应的横坐标为最优埋深比 Δ_o。

4.1.4.2　VCR 采矿法采场爆破参数的确定

根据漏斗爆破试验关系曲线确定的最优埋深比 Δ_o，可以计算出不同药包质量时的最优埋深，根据最优埋深确定爆破的孔网参数。理论上最优埋深比 Δ_o 是一个点，一定的药包对应的最优埋深 d_o 是一个定值。考虑到矿石的不均质性等因素，以最优埋深 d_o 为基准参照确定一个合理的最佳埋深范围。矿山可以根据实际应用效果以及矿岩性质适时进行调整。

在采场爆破设计时，按照预定的采场爆破炮孔直径及装药长度和炸药密度，可以计算出球形药包的质量 W_s，再根据漏斗爆破试验所得的最优埋深比 Δ_o 和应变能系数 E，可以计算出采场爆破药包最优埋深 D_0。

$$D_0 = \Delta_0 E \sqrt[3]{W}$$

4.1.5　VCR 采矿法回采矿房

4.1.5.1　VCR 法回采矿房采场结构

VCR 采矿法的采场地压管理应归类为阶段空场法，采场可以沿矿体走向或垂直矿体走向布置，视矿体规模和赋存形态而定。VCR 采矿法为一种安全高效的采矿方案，多采用大型地下采矿凿岩和出矿设备，为方便设备进出凿岩硐室和出矿底部结构，凿岩硐室和出矿底部结构一般设在中段水平，这样矿块的高度一般为一个中段高度。有采区斜坡道时，VCR 法回采矿块也可以跨中段布置，有的采场高度达 150m。VCR 法采场宽度根据矿岩稳定情况而定，沿矿体走向布置的采场宽度为矿体厚度，垂直矿体走向布置得采场宽度一般为 8 ~ 20m。在采场上部布置凿岩硐室，采场下部为出矿底部结构。

由于 VCR 法采场高度大，采空区四周帮壁暴露面积大，对一具体的矿岩条件采场参数设计应使采场帮壁在采场采矿作业期间保持稳定。

VCR 法回采矿房采场方案如图 4 - 2 所示。

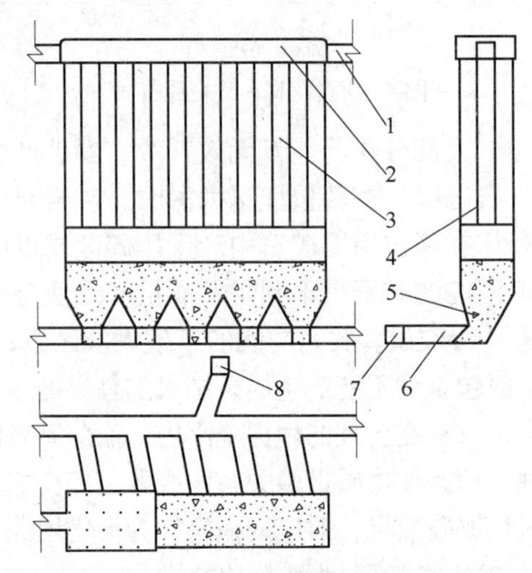

图 4 - 2　VCR 法回采矿房采场方案图

1—联络道；2—凿岩硐室；3—待爆矿体；4—炮孔；5—堑沟；
6—出矿进路；7—出矿巷道；8—溜矿井

根据 VCR 法崩矿的特点，布置在采场的顶部的凿岩硐室，在回采矿房时，崩矿边界为钻孔控制范围，在凡口铅锌矿金星岭 Jb - 160m 1 号矿房采场爆破后观测采场帮壁，有很多残留的钻孔壁清晰可见。如此，VCR 法矿房采场凿岩硐室的平面布置要覆盖整个采场的崩矿范围，覆盖不到的要通过扇形钻孔来控制。根据矿岩稳定情况，凿岩硐室可以整体开掘，也可以布置为并列巷道式，或在硐室内适当留一些点柱。根据凿岩设备的要求，凿岩硐室的边界与边孔开孔位置要留有作业空间，根据常用的地下 VCR 法采场凿岩设备，一般的作业空间在 0. 5m 以上，凿岩硐室的高度视所采用的凿岩设备确定，一般在 4m 左右。VCR 采矿法多采用铲运机进路出矿的平底式采场底部结构。

4. 1. 5. 2　VCR 采矿法回采矿房应用实例(凡口铅锌矿 Jb - 160m 1 号采场)

A　采场工程结构与参数

在凡口铅锌矿的 VCR 采矿法试验研究是从单分层球形药包装药开始。第一个 VCR 法矿房试验采场选择在金星岭矿区 -160m 中段 1 号采场，位于金星岭 2 号矿体西端，编号为 Jb160m 1 号采场。该处矿体为北东走向，底盘近于直立，顶盘与矿体接触面不规整，倾角 60°，矿体厚度 30 ~ 40m，矿体的顶底盘围岩均为花斑状与条纹状灰岩，矿石与围岩中等稳固。

试验采场垂直矿体走向布置，采场长为矿体厚度，采场宽 8m。该矿块原为分层充填法采场，原充填采场设计高度为 80m(-160 ~ -80m)。在 -160m 中段水平已按水平分层充填法做了采准工程并已向上回采了一个分层，出矿水平布置在 -160m 中段水平之上的 -152m 水平。该处底盘规整且倾角近于直立，顶盘不规整从 -100m 标高水平往上矿体急剧变薄。由于原有分层充填采场工程的存在和矿体形态条件，试验采场跨中段布置，凿岩硐室布置在 -120m 中段水平之上的 -103.8m 标高水平（该水平已有充填法的分层巷道与斜坡道相通），矿块高 48.2m。

凿岩硐室根据矿块崩矿范围钻孔布置和凿岩作业的要求全断面拉开，断面为拱形，拱顶高 4.7m。两侧各留出 0.5m 的钻具作业空间，硐室宽度为 9m，采用管缝式摩擦锚杆金属网对硐室顶板及帮壁进行支护，锚杆网度 1m × 1m，锚杆长度 1.5 ~ 2m。出矿采用铲运机单侧进路出矿的平底式底部结构，进路间距 8m。

试验采场采用下向垂直平行深孔，除去 6m 高的底部结构，矿块高度 42m。采用孔径 165mm 钻孔，采场布置 44 个炮孔，设计总长 1834.5m。采场凿岩设备为两种，一台为瑞典 Atlas 公司的 ROC -306 型大直径深孔钻机，另一台为长沙矿山研究院与嘉兴冶金机修厂试制的 DQ -150J 型大直径深孔钻机，配用 COP -6 型潜孔凿岩冲击器，所需风压 1 ~ 1.2MPa，配用两台广西柳州空压机厂生产的 VY -2.2/5 -15 型增压机。其中，DQ -150J 型大直径深孔钻机凿岩作业 74 个台班，钻凿 29 个钻孔，总进尺 1210.15m，平均台班效率 16.35m/(台・班)；ROC -306 型大直径深孔钻机凿岩作业 18 个台班，钻凿 15 个钻孔，总进尺 624.3m，平均台班效率 33.74m/(台・班)。

B 爆破漏斗试验

球形药包爆破是 VCR 法回采工艺的特点和技术关键。

为保证 VCR 法工业试验获得良好效果，首先就球形药包爆破工艺所涉及的岩体物理力学性质、爆破系统的选择、炸药与岩体力学性质的匹配关系、布孔参数、最优埋深、炸药单耗、装药结构、起爆系统等进行了较系统的试验研究和观测。

a 炸药与岩石匹配爆破漏斗试验

爆破是炸药 - 岩石系统相互作用的一个复杂力学过程。C. W. 利文斯顿等人所建立的漏斗爆破理论和 VCR 法实践均以就地进行漏斗爆破为主要依据。利文斯顿所建立的漏斗爆破经验公式不仅以几何相似为基础反映了各参量之间的关系，而且更实际地反映了所采用炸药的能量特点和岩体在相应的爆破作用下的阻抗特性之间的关系。因而，在具体矿岩的特定条件下就地进行系统的漏斗爆破试验作为球形药包爆破设计的依据至为重要。

为了满足 VCR 法球形药包爆破的要求，由北京矿冶研究总院与凡口铅锌矿共同研制供 VCR 法球形装药的专用乳化炸药，炸药密度为 1.38 ~ 1.5g/cm^3 和爆速为 3800 ~ 5500m/s 的范围内提供 4 ~ 5 个不同性能的炸药品种。根据当时试验条件和之前具有的炸药研制基础，VCR 法试验专用乳化炸药定名为 CHL 系列炸药。

为此，就炸药品种的选择、最优埋深、合理炸药单耗等问题进行爆破漏斗试验。

试验在相邻采场专门掘进的试验巷道中进行，用 YQ－100 型潜孔钻机以一定的间距打垂直于试验巷道侧帮的水平钻孔，孔径 105mm，孔深 1.0 ~ 3.2m，孔口在巷道中腰距巷道底板 1.5m。

首先，进行了 9 个孔的 5 种炸药性能的炸药与岩石匹配的炸药品种选择漏斗爆破试验。漏斗爆破试验药包质量 4.5kg，药包中心埋深 1m 和 1.4m 左右，炸药矿石匹配选择漏斗试验结果见表 4－2。根据对试验结果检测，CHL－2 型炸药爆破形成的爆破漏斗体积最大，破碎质量也较好，决定选择 CHL－2 型炸药进行系列漏斗爆破试验。

表 4－2　炸药与矿石匹配漏斗试验

炸药性能			药包		漏斗参数		崩矿块度百分比/%			
编号	密度 /g·cm^{-3}	爆速 /m·s^{-1}	质量 /kg	中心埋深 /m	可见深度 /m	体积 /m^3	<50mm	50 ~ 100mm	150 ~ 300mm	>300mm
CHL－1	1.36	4050	4.5	1.00	0.89	2.48	17.9	24.3	30.1	27.7
CHL－1	1.36	4050	4.5	1.33	0.61	1.98	19.8	21.2	24.4	34.6
CHL－2	1.43	4255	4.5	1.03	0.93	2.40	35.1	31.9	17.1	15.9
CHL－2	1.43	4255	4.5	1.40	1.54	4.30	49.2	22.6	17.6	10.6
CHL－3	1.48	5813	4.5	1.03	1.10	3.68	41.2	17.1	25.7	16.0
CHL－3	1.48	5813	4.5	1.39	0.51	1.35	42.0	37.1	14.2	6.7
CHL－4	1.47	4230	4.5	0.99	0.93	1.85	43.6	16.6	16.4	22.4
CHL－4	1.47	4230	4.5	1.40	0.76	2.00	45.4	30.2	14.5	8.6
CHL－5	1.48	5218	4.5	1.40	0.88	1.94	30.7	25.5	25.5	20.0

b　CHL－2 型乳化炸药系列漏斗爆破试验

采用 CHL－2 型乳化炸药，进行了系列漏斗爆破试验。试验数据见表 4－3。

表 4-3 CHL-2 型炸药系列漏斗试验数据

孔 号	药包质量 /kg	药包中心埋深 /m	埋深比 Δ /m · m^{-1}	漏斗体积 /m^3	单位炸药崩矿体积 V/W /m^3 · kg^{-1}
8	4.5	1.03	0.343	2.40	0.533
23	4.5	1.40	0.467	4.29	0.953
4	4.5	1.80	0.600	2.96	0.685
21	4.5	2.31	0.770	2.00	0.444
7	4.5	2.79	0.930	0.58	0.130
19	4.5	2.98	0.993	0.15	0.033
11	4.5	3.00	1.000	0.04	0.009

根据上述结果分析和计算，可以得到以下漏斗爆破试验主要数据：

临界埋深：$N=3\text{m}$；

最优埋深：$d_o=1.4\text{m}$；

应变能系数：$E=1.785$；

最优漏斗体积：$V_o=4.29\text{m}^3$；

最优埋深比：$\Delta_o=0.47$；

最优漏斗半径：$R_o=1.45\text{m}$；

漏斗可见深度：$L_o=1.54\text{m}$；

炸药单耗：$W/V_o=1.11\text{kg/m}^3$。

C 采场球形药包分层爆破

（1）药包最优埋深的确定。采场炮孔直径 165mm，按六倍的孔径计，药包长度应为 1000mm，炸药密度 1.4g/cm^3 计算，单分层球形药包质量 W 为 30kg。根据漏斗试验所得到的最优埋深比 Δ_o 和应变能系数 E，可以计算出最优采场爆破药包埋深 D_0：

$$D_0 = \Delta_o E \sqrt[3]{W_S} = 0.47 \times 1.785 \sqrt[3]{30} = 2.61\text{m}$$

（2）装药结构。利用以上结果，设计了采场球形药包分层爆破装药结构，用尼龙绳将孔塞下放到孔内，孔塞上填 0.5m 的河沙，再填装炸药，炸药包上再填 2m 河沙，装药结构如图 4-3 所示。

（3）起爆网络。采用导爆索-导爆管毫秒雷管，孔口毫秒延时起爆系统。由起爆雷管引爆网络导爆索，网络导爆索引爆导爆管毫秒雷管，导爆管毫秒雷管根据爆破顺序引爆孔内导爆索，孔内导爆索引爆起爆弹从而引爆炸药。为起爆的保险起见，采用孔外双导爆索网络在炮孔双侧布线，端部环形连接的起爆网络、孔口双雷管向两侧分头连接、孔内双导爆索的双保险起爆网路（图 4-4）。

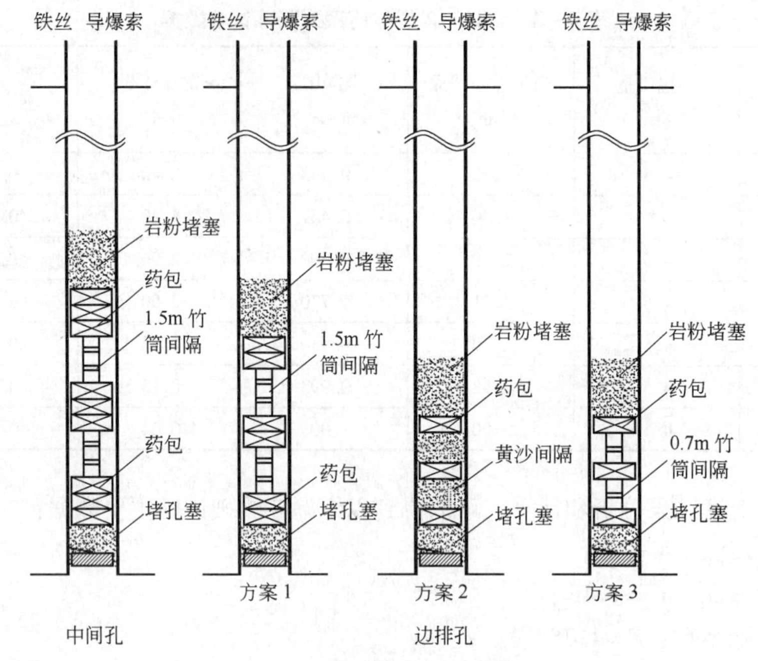

图 4－3 球形药包装药结构示意图

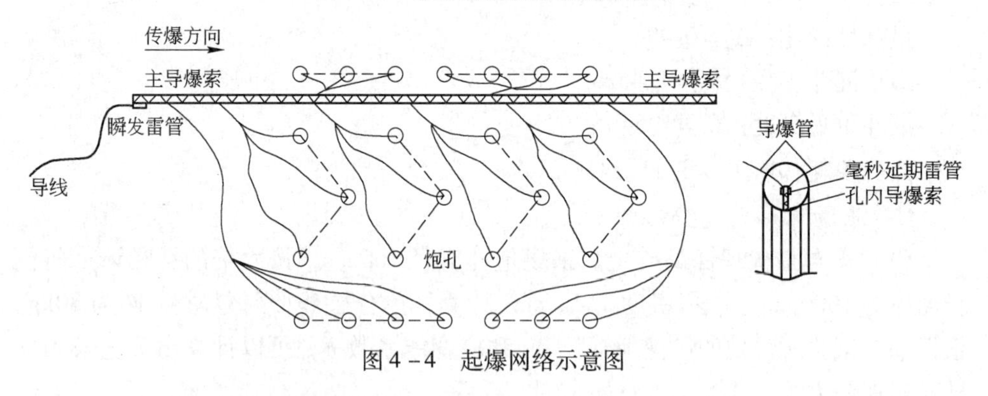

图 4－4 起爆网络示意图

（4）球形药包分层爆破效果。球形药包分层爆破共进行六次，总崩矿高度 22.46m，崩落矿石 19510t，分层崩矿高度 3.12～4.14m（平均 3.74m），一次爆破平均炸药单耗 0.332kg/t。爆破破碎质量良好，二次破碎炸药单耗 0.018kg/t。采场出矿后经观察巷道观察，每分层爆破后顶板比较平整，两侧矿柱侧壁平整完好，边孔在侧壁上留有一些残孔壁。

D 采场顶层矿的球形药包－柱状装药联合爆破

在 Jb－160m1 号矿房采场崩矿阶段，由于采场矿体受 F_4 断层的影响，在 －120m水平以上采场矿块内有一条 5m 左右宽的破碎带。该破碎带的存在，使得在每次单分层爆破后对上部炮孔引起孔壁破坏，垮落的矿石块卡在孔中致使不能进行下次爆破作业，有时需要进行扫孔甚至重新补打钻孔，处理起来非常麻烦。

Jb160m 1 号矿房采场试验崩矿总高度平均为 40.91m，当进行了 6 次球形药包分层爆破后，采场矿块剩下 18.45m 的矿层厚度时，用球形药包 - 柱状装药联合爆破一次崩矿方案。

联合爆破采取在采场端部球形药包多分层装药 VCR 法爆破开切割槽，其余炮孔柱状装药侧向崩矿的联合爆破一次崩矿方案。球形药包分层装药采用 CHL - 2 型 VCR 法爆破专用炸药，球形药包共分为 5 个分层装药，考虑到切割槽爆破面积小，炸药单耗提高到 0.48kg/t，共装 CHL - 2 型炸药 2200kg。柱状装药侧向崩矿部分采用 2 号岩石炸药，2 号岩石炸药柱状装药的炮孔爆破属于台阶式爆破形式，矿岩的崩落和移动条件较球形药包漏斗时好，拟定其单耗为 0.38kg/t，共装 2 号岩石炸药为 5000kg。总崩矿量 17300t，崩矿质量良好，二次破碎炸药单耗 0.013kg/t。

联合爆破球形药包装药结构 5 个分层之间需要实施孔内分层间的毫秒微差延时起爆，当时是由导爆管毫秒雷管实现的。

实践证明，球 - 柱联合爆破崩矿具有以下明显的优点：（1）与分层爆破比较，提高了装药施工效率，减少了爆破次数和对井下作业的影响。（2）由于采取了分段装药、孔间微差以及考虑可以充分利用大孔径效应等，柱状装药爆破仍可获得良好的爆破效果。（3）大量使用价格便宜的硝铵炸药，大大降低爆破成本。VCR 采场回采后期，采用联合爆破崩矿增加最后一次崩矿的崩落高度，有利于缩短采场回采周期和提高采场采矿的总体技术经济效果。

在 Jb - 160m1 号矿房试验采场联合爆破应用成功后，接下来在凡口矿的狮岭矿段 Sh - 120m6 号矿房采场、Sh - 200m5 号矿房采场，分别实施了球形药包分层爆破后，在采场上部分别剩余 15m 和 19m 高度矿层，均是采用球形药包与柱状药包联合装药一次崩落。

凡口铅锌矿 VCR 法回采矿房的主要技术指标见表 4 - 4。

表 4 - 4　VCR 法回采矿房的主要技术指标

指标名称		单位	矿房采场		
			Jb - 160m1 号	Sh - 120m 6 号	Sh - 200m 5 号
矿石 f 系数				9 ~ 11	9 ~ 13
炮孔直径		mm	165	150	165
采场崩矿总高		m	40.91	26.34	28.95
球形药包爆破	崩矿次数		6	3	2
	总装药层数		6	3	3
	总崩矿高度	m	22.46	11.34	9.95
	单次最多装药层数		1	1	2
	单次最大崩矿高度	m	4.14	4.2	6.75
	单层最大崩矿高度	m	4.14	4.2	3.38

续表4-4

<table>
<tr><th colspan="3" rowspan="2">指标名称</th><th rowspan="2">单位</th><th colspan="3">矿房采场</th></tr>
<tr><th>Jb-160m1号</th><th>Sh-120m6号</th><th>Sh-200m5号</th></tr>
<tr><td rowspan="3">球形药包爆破</td><td colspan="2">单层最小崩矿高度</td><td>m</td><td>3.12</td><td>3.47</td><td>3.2</td></tr>
<tr><td colspan="2">单层平均崩矿高度</td><td>m</td><td>3.74</td><td>3.78</td><td>3.32</td></tr>
<tr><td colspan="2">平均炸药单耗</td><td>kg/t</td><td>0.332</td><td>0.292</td><td>0.412</td></tr>
<tr><td rowspan="4">球柱联合爆破</td><td colspan="2">爆破崩矿高度</td><td>m</td><td>18.45</td><td>15</td><td>19</td></tr>
<tr><td colspan="2">炸药单耗</td><td>kg/t</td><td>0.413</td><td>0.451</td><td>0.412</td></tr>
<tr><td rowspan="2">其中</td><td>CLH-2</td><td>kg/t</td><td>0.124</td><td>0.100</td><td>0.125</td></tr>
<tr><td>2号岩石</td><td>kg/t</td><td>0.289</td><td>0.351</td><td>0.287</td></tr>
</table>

4.1.6 VCR采矿法回采间柱采场

4.1.6.1 VCR法回采间柱采场工程结构

VCR采矿法回采间柱采场（图4-5）与回采矿房采场不同之处在于：矿房采场两侧为没有人为采动的原矿体，而间柱采场两侧则为矿石被采出后形成的胶结充填体。采矿设计应缜密统一考虑矿房与间柱尺寸，因为间柱采场采完以后，可以采用非胶结充填，所以，采用大间柱小矿房的采矿设计方案，可以降低采矿成本。

与VCR法回采矿房采场相似，间柱采场也是先在采场上部布置凿岩硐室，采场下部为出矿底部结构。

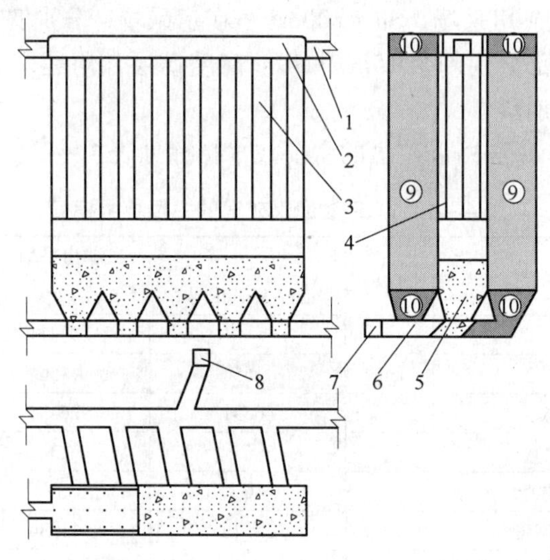

图4-5 VCR法回采间柱采场

1—联络道；2—凿岩硐室；3—待爆矿体；4—炮孔；5—堑沟；6—出矿进路；7—出矿巷道；8—溜矿井；9—胶结充填体；10—加强胶结充填体

4.1.6.2 VCR 法回采间柱对矿岩性质的要求

VCR 法回采间柱与 VCR 法回采矿房对矿体的稳定性要求有所不同，VCR 法回采矿房采场，其两侧为原岩体或原矿体，要求原岩体或原矿体在采场出矿过程中和出矿后形成的空场在回采作业期间四周帮壁保持不发生垮落。回采间柱时两侧为回采矿房后形成的充填体。胶结充填体应能在 VCR 法回采时能够保持不发生垮落。

4.1.6.3 VCR 法回采间柱采场凿岩硐室

凿岩硐室布置在采场的顶部，根据 VCR 法崩矿的特点，在回采间柱时，钻孔的布置与回采矿房略有不同，矿房回采时崩落范围内的矿石是从矿体上切割下来，矿房回采范围即为采场边孔控制的范围。间柱采场回采边界为原矿房采空区内嗣后充填形成的充填体，矿石与充填体的接触面为非均质界面，容易分离，因而，间柱采场回采时，边孔距充填体的距离可以为布孔网度孔距或排距的一半。凿岩硐室的平面布置可以根据钻孔要求布置。根据矿岩稳定情况，凿岩硐室可以整体开掘，也可以布置为并列巷道式，或在硐室内适当留一些点柱。根据凿岩设备的要求，凿岩硐室的边界与边孔开孔位置要留有作业空间，根据常用的地下 VCR 法采场凿岩设备，一般的作业空间在 0.5m 左右。

4.1.6.4 VCR 采矿法回采间柱采场应用实例

在我国，最早的 VCR 法回采间柱采场试验研究由长沙矿山研究院和凡口铅锌矿合作在凡口铅锌矿的狮岭 Sh－80m3－4 间柱开展并完成。在 Sh－80m3－4 间柱 VCR 法回采试验完成后，又进行了狮岭 Sh－80m4－5 间柱、狮岭 Sh－80m7－8 间柱的扩大回采生产试验工作。在球形药包分层爆破阶段分别实施了一次单分层、一次两分层、一次三分层的崩矿方案，崩矿高度由 3.13m 到 10.6m，三个间柱采场的最后破顶厚度分别为 9.6m、12.64m、10.7m。凡口铅锌矿 VCR 法回采间柱的主要技术指标见表 4－5。

表 4－5　VCR 法回采间柱的主要技术指标

指标名称		单位	间柱采场		
			Sh－80m3－4	Sh－80m4－5	Sh－80m7－8
矿石坚固性系数 f			8～10	8～10	8～10
炮孔直径		mm	165	165	165
采场崩矿总高		m	32.03	35.7	35.3
球形药包爆破	崩矿次数		6	5	3
	总装药层数		6	6	7
	总崩矿高度	m	22.43	23.06	24.6

续表 4－5

指标名称			单位	间柱采场		
				Sh－80m3－4	Sh－80m4－5	Sh－80m7－8
球形药包爆破	单次最多装药层数			1	2	3
	单次最大崩矿高度		m	3.93	6.7	10.6
	单层最大崩矿高度		m	3.93	4.56	3.8
	单层最小崩矿高度		m	3.13	3.41	3.2
	单层平均崩矿高度		m	3.73	3.84	3.51
	平均炸药单耗		kg/t	0.25	0.24	0.309
	其中	CLH－2	kg/t		0.183	
		EL 乳化	kg/t		0.053	
破顶爆破	爆破崩矿高度		m	9.6	12.64	10.7
	炸药单耗		kg/t	0.27	0.356	0.313

4.1.7 VCR 法爆破掘进天井

4.1.7.1 VCR 法掘进天井的发展

天井是地下矿山主要工程类型之一。普通法掘进天井作业条件比较艰苦，吊罐法和爬罐法的应用，使得掘进天井在技术上有了明显的进步，但仍未摆脱操作人员直接在天井掘进工作面下进行凿岩爆破作业的基本状况。天井钻机的出现是矿山地下开采中天井掘进技术发展的一项重大成就，但天井钻井设备造价昂贵，钻进成本较高。VCR 法在地下矿山成功应用后，不仅可进行采场回采，也很快被矿山工作者用于天井掘进。实践证明，VCR 法掘进天井具有作业安全、效率高、劳动强度小的优点，与天井钻机相比，具有设备机动灵活、辅助工程量小的优点，并且具有天井掘进断面的形状和大小可根据需要进行设计的便利条件。其不足之处是成井井壁质量要比天井钻机钻进差；当天井较深时，由于炮孔偏斜，成井规格控制比较困难。可以用于开挖溜井、通风天井等，特别是采用大直径深孔阶段崩矿时，在相同地点采用同一设备，顺序进行切割天井、切割槽和阶段崩矿，特别有利于提高采场回采的总体作业效率。

4.1.7.2 VCR 法掘进天井的应用实例

应用 VCR 法掘进的第一条天井，在加拿大安大略省萨德伯里（Sudbury）科尔曼（Coleman）矿[2]。该矿有一个 20m 厚的大型阶段间矿柱。因为矿柱的下面是采空区，没有供常规天井掘进或天井钻进使用的通路。于是就尝试应用 VCR 法掘进一条天井，并取得了成功。该天井断面为 3.3m×3.3m，共布置 5 个炮孔，中央布置 1 个钻孔，四角各布置 1 个钻孔控制天井形状规格。每个炮孔装浆状炸药 34.05kg，每次爆破的平均进尺为 2.8～3.5m。

国外有许多矿山采用 VCR 法掘进天井[3]，天井的规格一般为 1.8m×1.8m～3.3m×3.3m，掘进深度可达 50～60m，断面上布置 5～8 个钻孔，每次爆破进尺 2～3.5m。

在我国，VCR 法回采采场试验成功后，1983 年在凡口铅锌矿也尝试用 VCR 法掘进了第一条深度 15m 天井。该天井虽然不深，但如同加拿大 VCR 法掘进的第一条天井一样，天井下方也为一个无法进入的采空区。在以后的金厂峪金矿、狮子山铜矿、安庆铜矿等大直径深孔推广应用矿山均采用了 VCR 法掘进天井。

在金厂峪金矿大直径深孔推广应用期间，先后采用 VCR 法掘进了三条天井。一条为形成挤压爆破采场的补偿空间而先掘进的切割天井，另两条为通风天井。两条通风天井分别位于 143m 水平的 21 线穿脉和 31 线穿脉，天井高 38m，规格分别为 2.3m×2.3m 和 2m×2m，两条天井处岩石为比较坚硬的石英复脉。位于 21 线的天井规格 2.3m×2.3m，断面上布 7 个孔，四角各一个钻孔控制天井规格，中部按 0.7m 间距等边三角形布 3 个钻孔作为掏槽。位于 31 线的天井规格 2m×2m，断面上布 6 个孔，四角各一个钻孔，中部掏槽孔按 0.7m 间距在垂直两侧井壁的中线布 2 个钻孔。起初中部掏槽孔一个装药，另外的留作备用空孔，中部装 CLH－2 型三高乳化炸药，四角装普通密度的 EL－102 乳化炸药，药包质量均为 10kg，掘进也很成功。后来采取了中部掏槽孔高低交错装药，药包质量 5～10kg，四角按原装药方案，取得提高单次掘进进尺的效果。两个天井均是在上部留有 7m 左右高度时进行的一次爆破破顶。整个掘进过程顺利，成井规格规范，井壁平整。第一条天井单层平均进尺 2.4m，炸药平均单耗 4.5kg/m^3，第二条天井单层平均进尺 2.3m，炸药平均单耗 4.6kg/m^3。每次爆破作业只需 2～3 人、平均作业时间约 2h。

4.1.7.3 VCR 法掘进天井钻孔布置

采用 VCR 法爆破掘进天井，由于天井的规格比采场要小得多，爆破自由面小夹制性大，因而钻孔的布置形式和钻孔精度是掘进成功与否的关键。在钻孔设计时，先要对矿岩性质进行分析，根据矿岩的可爆性和天井规格确定钻孔数量。VCR 法爆破掘进天井，角孔控制成井形状，中部掏槽孔是成功的关键。

一般采用 VCR 法掘进的天井多为矩形，规格在 2m×2m～3m×3m 左右。理论上，VCR 法掘进天井布置 5 个炮孔，中心一个掏槽孔，四个角各布一个钻孔控制天井形状即可满足工艺要求。

4.1.7.4 关于钻孔偏斜率控制

国内外 VCR 法掘进天井的经验表明，其成功与否取决于钻孔精度。一般

VCR 法掘进天井，受钻孔偏斜的影响，天井底部规格与上部开孔处有差别。作为采场开切割槽所用的切割天井，目的是为采场爆破创造自由面及补偿空间，属于过渡型的临时天井，规格形状要求不高，形状有些差别不会造成太大的影响。而对于形状规格要求高的天井，除非在能严格控制钻孔精度情况下才可采用 VCR 法掘进，否则要采取其他方法掘进。国外控制钻孔精度的经验，除了设备性能、操作技术以外，采取加装稳杆器或是在凿岩水平铺设一个混凝土底座，作为凿岩设备的坚固支撑，改善稳机条件等适当的技术措施，炮孔长度达 70m 时，将钻孔偏斜量控制在孔深的 0.5% 是可能的。

4.1.7.5 VCR 法掘进天井的注意事项

VCR 法掘进天井，钻孔作业集中完成，之后的过程为测孔、堵孔、装药、爆破。

爆破掘进过程虽然简单，但要注意以下问题：

(1) 与采场切割天井不同，对于永久性天井或其他井筒，其整体形状都要得到控制，尤其是最底部的起始段及最顶部的破顶。底部起始段为避免产生过度的扩帮，底部第一个 3 ~ 3.5m 掘进区段，可以采用常规凿岩爆破工艺完成。井口破顶时的最顶部 3 ~ 3.5m 区段也要采取相应的控制爆破措施。

(2) 为避免炮孔的孔口区被爆破冲击波损坏形成漏斗，在下一组爆破开始之前，应将井筒内已崩落的矿岩出空，从而使爆破时的高压气浪能通过天井下部放矿口排出，药包上部也要实施有效的填塞。

4.2 束状孔当量球形药包大量落矿采矿技术

在大多数情况下，所采用 165mm 的大直径深孔进行 VCR 法球形药包分层爆破，即是一项创新的适用爆破技术，也是采矿工艺的新发展。但是每次崩落分层高度仅 3m 左右，装药工艺比较复杂，与其他的大量落矿爆破技术比较，仅在需要严格控制爆破作用和破碎效果的采矿条件下才具有技术竞争优势。

束状孔当量球形药包高分层爆破是一项综合利用了最优埋深条件下球形药包漏斗爆破合理利用炸药能量和有利于增强装药中远区爆破作用的束状孔效应的大量落矿采矿新技术，由于应用了数个近距离平行炮孔组成束状孔的等效直径计算球形药包的装药，与单孔 VCR 法球形药包分层落矿比较，可以成倍的增加球形药包药量和崩落分层高度。工业应用表明，这一新技术兼有效率、规模、矿石破碎质量好、成本低等球形药包分层爆破和柱状装药爆破的共同特点，此外，由于采用大参数束间距和高分层落矿，还为简化采场结构和地压管理、避免低效率的切割槽工程创造了条件。

以大直径深孔大量落矿为主要工艺特点的地下大直径深孔高效率采矿是 20 世纪下半叶以来地下采矿技术发展的重大成就。我国自 20 世纪 80 年代初开始对地下大直径深孔采矿技术进行了系统研究和应用试验，基本形成了适应不同应用条件的以球形药包分层落矿和柱状连续装药两种崩矿类型的 VCR 采矿法阶段深孔台阶崩矿采矿法，带补偿槽的阶段挤压崩矿盘区连续崩落采矿法，束状孔盘区连续崩落采矿法等，形成了一定的应用规模，积累了一定的技术经验。

事实上，基于 W. C. 利文斯顿理论的球形药包漏斗爆破，只有当炮孔直径大到一定尺寸时，才有其工程应用价值，由于受井下应用条件的限制，165mm 几乎是地下矿山采用大直径深孔采矿的通用孔径，极少见采用 200mm 以上孔径的矿山。

基于上述分析，自 2002 年开始，北京矿冶研究总院进行了基于束状孔等效直径条件下的球形药包漏斗爆破大量落矿技术的实验研究和应用。

4.2.1 主要研究工作

4.2.1.1 束状孔爆破应力场的动态光弹试验

试验采用 WZDD-1 型多次火花动态光弹仪。试验进行了 3～6 个孔的直线、弧线、圆形等不同的布孔形式和布孔参数。试验结果表明，密集平行束状孔爆破形成了叠加应力场，且不同的布孔形式和参数其效应也不同。直线布孔方式均可见椭圆形应力场，在其短轴方向，即炮孔连线的中垂线方向较侧向变密，且形成近似平面形状的波前，因而应力衰减也较其侧向也慢得多。如 4 孔直线形束状孔在距爆破中心 50 倍孔径的距离时，正向应力大约是侧向应力的 1.8 倍。这一结果同国外的研究结论基本一致。同时也说明，在同样孔径的条件下，采用束状孔布孔可以成倍或几倍增加抵抗线，同时保证良好的破碎质量。

该项研究是为了研究非均匀原岩应力条件下的爆破特性，主要试验方案是模型在附加单轴或双轴载荷条件下，施加爆破动载的动光弹试验。其特点是：不但施加爆破动载，还附加单轴或双轴静载，即模型在有附加载荷下再进行动光弹分析。为了对比分析不同受载情况下的爆破动应力场与主裂隙延伸特性。

试验表明介质裂纹扩展与附加载荷的大小与方向有极大的关系。裂纹的扩展方向不是在主应力线上，而是与主应力成一定角度，且与主应力差有关。如 $p_1 = p_2$ 时，最大裂纹在 45°左右的方向上，而其他情形的主裂纹与主应力成 15°～45°角不等，一个共同的特性是主裂纹不在应力线上，但与最大主应力的角度不大于 45°。附加载荷对最大裂纹、裂纹大小及裂纹扩展方向有明显影响，自由状态的主裂纹不明显，裂纹的扩展不明显，裂纹的扩展形式是一个同心圆。单轴加载模型的主裂纹与主应力 σ_1 的夹角为 15°。

4.2.1.2 束状孔爆破等效应力场水下模拟研究

虽然水中冲击波参数的计算相当复杂，但是也遵循爆炸相似律。根据影响水中爆炸的各物理量，当各无量纲因子对应相等时，质点速度与水中声速的比值相等。由于介质的初始状态是一定的，质点的速度随着炸药的药量增加而增加，随距离的增加而减小。

用单根导爆索模拟炮孔装药在水中进行了不同的束状孔孔间距、束间距和装药的长径比等内容的研究，试验表明，束状孔的孔间距 $L=(3.5\sim9)d$ 时，束状孔叠加效应明显，事实上，束状孔合理孔间距与所采用炸药的爆轰特性和矿岩力学性质有关；所进行的以束状孔外接圆为单位的束状孔条件下球形药包装药合理长径比，因为试验水深不足，未取得可信的重复数据，基于束状孔等效直接的概念，在实际应用中仍然采用 W. C. 利文斯顿的装药长度不大于其直径 6 倍的球形药包理论进行束状孔当量球形药包装药计算。

束状孔当量球形药包爆破技术实际上是综合利用束状孔效应和最优埋深时球形药包合理利用炸药能量的技术条件，上述研究试验，初步揭示了束状孔爆破的机理特性和应用的工艺条件、依据束状孔等效直径的概念和 W. C. 利文斯顿的漏斗爆破理论实现以束状孔等效直径条件下的当量球形药包漏斗爆破是可行的。所以，实际应用仍必须以所采用的炸药和根据矿山具体矿岩条件进行束状孔的系列漏斗试验，确定实际应用的工艺技术参数。

4.2.2 应用案例

4.2.2.1 冬瓜山铜矿

冬瓜山铜矿是一座新建的地下大型地下矿山，矿山规模 10000t/d，所开采的主矿体呈似层状、透镜状产出，倾角一般不大于 10°，平均厚度 34m，最厚 100m，矿石坚固，稳定；由于矿体埋深达 1000m，原岩应力较大，矿体顶板为大理岩，底盘为粉砂岩和石英闪长岩，比较稳定。矿体的大部分矿量采用大直径束状深孔当量球形药包落矿的阶段矿房嗣后充填二步回采。为确定装药爆破参数，根据 W. C. 利文斯顿漏斗爆破理论进行了束状孔的系列漏斗爆破试验，5 个孔组成的束孔的埋深比为 0.56，相应的比能为 $0.156m^3/kg$（图 4－6）。

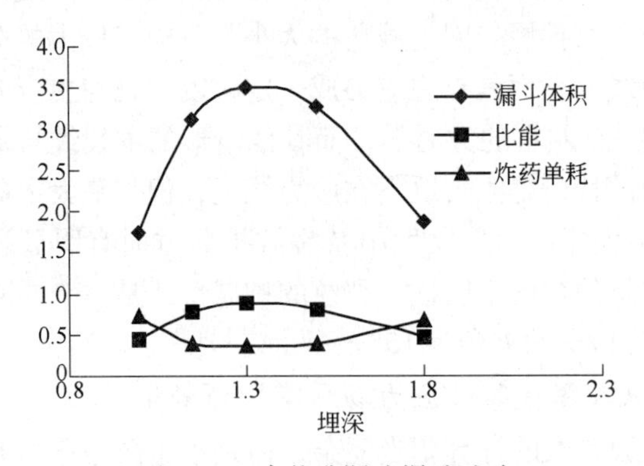

图 4－6 束状孔漏斗爆破试验

－760m 水平 52－2 采场布置如图 4－7 所示，矿房、矿柱采场均为长 80m、宽18m，高为矿体厚度。矿房、矿柱采场均为长80m、宽18m，高为矿体厚度。

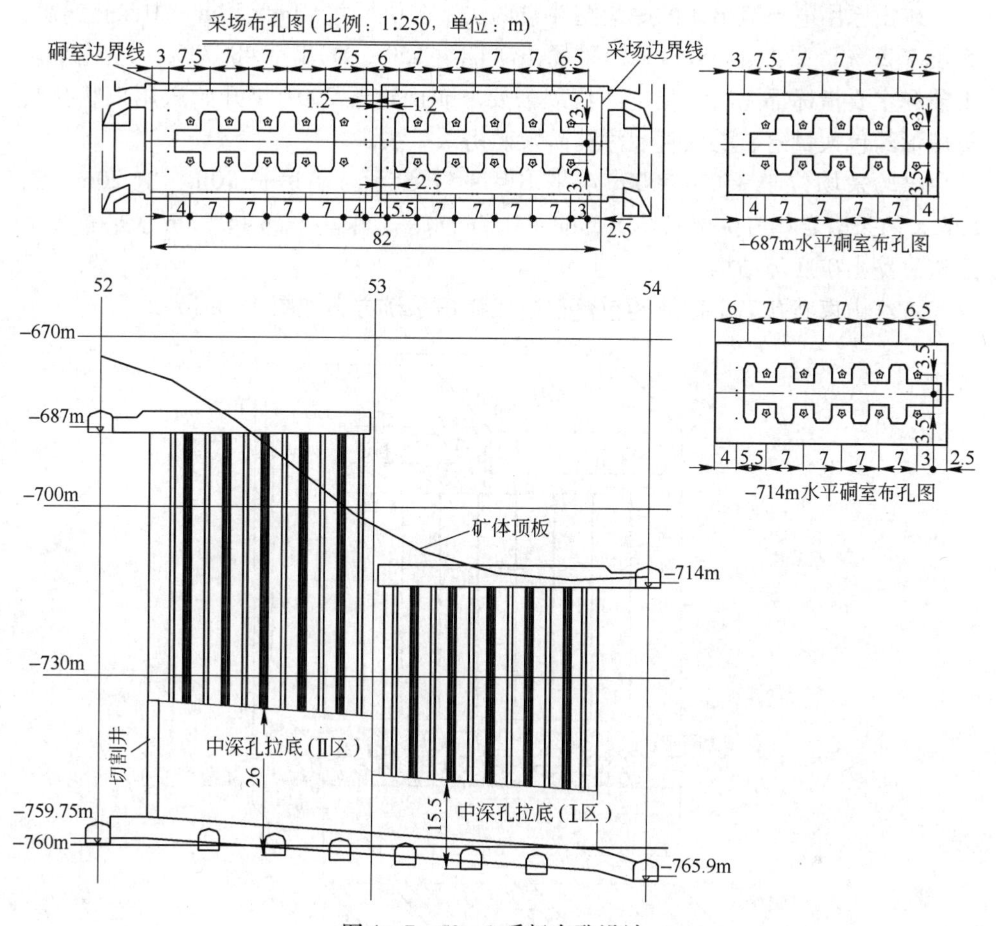

图4－7　52－2采场布孔设计

由于采场顶板高程坐标变化较大，凿岩硐室分为两部分，分别布置在不同水平，束状孔由5个孔组成，孔间距0.82m，束间距7m；采场周边孔为双密集孔，孔间距0.2m，双密集孔间距7.0m；每孔装药长度4m，充填长度2.5m；崩落分层高度7m；每次爆破按采场全面积进行一个分层崩落，临近凿岩硐室底板最后一次爆破的崩落高度13～16m。该采场共崩落矿石246792t，崩落矿石大于800mm的不合格块度为3.21%，与采用柱状连续装药的阶段崩矿采场比较，不合格块度降低50%，采切工程量降低25%。

4.2.2.2　大红山铜矿

大红山铜矿是一座年矿石生产能力达600万吨的地下矿山，所开采的1号主矿脉是一铜、铁互层的复合矿脉，倾角20°～30°，厚度30～50m，为保证开采规模和作业效率，采用阶段矿房采矿法施行铜、铁合采，在选矿厂进行铜、铁分离。

矿山原用电耙道出矿的底盘漏斗空场法，矿块尺寸 50m×50m，中深孔崩矿，大块率 20%，采准比 $48m^3/kt$，采场出矿能力 550t，贫化率 48.73%，上述采矿工艺和主要指标都无法满足生产法展需要。矿山遂于 2007 年开始试用束状孔当量球形药包大量落矿的大直径深孔阶段矿房采矿法。

试验采场位于 450～500m 水平 B14－17 盘区，矿房长 70m，宽 20m，高 52m，两条凿岩巷道位于采场上部的 490.7m 水平，采场下部 442.3m 水平布置铲运机进路出矿底部结构。

大红山束状孔当量球形药包落矿阶段矿房采矿方案如图 4－8 所示。

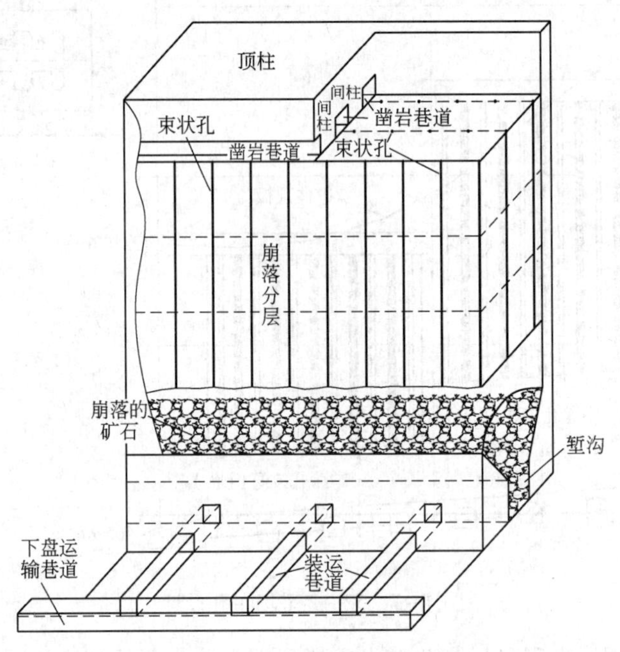

图 4－8　采矿方案示意图

为确定布孔和装药参数，在 500m 水平 B20 探矿穿脉巷道进行了束状孔的系列爆破漏斗实验，束孔由 5 个孔组成，孔径 38mm，孔间距 190mm；实验求得：临界埋深 2.4m，最优埋深比 0.35；此外，还进行了最优埋深条件下不同束间距的当量球形药包漏斗实验（图 4－9），求得束状孔合理孔间距范围应为 1～1.5 倍的当量球形药包爆破的最优埋深。

根据试验采场爆破条件和当量球形药包漏斗爆破试验，采用束状孔与边孔单孔、双孔的布孔设计，设计参数为：束状孔由间距为 0.825m 的垂直平行孔组成，每束孔由 5 个炮孔组成，贯通凿岩硐室底板和拉底层顶板。设计采场孔深 31.1m。边孔为双密集孔、单孔布置。其中下向垂直深孔按布孔设计定位误差不大于 5cm，偏斜率不大于 1%。

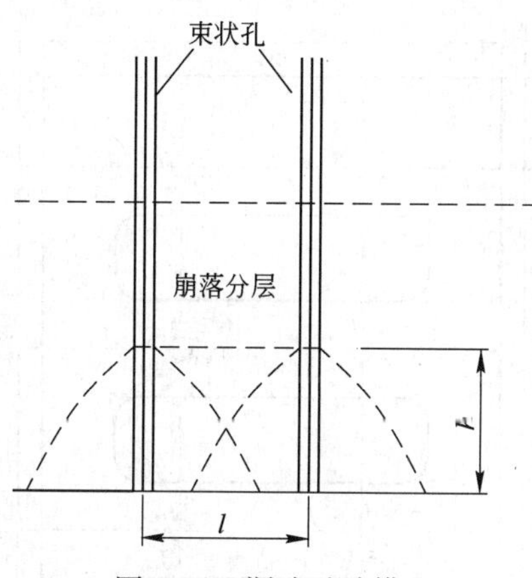

图 4－9 漏斗试验模型

采场共布置束状孔 22 束，局部补充双孔两组，孔数计 114 个；边孔 89 个。430m 水平炮孔布置图如图 4－10 所示。大孔孔深总计 6344.4m。布孔范围的矿石量 228119t，其中大孔控制矿量 170756t，每米崩矿量 26.91t/m。

采场深孔崩落高度 31m，分三次崩落，第一分层崩落高度 7.5m，第二分层 7.5m，第三次崩落至凿岩硐室底板，崩落高度 16m。共崩落矿量 16.6 万吨，平均炸药单耗 0.43kg/t，每米孔崩矿量 26.91t，大于 600mm 的不合格大块率 5.16%，在爆破落矿期间，采场顶板自然垮落了 1.8 万吨矿量，是大块率较高的重要原因。应进一步研讨该矿大直径深孔当量球形药包大量落矿采矿技术运用的合理性。

4.2.2.3 大姚六苴铜矿

该矿具有较长开采历史，开采一中厚倾斜单一矿体，为提高采矿效率和生产能力，拟在矿体的厚大部分采用大直径深孔采矿技术。采用束状孔当量球形药包高分层落矿的阶段矿房嗣后充填二步采矿技术方案。

试验采场 1424m 水平，长 43m，宽 12m，回采高度 36m，凿岩巷道布置在 1459m 水平，断面为 2.5m×2.5m，采用 T100 井下高风压潜孔钻机打下向垂直深孔；在 1424m 布置铲运机进路出矿的堑沟式底部结构，出矿进路断面 3.2m×3.0m。

采场布置下向垂直深孔，孔径 120mm。共布置束状孔 14 束，边孔 54 个。束状孔由 5 个孔组成，束间距 5.5m。总孔深 2748m。束状孔孔间距以及双孔的孔间距均为 0.6m(图 4－11)。

试验采场共进行四次爆破落矿（图 4－12），第一、二两分层崩落高度为 5.5m，第三分层崩落高度为 8m，最后一次为 12m。采场深孔崩落矿量 34821.7t，平均炸药单耗 0.437kg/t，矿石破碎块度比较均匀，出矿顺利。

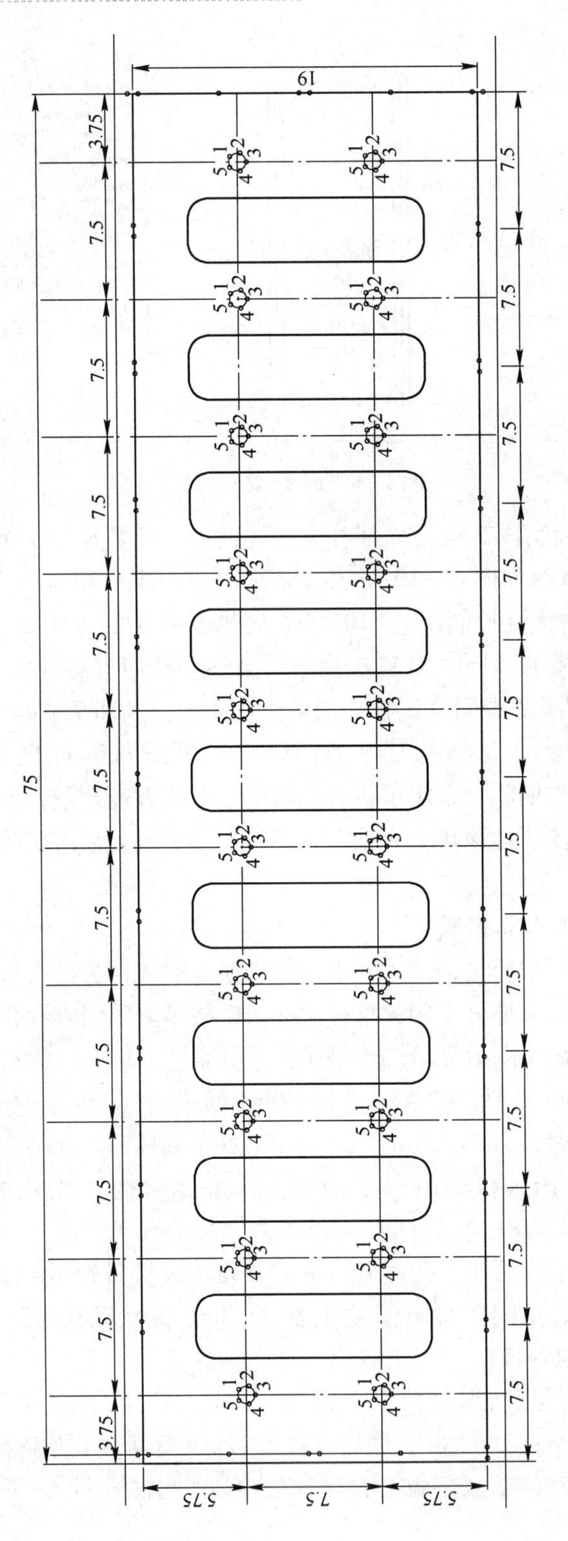

图 4-10 430m水平下向炮孔布置

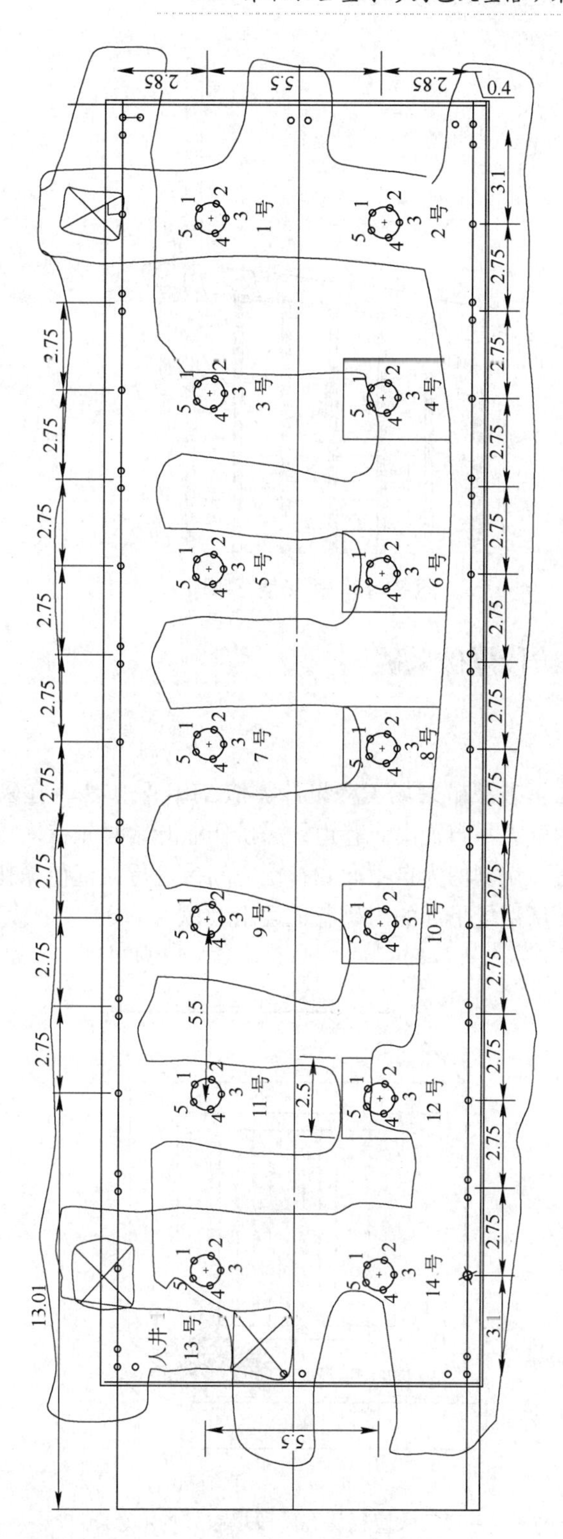

图 4-11 1450m水平下向炮孔布置图

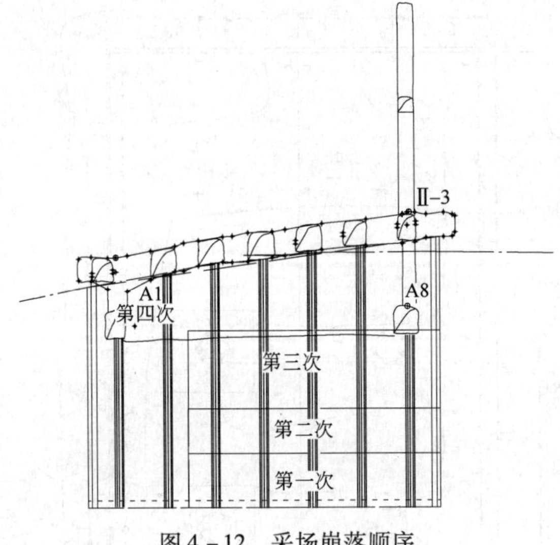

图 4-12 采场崩落顺序

4.3 大直径深孔阶段爆破采矿

4.3.1 基本概念

大直径深孔阶段爆破采矿采场工程设计类似 VCR 采矿法，在采场的上水平布置凿岩硐室，采场的下水平布置出矿巷道；采矿作业开始时先在采场的局部面积形成竖向切割槽，然后以切割槽为自由面和补偿空间，进行大直径深孔的全阶段的顺序爆破，崩落的矿石从采场下部的出矿巷道运出（图 4-13）。

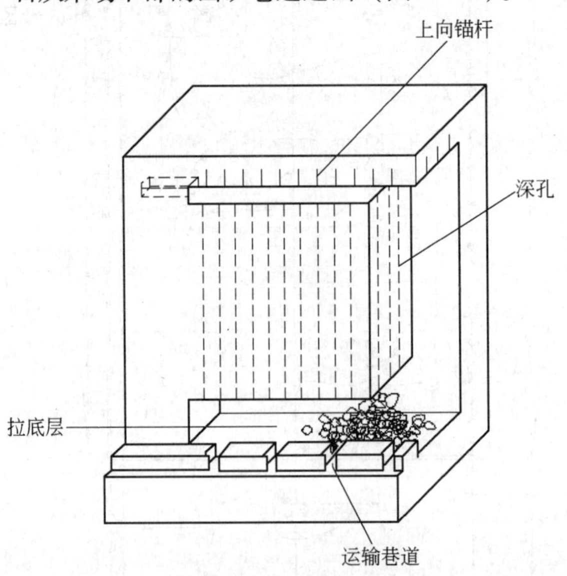

图 4-13 大直径深孔阶段爆破采场示意图

与VCR法相比，大直径深孔阶段大量崩矿采矿具有更高作业效率和更大采场生产能力，并具有进一步简化回采工艺、提高炮孔利用率和降低采矿作业成本等特点。从国外一些采矿大国大直径深孔采矿技术的应用情况看，阶段深孔方法应用比重也远远大于VCR法，如加拿大的Kidd Creek矿为年产矿石400万吨的矿山，全部采用阶段崩矿方法回采矿房和嗣后充填的二步回采。大直径深孔阶段爆破采矿一般更适用于大型采场的大规模开采，比如加伊铜矿，采用大直径深孔阶段空场法，段高160~180m，孔深150m。

4.3.2 应用案例——凡口铅锌矿

4.3.2.1 采矿条件

采场位于sh6a矿体-240m中段，该矿体与围岩接触界线清晰，矿体底板受F_3断层控制，顶板受裂隙控制。倾向SE，倾角较缓，一般为30°~40°，界线呈缓波状。矿石类型为块状黄铁铅锌矿，结构致密，普氏系数为12~14。矿石品位：Pb4.84%，Zn10.89%，S27.27%，体重4.09t/m³。矿体顶底板的围岩均为黑瘤状条状灰岩，岩层属中等稳固，普氏系数为9，体重2.74t/m³。

F_3断层倾向100°，倾角60°以上，为逆掩断层，控制了区域矿体。它从成矿前至成矿后经历了一张一压多次活动的复合断裂。破裂带宽1~2m，破碎带内矿化强烈，但胶结还好，沿断裂面挤压条带，劈理构造、透镜体较为发育。F_{101}断层走向SE，为130°~135°，倾向310°~315°，倾角较陡，70°以上，为逆掩断层。它也经历了多次构造活动叠加的复合断裂，破碎带约为1m。

在F_3与F_{101}之间，由于受断裂活动影响，两断层之间的矿岩略为破碎。断裂面崩落的现象较为普遍。试验采场受F_3及F_{101}断层控制明显，与矿岩底板地质界面形成三角状。

4.3.2.2 回采方案及采切工程

4号试验采场（图4-14）垂直矿体走向布置，长为矿体厚，下部约85m，上部逐渐变窄，约54m，高为80m的连采采场。Sh-240m 4号采场自-240~-160m作为一个整体考虑回采，采场在高度上分为上部采场（-200~-160m）和下部采场（-240~-200m）两部分回采，凿岩硐室分别布置在-160m和-200m，分阶段凿岩；底部结构布置在-240m水平，集中出矿，采用铲运机出矿的漏斗进路式底部结构，共7条出矿进路，间距8m。

根据阶段深孔台阶崩矿方案设计，需要在采场中部掘进切割天井。下部采场切割天井断面3m×3m，上部采场切割天井断面2m×2m。

采场矿量137192t，其中阶段深孔崩矿量115086t：下部采场65477t，上部采场49609t。采准切割工量6418m³，千吨采准比46.8m³/kt。

4.3.2.3 布孔方案及布孔参数

该试验采场由于原有工程的限制，采幅仅6.5~8m，相对于采用165mm孔

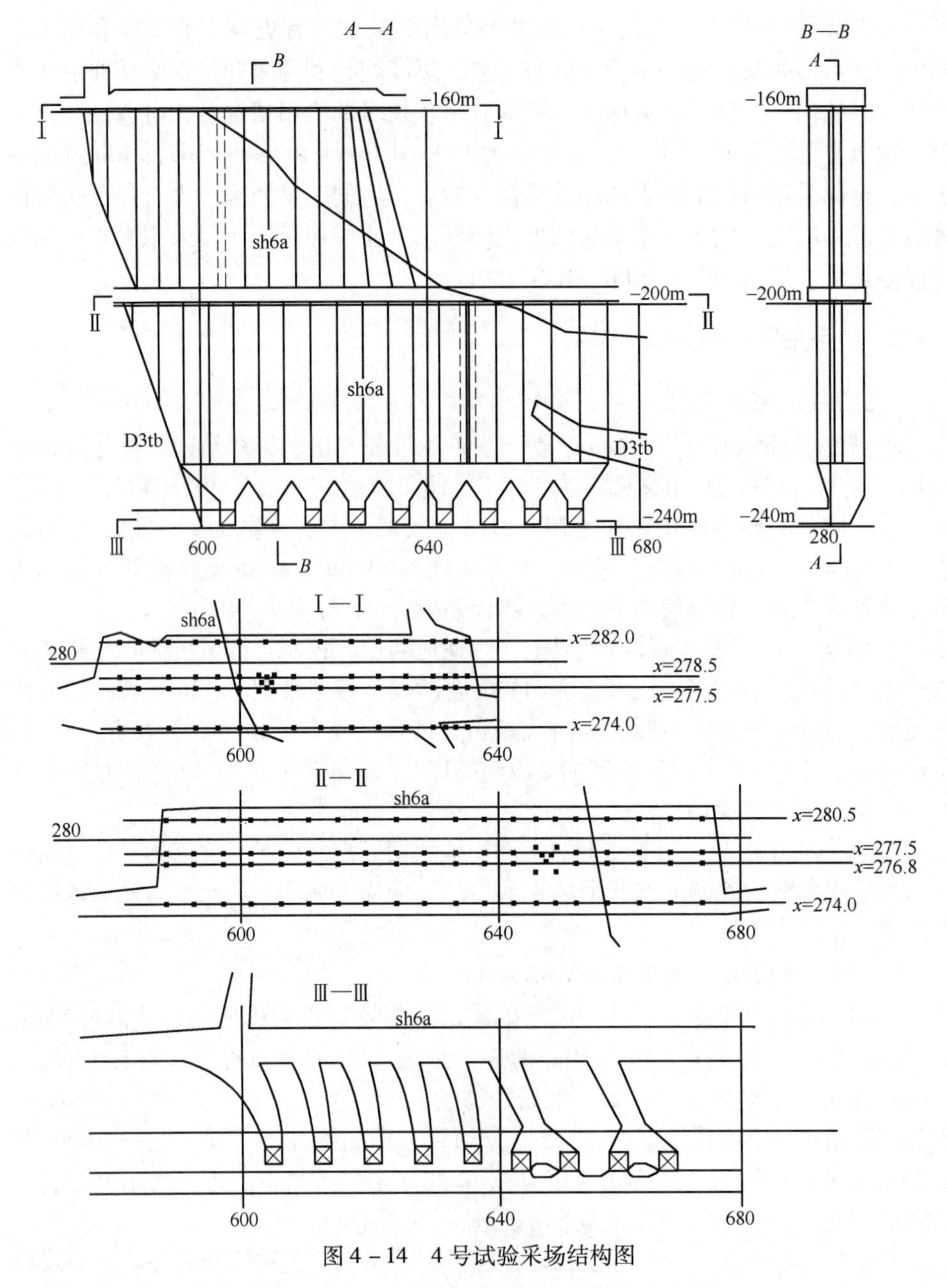

图 4 - 14 4 号试验采场结构图

径的阶段深孔台阶崩矿来说，作业空间较狭小，采用一般的均匀布孔有很大困难，经分析研究决定采用垂直双密集孔布孔方案。

平行双密集孔的布孔方式将在其连线中垂线方向形成近似平面的应力波阵面，将明显减少应力波能量在传播过程中的耗散。据分析，双密集孔爆破在30 ~ 40 倍孔径距离处矿岩仍将处于有效破碎范围，从而可以在同样孔径的条件下采用更大抵抗线，同时由于双密集孔的爆破压碎区的局部重叠及应力波的叠加，使合成应力波正压作用时间的增加，将有利于进一步提高炸药能量的利用率。

沿采场走向方向划分布孔排线，在排线中间以0.9~1.0m的距离布置双密集孔，两侧各布置一个采场边界控制孔，排间采用较大间距，这一布孔方案除了有可能在这样具体条件下采用较大的抵抗线并获得良好的爆破效果以外，还在于可以将大部分药量集中于位于采场中部的双密集孔，有利于减少爆破对侧面矿柱的扰动和破坏。

4.3.2.4 下部采场、布孔参数及凿岩

下部采场采幅宽为6.5m，长85m，沿长布置19排深孔，排间距5m，每排中间以0.9m间距布置近距离双孔，两边孔布置在回采边界，切割天井布置在采场顶盘侧，断面3m×3m。采场共布置炮孔79个，孔深一般29m，总孔深2236.7m。

切割槽天井位置选在-200m水平矿体与顶板辉岩交接线处，断面为3m×3m，断面上布7个孔，四角各一个孔，中间布3个孔。采用FDQ法球形药包爆破及柱状装药爆破掘进方案。首先使用高密度乳化油炸药球形药包爆破法，进行了5次爆破，推进10m之后进行了两次连续柱状装药爆破，同时将切割槽扩宽至6.5m，切割槽总推进高度为20m，上部距硐室底板留9m，随后进行的三次切割槽扩槽爆破，将切割槽形成梯段状。并以此切割槽为自由面进行了倒台阶状侧向爆破。东侧崩矿共进行了三次，分别进行了单排爆破及双排爆破试验，炸药单耗为0.35~0.4kg/t。

在局部梯段状爆破，中间双孔及边孔采用柱状间隔装药，边孔用空气间隔，将有助于保证崩矿边界平整及改进破碎质量。

4.3.2.5 切割破顶和阶段深孔爆破

东侧进行的三次爆破，在采场东部形成了剩余高度分别为9m、15m、30m的梯段状顶板自由面。鉴于所形成的崩矿条件，进行了采场切割槽东部总长为46m的破顶爆破。破顶爆破采用球形药包分层装药破顶及柱状药包侧向崩矿的联合爆破方案。切割槽区的11个孔用高密度炸药分层药包，其余36个孔使用低密度乳化炸药，柱状间隔装药侧向微差起爆，总药量为7600kg，崩矿量19850t。根据拟定的爆破方案，并参考所进行的几次侧向爆破，选取炸药单耗变化于0.33~0.36kg/t之间，视不同的排间抵抗线而定，临近切槽区两侧炮孔适当加大了药量，其余各排孔爆破的炸药单耗为0.327kg/t。

为防止爆破的碎石向硐室两边飞散，孔口的充填长度一般不小于3m。切槽区的分层装药采用孔内微差起爆，侧向孔柱状分层装药采用孔内导爆索同段起爆，孔间微差。

破顶爆破后观测，爆破未发生矿石后翻现象，形成预期的切割立面，阶段崩矿爆破破顶后剩余部分采取后退式进行了三次大爆破，崩矿量分别为9614t、

7210t 和 13620t。

根据各孔所担负的崩矿范围，在装药结构上采取不同方式，中间双密集孔，间隔层为河沙，边孔选用竹筒间隔，以便降低边孔的应力峰值，确保边帮稳定性。

每次阶段爆破设计，必须慎重考虑后排孔最上一层装药的药量和充填长度，一般情况最上层装量不超过 50kg，孔口充填长度不小于 3m，并且安排最后一段起爆，在所有各次爆破中，均未发生后冲、后翻现象。

该采场爆破一般规模较大，根据大量崩矿所进行的测震分析，将爆破的分段药量（低密度的乳化油炸药）控制在 800kg 以下，经每次爆破后的现场观察表明，除在采场 F_3 断层破碎带有少量片落，周围的岩体稳定性均未受到明显影响。

通过每次爆破的现场观察表明，崩矿边界整齐，边帮稳定。各次爆破崩矿区域如图 4－15 所示。

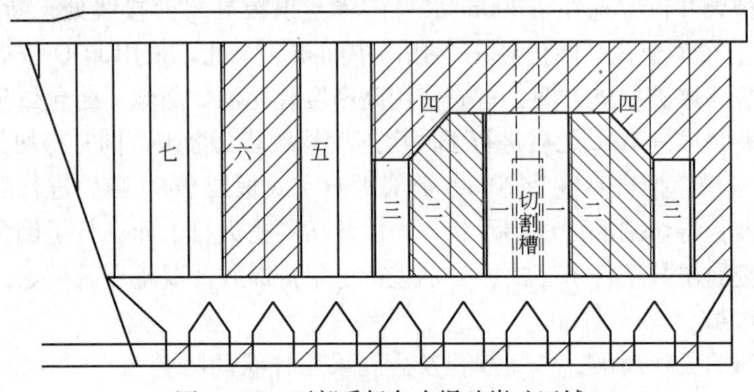

图 4－15　下部采场各次爆破崩矿区域

4.3.2.6　Sh－240m 4 号上部采场阶段深孔凿岩与爆破

A　布孔参数及阶段深孔凿岩

该采场位于－200～－160m，长 54m、宽 8m，阶段深孔台阶崩矿高度 35m，深孔崩矿回采矿量 49609t。

根据 Sh－240m 4 号下部采场阶段深孔台阶崩矿试验结果分析，在采幅较小的情况下采用双密集孔大抵抗线布孔方案是提高崩矿技术经济指标的有效手段，并获得好的爆破效果和维护边帮稳定。

该采场宽 8m，在保持相应的每米崩矿量和炸药单耗的同时，布孔参数还必须考虑孔内分段装药合理间隔层的高度，以及在随着爆破的推进、侧帮暴露高度的加大，需要尽可能减少中间双密孔的爆破阻抗以便降低对边帮的扰动等因素，遂将该采场排间距降为 4.5m，设计每米崩矿量为 36.8t。显然在采幅增加和减少抵抗线情况下，对改善爆破效果和维护边帮的稳定都有好处。

该采场按所确定 4.5m 抵抗线共布置 14 排孔，计 56 个孔，底盘侧面两排孔控制矿体的底盘岩矿边界、顶盘侧设计 3 排斜孔，以降低废孔率，采场设计总孔深2218.6m（包括切割井8个孔284m）。

阶段深孔凿岩作业从1987年12月28日开始至1988年2月9日结束。采用ROC－306高风压潜孔钻机，实际凿岩2382.3m，凿岩作业73台班，台班效率32.64m。

采场的54个垂直孔，偏斜率1%以下占57.7%，2.0%以上占5.7%，按下孔口的实际分布，补打3个孔。

B 采场切割天井及扩切割槽爆破

切割天井布置在矿体与顶板围岩在硐室底板交界线附近，这样既增加采场阶段崩矿量，避免切割槽破顶爆破对采场西部的影响，从而有利于缩短采场回采周期。

切割天井设计断面2m×2m，采用8孔布孔方案，采用球形药包装药分层爆破方法掘进，根据掘进的不同阶段分别采用1.3～2.45m的最优埋深，药包质量一般为15～20kg，采用50～100ms的大间隔微差，经13次分层爆破将切割井掘进28.6m高，上距凿岩硐室底板7m，天井掘进的平均炸药单耗2.52kg/t，每次分层爆破平均掘进高度2.2m。

在沿着天井向采场全宽扩槽爆破时，因为夹制作用较大，采用柱状间隔装药分次爆破形成8m宽的切割槽，平均炸药单耗0.748kg/t。

C 顶盘侧矿体部分阶段崩矿

该部分矿体的崩矿要求以矿体与顶盘灰岩交界面为爆破顶板控制线。

在Sh－240m 4号下部采场回采工业试验时，就炮孔上部装药面高度与矿岩交界面的关系进行了分析研究，通过调整装药面高度及控制上部充填量，可以达到预期设计的崩矿界面，在大直径深孔及倒台阶爆破的崩矿条件下，可将药面设计在交界面处，无需超深。

切槽顶盘矿量计21062t，分三次爆破。第一次爆破一排4个孔，以已形成的2m宽的切割槽为补偿空间，崩矿量3800t；第二次爆破两排孔，崩矿量7580t；第三次爆破共5排19个孔，包括了切槽以东剩余的全部采场矿量，计9682t。上述爆破中根据各次爆破的不同条件，炸药单耗变化于0.38～0.4kg/t之间，一般由中间双孔装药量较大，采用分段装药孔内微差，边孔采用空气间隔装药，最大分段药量分别为760kg、480kg、820kg。

D 切槽破顶爆破及阶段深孔崩矿

在此之前的爆破已将顶盘的矿体全部崩落为破顶爆破创造了条件，破顶爆破除包括预留安全顶盖的矿量外，还包括切槽以西的一排半阶段深孔，为可靠起见，切割井处先行微差爆破采用高密度乳化油炸药520kg，其余均为低密度乳化炸药的柱状装药，中间双密集孔实行孔内两段微差起爆，其余为孔间微差，破顶爆破矿量7643.8t，其中灰岩800t，设计贫化1.8%，总装药量3460kg，单位炸药单耗量0.45kg/t，爆破分11段起爆，最大分段药量540kg。

破顶爆破的空气冲击波较大，在硐室进路设置了木板横撑—沙袋结构的阻波墙。

爆破后观察，矿房侧壁完整，硐室顶板临近 F_3 断层及 F_{101} 处有局部垮落。

最后一次爆破于1988年9月20日进行，爆区总长22m，共5排20个深孔。

该部分矿量原计划分两次爆破，但鉴于凿岩硐室位于 F_3 和 F_{101} 断层破碎带的顶板和临时矿柱的连续垮落的不安全情况，增加爆破次数有可能造成后续爆破的很多困难，合为一次进行。这样也会对断层破碎处的帮壁稳定性有影响，经与矿山有关单位充分研究分析及现场观察，为确保施工安全，最终决定一次爆破崩落剩余矿量。

设计崩矿量20472t，废石混入量355t，各排单耗自5排至1排依次为0.401kg/t、0.421kg/t、0.421kg/t、0.36kg/t、0.36kg/t，总装药量8130kg。

中部双密集孔采用分段装药实行孔内微差起爆，边孔仍采用空气间隔装药，因为只有11段微差雷管可用，为增加分段，采用分区中继起爆网络，使爆破共分为21段起爆，总延时1100ms，最大分段药量控制在500kg，余下孔内用3段导爆管雷管—导爆索非电起爆系统。

各次爆破崩矿范围如图4-16所示，装药结构如图4-17所示。

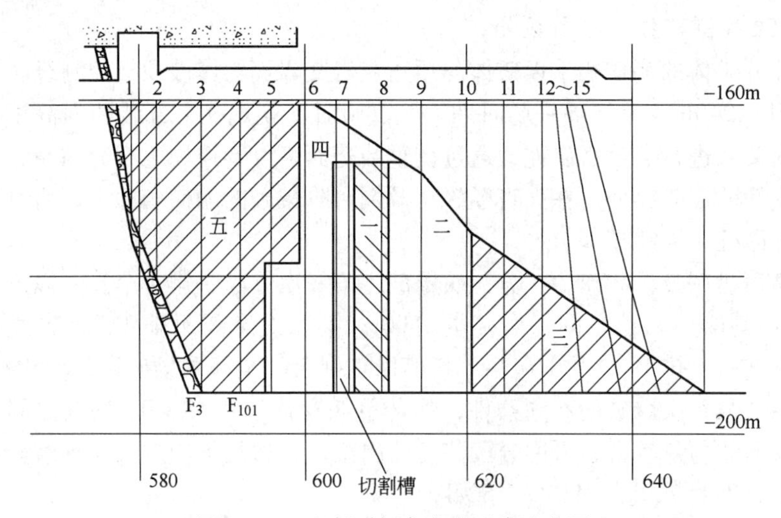

图4-16　上部采场各次爆破崩矿范围

E　爆破效果分析

在上下两采场的不同出矿期间分别对崩落矿石的块度分布和大块率等指标进行了现场观测分析，下部采场爆破出矿期按随机量测的239个大块的平均体积0.105m³，然后根据出矿量所对应的二次破碎用雷管数计算的大块率为2.87%，上部采场是采用在连续11415t出矿过程对所有出现507个不合格大块进行实地量测计算所得的大块率为3.04%，矿房采场计算综合大块率为2.94%。

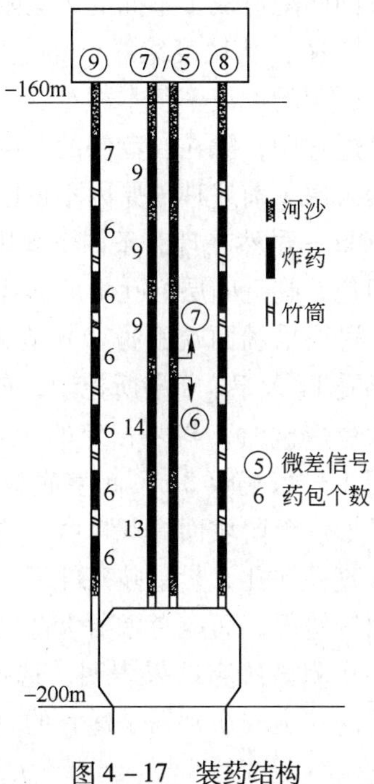

图 4－17 装药结构

除大块率之外，为更完整地评价崩落矿石的破碎质量，还就下部和上部采场崩落矿石，分别在各个出矿进路采用上、中、下三条间隔纬线连续量测和平面投影法分别测定和分析了崩矿矿石的块度组成（图 4－18）。

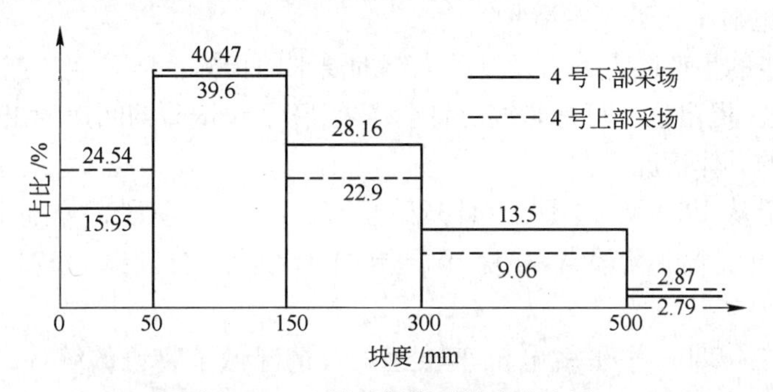

图 4－18 4 号采场崩矿块度直方图

这一指标全面地反映了崩落矿石破碎均匀程度，不仅是影响矿山生产效率和成本指标的一个很重要因素，也反映了所采用爆破技术是否先进，炸药能量利用是否合理。过多的粉矿不仅增加采矿过程的贫化损失，也说明可能由于爆破设计上的缺陷，产生了较大的压碎区，在这种情况下，通常也伴随着块度的不均匀和较高的大块率，由图 4－18 可以看出中等块度（50～300mm）的占 65%～68%。细碎部分上部采场多于下部采场，炸药单耗的微小差别可能不是主要原因，更多的可能是采场与抵抗线的不同匹配造成了不同的爆破阻抗和卸载条件，作用时间的加长将提高爆破能量的利用率，从块度组成分布上所反映的大于500mm的大块所占比重与采场专门进行标定的大块率基本相符。

在回采爆破作业的整个过程中，除在底盘侧的断层处局部发生垮落，两侧的边帮基本稳定。最后一次爆破由于前述种种原因不得已将原设计的两次爆破合为一次爆破，总装药量达8130kg，虽然在现有条件下采用串继复式网络尽可能增加分段，边孔采用空气间隔药包，临近断层炮孔降低炸药单耗等措施，形成一个大斜坡滑面，将相邻的3～4间柱采场西端削掉，并造成了3号采场的局部片落。初步分析，垮落的部位北端受 F_3 及 F_{101} 断层所控制，节理裂隙发育。除上述可能原因外，在试验采场进行大量爆破时，与之相邻的3号采场在－160m水平形成大面积凿岩硐室，其边界距4号采场仅3m，硐室底板构成了最后一次爆破的后冲自由面，即类似于露天矿形成台阶坡面的双自由面的爆破条件，这可能是造成垮落的重要因素。所以，大直径深孔大量爆破条件下，爆破条件分析不能仅限于本采场的自由面、补偿空间等情况，而应考虑更大范围的可能的影响因素。

采矿爆破期间，根据多次测试研究结果表明，选择30cm/s的质点振动速度作为凡口铅锌矿矿岩条件下的巷道安全判据是适宜的。

4.3.2.7 采场出矿

采场出矿能力受采场出矿系统的布置、运距、溜井储矿能力、设备性能及工作环境、工人技术水平、奖励制度等因素的影响。

4号采场为漏斗进路式铲运机出矿系统，采用 $2m^3$ 铲运机出矿经由溜井转至－280m，由电机车转运至主溜井。

根据初步的生产能力分析及试验大纲的要求的指标，出矿生产能力必须达到1000t/d以上。提出这一目标是充分评价了在FDQ法试验期间连续出矿一个月平均每天千吨的具体情况。

出矿测定从1988年10月11日开始至13日为第一阶段，分别出矿740斗、658斗、628斗；第二阶段自10月19日至21日结束，分别出矿673斗、672斗、665斗。

同时，在－280m水平就电机车转运矿石情况做了整班的统计，结果表明，平均每趟列车往返需13min，运距为250m，班时间利用率高达90%以上，共运矿34列，每列7斗，共计238斗。

经标定，7天共出矿4566斗，以每斗2.5t计，为11415t，平均日出矿能力1630t。

在整个采场爆破过程中，由于炮孔精度较低，孔底偏斜较大，是造成大块的一个重要因素。此外，受 F_3 及 F_{101} 断层的影响，矿体裂隙节理发育，导致垮落生成大块，出矿后期的大块较为突出。

4.3.2.8 主要技术经济指标

A 采场综合生产能力

采场回采矿量共计115086t，其中下部65477t，上部49609t。采场综合生产能力包括凿岩、爆破、出矿、充填四个环节。

(1) 凿岩。下部采场凿岩实用97个台班，上部采场凿岩实用73个台班，合计170个台班，折合56.7d。

(2) 爆破。下部采场回采爆破7次，上部采场回采爆破6次，共进行回采爆破13次，每次按0.5d计，爆破作业时间为6.5d。

(3) 出矿。采场回采矿量115086t，由于受诸多因素影响，只能按考核标定期间采场出矿能力1630t/d计算，出矿作业70.6d。

(4) 充填。考虑到凡口铅锌矿充填生产的实际情况，并参照FDQ法试验期间$40m^3/h$。全采场崩落空间体积$28771.5m^3$，充填准备时间为3d，充填共需74.9d。综合凿岩、爆破、出矿、充填等工序，总作业时间为208.7d。深孔回采矿量115086t，综合生产能力为551.4t/d，达到了阶段崩落采矿法回采矿房工业试验攻关指标的要求。

B 各采场主要技术经济指标

各采场主要技术经济指标见表4－6。

表4－6 各采场主要技术经济指标

指标名称	Jb－160m 1号采场	Sh－200m 5号采场	Sh－240m 4号采场
矿石回收率/%	96.73	98.80	99.87
矿石贫化率/%	8.4	4.0	2.42
每米孔崩矿量/$t \cdot m^{-1}$	17.82	19.52	34.25
炸药单耗/$kg \cdot t^{-1}$	0.40	0.43	0.42
大块率/%	0.98	1.04	2.94
采场出矿能力/$t \cdot d^{-1}$	482	1003	1630
采场综合生产能力/$t \cdot d^{-1}$	181.4	304	551.4
凿岩效率/m·(台·班)$^{-1}$	24.1	18.95	27.17
千吨采切比/$m^3 \cdot kt^{-1}$	61	47.1	46.8
凿岩工效/t·(工·班)$^{-1}$	66.4	40.6	135.4
爆破作业工效/t·(工·班)$^{-1}$	181.7	271.8	491.8
出矿作业工效/t·(工·班)$^{-1}$	19.23	23.1	108.7
采矿作业成本/元·t^{-1}	8.319	7.849	5.834
凿岩成本/元·t^{-1}	3.734	3.410	1.943
爆破成本/元·t^{-1}	2.042	1.897	1.348
出矿成本/元·t^{-1}	2.543	2.543	2.543

注：1号、5号采场为“六五”期间VCR法矿房试验采场。

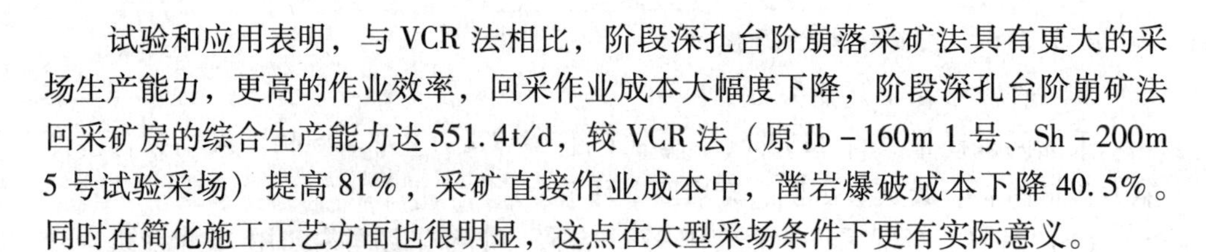

试验和应用表明，与 VCR 法相比，阶段深孔台阶崩落采矿法具有更大的采场生产能力，更高的作业效率，回采作业成本大幅度下降，阶段深孔台阶崩矿法回采矿房的综合生产能力达 551.4t/d，较 VCR 法（原 Jb－160m 1 号、Sh－200m 5 号试验采场）提高 81%，采矿直接作业成本中，凿岩爆破成本下降 40.5%。同时在简化施工工艺方面也很明显，这点在大型采场条件下更有实际意义。

4.4 大直径深孔阶段挤压爆破单步骤连续采矿

4.4.1 基本概念

阶段挤压爆破单步骤连续采矿工艺实际上是以带有补偿槽的阶段挤压崩矿为主要工艺特点的大步距连续后退式回采的阶段崩落采矿法，具有效率高、强度大、成本低和采准工程量小等明显优点。由于不存在间柱、顶、底柱的后续回采，对简化技术管理工作，确保资源的综合合理回收都有重要意义。

4.4.2 应用案例——金厂峪金矿

金厂峪金矿地质条件复杂、脉带中厚，但品位低，矿体与围岩无明显界限，按品位圈定采幅，大致是愈往深部品位愈低。所采用的采矿方法主要是浅孔留矿法和分段空场法。其中浅孔留矿法约占 2/3，分段空场法约占 1/3。总的说，金厂峪金矿的矿床开采技术条件采用浅孔留矿法和分段空场法是合理的。但由于品位低，要在现有条件下保持矿山的产量和企业的经济效益是困难的。矿山只有在低品位条件下，采用高强度采矿工艺，增加总的处理量来保证企业的经济效益，但是原有采矿方法的潜力不大，保持 900t/d 的生产能力十分吃紧。矿山多年生产经验是低品位、高强度、效益好，因而寻求和试验应用新的高效采矿工艺是矿山生产发展的当务之急。

工业试验在金厂峪金矿 629－6 矿块，位于 143m 水平 29～31 线之间。试验矿块长 29m、宽 13～18m，矿量 39000t。该矿块矿化均匀，中硬稳固，地质品位 6.75g/t。试验矿块上部为上水平 529－2 采场回采留下的底柱，北侧是 627－2 矿块，南侧邻接 629－3 采场，回采后由废石充满。因而可以考虑将其充填的废石作为阶段挤压爆破的挤压介质，依次分层挤压爆破，并局部放矿一直回采至 29 线矿壁。

鉴于矿块上部水平为原上部采场的底柱，内有电耙道工程，为一不完整岩体，很难开挖大型凿岩硐室。因而，采用将原 143m 水平的两条电耙道扩帮拉底而改造成两条凿岩巷道的下向扇形深孔方案。两条凿岩硐室位于矿体邻接顶底盘处，与矿体走向基本平行，规格为 3.5m×3.5m。

出矿系统布置在 103m 水平 1 分段，采用堑沟拉底，铲运机进路出矿的平底式底部结构，共布置四个进路，铲运机从进路铲矿经运输道卸至小溜井，运距

4.2m，采用 EHST－1A 型电动铲运机，斗容 0.76m^3。

试验矿块的采切工程量 1168m^3，千吨采切比为 7.30m。显然，试验矿块的采切工作可以反映出大直径深孔采矿法的采场工程结构简单，工程量小，便于施工等特点。由于采用阶段挤压爆破的阶段崩落采矿法，可以采用大矿块的联合采准，采切工程量较一般采矿方法大幅度降低，较普通的 VCR 采矿法也明显降低。

如前述，该试验矿块采用由凿岩巷道中钻凿下向大直径扇形深孔，以 629－3 采场原 VCR 法回采出矿以后所充填的废石作为挤压介质，一般常用的回采方案应是逐次施行挤压爆破，部分放矿进行崩落矿石的二次松散。

就阶段挤压爆破而言，试验矿块的采幅相对较小，挤压介质层厚度也仅 10m，因而阶段挤压爆破的空气冲击波相对更难以控制，也可能造成局部后冲，因而布孔参数及装填参数应保证有利于减少空气冲击波的破坏和避免后冲。

试验矿块自挤压介质至 29 线矿壁之间 29m，共布置 10 排孔，分三个炮孔组进行分次爆破，一般第一组炮孔的排间距为 3.2m，其后依次为 3.0m、2.8m，孔底距为 3.5m，孔深一般不超过 26m，总凿岩量 1715m，每米孔崩矿量 23t。

采用 CMM－2 型高风压潜孔钻机，台班效率 30～40m，孔径 165mm。

为同时回采试验矿块上部采场的底柱，在凿岩巷道打上向中深孔，与下向大直径深孔挤压爆破同步回采。

鉴于凿岩巷道系由原 529－2 采场的电耙道经扩帮拉底而成，顶板是一高仅 4m，且其中包含漏斗、漏斗井等工程在内的不完整岩体；漏斗井多位于凿岩巷道的侧帮同顶板接合处，系由人工封堵加固，对于是否能承受挤压爆破较强的振动和冲击是一个不能肯定的因素；同时考虑常规分层挤压爆破的其他不利因素，以及为后续爆破可能带来的难以想象的麻烦，经过反复分析研究，决定采用带有补偿槽的一次爆破方案。即在靠近 29 线矿壁，用深孔在凿岩硐室以下 8m，先行形成 6m 宽的切割槽，然后 1～7 排扇形深孔连同上向深孔一次爆破（图 4－19）。

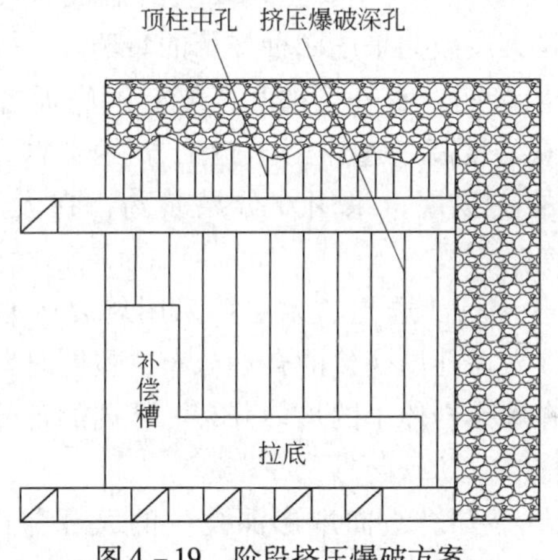

图 4－19　阶段挤压爆破方案

大量的试验研究和实践表明，阶段挤压崩矿一次挤压爆破的排数最多不能超过5~6排，而该方案可以由两侧向中央依次微差起爆，因而不会造成过挤压。这一方案显示了多次分层挤压爆破的诸多不安全因素，以及对后续爆破施工条件的影响，避免了多次二次松散放矿过程中废石混入，崩落矿石将一次充满矿块的全部空间，形状规则，与分层多次挤压爆破多次局部放矿和最后大放矿相比，将大幅度增加纯矿石的回收比重，减少废石混入。就对于保护未采矿体的完整性而言，切割槽也是隔离槽。

一般认为，挤压爆破的第一排孔，由于挤压介质的存在，部分直达应力波被吸收，与空气介质的临空面比较，反射应力波在某种程度上被削弱，因而临近挤压介质的第一排炮孔的爆破，难以获得较好的破碎效果，此外第一排炮孔的装药，应尽可能使爆破和挤压介质的界面朝挤压方向产生较大的位移，以便后排炮孔的顺利爆破和获得良好的效果。由于第一排炮孔爆破时在原岩与破碎介质之间形成一个瞬间空槽，后排爆破破碎过程基本类似于有自由面的情况。此后各排逐渐由于挤压，位移变得困难，这一空槽也逐渐变小和消逝。基于上述分析，各排炮孔的装药计算，应适应于各排炮孔在爆破过程中的各自不同情况。总体上，由于挤压爆破在介质的挤压和撞击过程中进一步利用了在爆破过程中所获得的动能，当平均炸药单耗等于或稍大于正常自由面条件下的炸药单耗，大致可获得类似的爆破效果。根据金厂峪金矿所进行的漏斗爆破试验以及大直径深孔在不同条件下爆破的实际数据，该试验矿块挤压爆破的炸药单耗，依据各排炮孔的不同情况分别确定为0.35~0.55kg/t。

扇形深孔大部分是近于垂直或角度不大的下向深孔，且与采场下部拉底层顶板贯通，其余角度较大的孔多为盲孔，一般此类炮孔充水较多。矿块爆破除了扇形孔的挤压爆破以外，凿岩巷道下至补偿槽顶板间的约8m的矿层，用球形药包分层装药，上向中深孔采用BQ－100型风动装药器装药。按炮孔的不同的装药条件和爆破条件，矿块大爆破共采用四种炸药的装药。

（1）球形药包分层装药。在补偿槽和凿岩巷道底板之间的护顶层的破顶爆破，采用CHL－2型高密度高爆速炸药，施工方法同VCR法的球形药包装药。因为一次崩落8m高的护顶层，采用双分层装药，在大爆破的大网路中先行起爆。

（2）下向深孔柱状装药。透孔、无水孔采用袋装铵油炸药，分段装药的间隔层的位置和长度，除考虑孔内药包的合理分布，也同时考虑相邻炮孔各个药包之间的关系，使炸药在爆破岩体中的均匀分布。孔内的各分段炸药由沿炮孔全长敷设的两根导爆索起爆。

（3）下向充水炮孔装药。下向扇形深孔中的大部分盲孔都有较多的积水，有的几乎充满整个炮孔，由于炮孔较深，采用一般药包，其下沉很困难，发生卡堵处理极为困难，甚至使炮孔报废。为适应地下大直径深孔采矿技术的发展需要，由北京矿冶研究总院与金厂峪金矿共同研制了特别适用于大直径下向充水炮孔装药的高密度、低成本的 BJ－2 型炸药，与 CHL 系列炸药相比成本下降 50%，且具有雷管感度。实际应用表明，装药顺利，沉降速度大于 1m/s。

（4）上向中深孔装药。上部原 529－2 采场的底柱，用上向中深孔与试验矿块的挤压爆破同时崩落。其孔径为 45mm，孔深 4～9.5m，共 218 个炮孔，总孔深 1143m，排间距 1～2m，采用北京矿冶研究总院为适应机械化装药而研制的 BJ－1型粒状铵油炸药。实际应用表明，该炸药流散性好，返粉率低（2%～4%）。

上述所有炮孔的总装药量为 15281kg。各种炸药的性能及装药量见表 4－7。

表 4－7 各种炸药性能及用量

炸药类型	装药量/kg	炸药性能		
		密度/$g \cdot cm^{-3}$	爆速/$m \cdot s^{-1}$	体积威力/%
CHL－2	500	1.40	4800	120
BJ－1	1846	1.00	1800～2200	76
BT－2	4435	1.18～1.30	4000～5000	106
铵油	8500	0.9	1800	100

各炮孔按设计起爆段数，用非电导爆管与孔内导爆索并接于主导爆索网路。共计分 15 段起爆，最大分段起爆药量 1200kg。经爆破后观察，结果完全按设计边界崩落，29 线矿壁、291 天井及出矿系统均未破坏。

试验矿块用 0.76m^3 电动铲运机，从采场下部的出矿进路出矿，经运输道运至小溜井。平均日出矿能力 473.5t，最高 671t/d。

试验矿块回采作业于 1989 年 3 月完全结束，主要技术经济指标如下：

（1）矿石损失：4.4%；

（2）每米孔崩矿量：22.7t；

（3）矿石贫化：28%；

（4）回采作业工效：42.3t/(工·班)；

（5）千吨采切比：7.30m；

（6）凿岩爆破成本 1.2 元/t；

（7）采场日出矿能力 473.5t。

矿石贫化指标偏高与矿块按品位圈定的准确性以及矿化不均匀有关，对影响这一指标的大部分的低品位矿石出现在出矿的中前期。

该采矿工艺的试验结果表明，与矿山原用分段空场法相比，采切工程量减少 50%～60%，采场生产能力提高 3～4 倍，回采作业成本下降 50%，回采作业工效成倍提高。由于采场准备周期的缩短，开采强度的提高，回采作业成本的下降，对确保矿山的高产、稳产，提高经济效益都有重要意义。

应该说，这一采矿工艺在金厂峪金矿试验和应用的主要技术经济指标，在相当大的程度上受到矿体规模、回采条件及出矿运输设备的限制，更适宜在大型矿体的地下开采的条件下推广应用。

4.5 安庆铜矿高阶段崩矿

4.5.1 矿体开采条件

安庆铜矿为一接触交代矽卡岩型富铜、富铁矿床，两个主要矿体，即1号、2号。1号矿体位于矿床的北部与东部。矿体中心厚度大，两侧则渐趋变薄尖灭，为稍具复杂化的较大透镜状矿体。9线以西1－3线，状似一只巨大的“耳朵”。矿体总倾向南西、倾角中等~陡。由大理岩到闪长岩之间，矿石类型主要有磁铁矿型铜矿、矽卡岩型铜矿和闪长岩型铜矿。各类矿石裂隙较发育，个别部位较破碎。

矿区构造简单，主要为一单向倾斜地层，其走向为北西，倾向北东，倾角中等~平缓。由于月山岩体的贯入，将两盘地层向南北两侧推开，并发生扭转。南侧岩组由北东向南西扭转，倾向变为北北西，倾角变陡，构成小规模不对称背斜，即“马鞍山背斜”；北侧岩组则受东西向应力场影响，构成一个规模更小的复式倒转背斜，即“龟形山背斜”。

矿区岩石坚硬，且矿体埋藏深，水平应力较大，根据地应力实测，最大主应力近于和矿体走向垂直，最大值达16.8MPa。

4.5.2 7号矿房采场回采方案

7号矿房采场位于1号矿体1号勘探线以西，－385~－298m水平内。采场垂直矿体走向布置，宽度为15m，长为矿体厚度，约45~50m。采场上盘顶端邻接F_1断层，该断层是影响1号矿体采矿工程布置的最大构造带，最宽处达30m。但从工程揭露的情况来看，该断层的充填物胶结情况尚好，且因倾角较陡（65°~80°），故预计对采场回采不会直接构成严重影响。

7号矿房采场按高阶段大直径深孔嗣后一次充填的采矿方法进行采准设计和施工。该设计将－383~－338m、－338~－280m两个中段采场合并为一个高阶段采场，两个中段采场分别由－338m和－298m的凿岩硐室进行凿岩爆破，并共同通过－383m底部结构出矿，然后对两个中段采场实施一次充填。

因1号矿体较厚大、倾角较陡且变化不大，适于采用平行孔回采，故凿岩硐室横向沿采场宽度全面拉开并略大于采场宽度（16.5m）。考虑Simba－261大孔钻机的定位高度要求，硐室高度确定为3.8m。硐室长度依相应中段水平的矿体宽度而定。鉴于硐室纵向及横向跨度均较大，矿体不少部位又比较破碎，为确保硐室之稳定和凿岩爆破施工等的安全需要，除在顶板一定范围内进行了网度为1.0m×1.0m~1.3m×1.3m，长为1.8m的短锚杆支护及挂网喷混凝土外，还在硐室中线上预留若干宽2.5~2.8m、长4~6m的中央条柱，并在-338m硐室入口处预留一三角矿柱以避免该部位破碎顶板的垮落。

7号矿房采场采用平底式底部结构，采场底部预先用浅孔沿采场全宽拉开，拉底层高3.0m，沿采场中线预留条柱以防矿体垮落，采场正式回采前再用浅孔爆破支撑条柱。

7号矿房采场下部采场主要为矽卡岩型铜矿体和含铜磁铁矿，铜平均品位1.913%，而上部采场则多为单铁矿，铁平均品位48%，铜平均品位0.5%，上下部采场大孔回采矿量总计约18万吨，矿石平均容重为4.05~4.15t/m^3。

7号矿房采场上下部采场用大孔崩矿的矿体高度分别为：下部采场43m，上部采场平均32m。

4.5.2.1 采矿方案与布孔设计

鉴于7号矿房采场可供利用的资料数据情况，确定了以借鉴类似条件矿山爆破经验为主、爆破参数优化理论研究为辅的爆破与布孔方案设计原则。

根据高阶段大直径深孔爆破技术于“六五”、“七五”期间在凡口、狮矿和金厂峪等矿的研究和实施情况，通过不同爆破方案的对比，最终决定用VCR法天井拉槽结合全段高侧崩的联合崩矿方案。该爆破方案崩矿强度高，爆破次数少，便于装药施工，爆破效果也较好，适合安庆铜矿条件。

该爆破方案要点如下：(1) 先在采场某合适部位用VCR法从下到上分次爆出一小断面天井，可与上部凿岩硐室贯通，也可不贯通；(2) 对围绕天井附近一定范围内的炮孔进行1~2次较小规模的天井侧向扩槽爆破，为后续大规模爆破创造足够大的补偿空间；(3) 在天井上下贯通情况下，可接着进行朝向拉槽空间的大型全段高侧向爆破落矿，直至回采结束。当天井上下不贯通时，在扩槽爆破扩到一定范围后，实施采场破顶爆破。顶部破开后，再进行全段高侧向落矿。

布孔设计主要涉及拉槽天井和正常侧崩炮孔布置两个方面。

对于拉槽天井，以往的做法是将其布置在采场一端，以减少爆破时凿岩硐室底板未爆区段的矿石抛掷堆积，减少下次爆破前的底板矿石清理。因矿方要求7号矿房下部采场尽早出矿，故未等-340m凿岩硐室施工结束，就开始了天井拉槽部分的凿岩爆破工作，天井位置就选在采场中央两条形间柱中间部位。最终爆破实践表明，天井位置选在采场中部，可以避免采场两端围岩及早暴露，有利于降低矿石贫化率和围岩的大块垮落。7号上下部采场天井设计参数见表4-8，相应炮孔布置如图4-20所示。

表4-8 7号采场天井设计参数

指 标	总孔数	掏槽孔数	掏槽孔布置方式	天井断面尺寸/m×m	高度/m	天井矿量/t
下部天井	11	3	三角形	5.6×6.0	43	5693
上部天井	8	4	菱形	3.0×3.0	46	1972

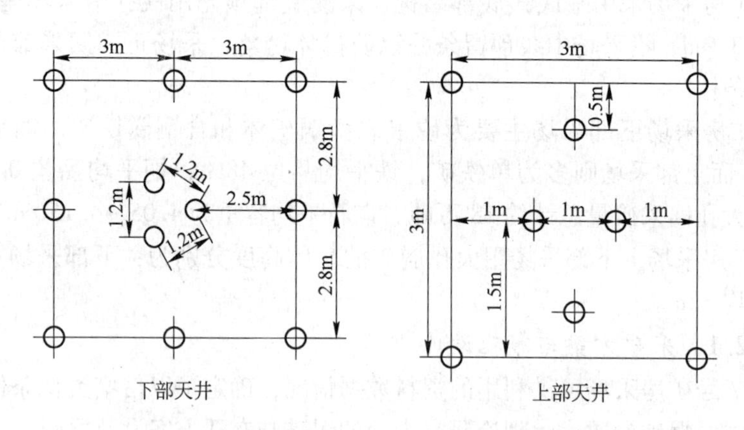

图4-20 7号矿房上下部采场天井炮孔布置

正常侧崩爆破区域的炮孔布置，参照大直径深孔爆破技术在其他矿山应用时的孔网参数、1988年度安庆铜矿和长沙矿山研究院在该矿进行的球状药包小型漏斗爆破试验结果及北京矿冶研究总院所做的有关爆破参数目标规划计算机模拟试验的成果，并结合该采场具体矿体条件，最终在下部采场选用了沿采场长度方向分段选取2.8m、3.1m及3.5m等不同排距的布孔方案，以期通过尽可能少的采场试爆获得尽可能多的不同孔网参数情况下的爆破结果，经过爆破效果的比较，尽快摸索到适合安庆铜矿矿体条件的爆破参数。此外，为获得合理的爆破块度分布及通过爆破作用控制确保采场两侧边帮在回采期间的稳定，该采场还采用了缓冲爆破布孔方式，即从采场边界起，分别选用了2.5m和4.0m的不等孔距布置形式。这种不等孔距布置，可以一方面以较小的边孔孔距提高侧边炮孔密集度、缩短边孔抵抗线以降低对矿柱的爆破后冲破坏、再辅以边孔的不耦合装药缓冲爆破技术切实达到保护矿柱之目的；另一方面亦可保证采场中央条柱两侧帮壁距炮孔留有不少于700mm的凿岩机回旋空间，满足凿岩工作要求。7号矿房下部采场大孔布孔平面图如图4-21所示。

根据下部采场实际爆破结果，对上部采场布孔参数作了适当调整统一选择了3.3m的排间距，孔距则分别选取了2.7m和3.2m。

7号矿房上下部采场的主要设计指标见表4-9。

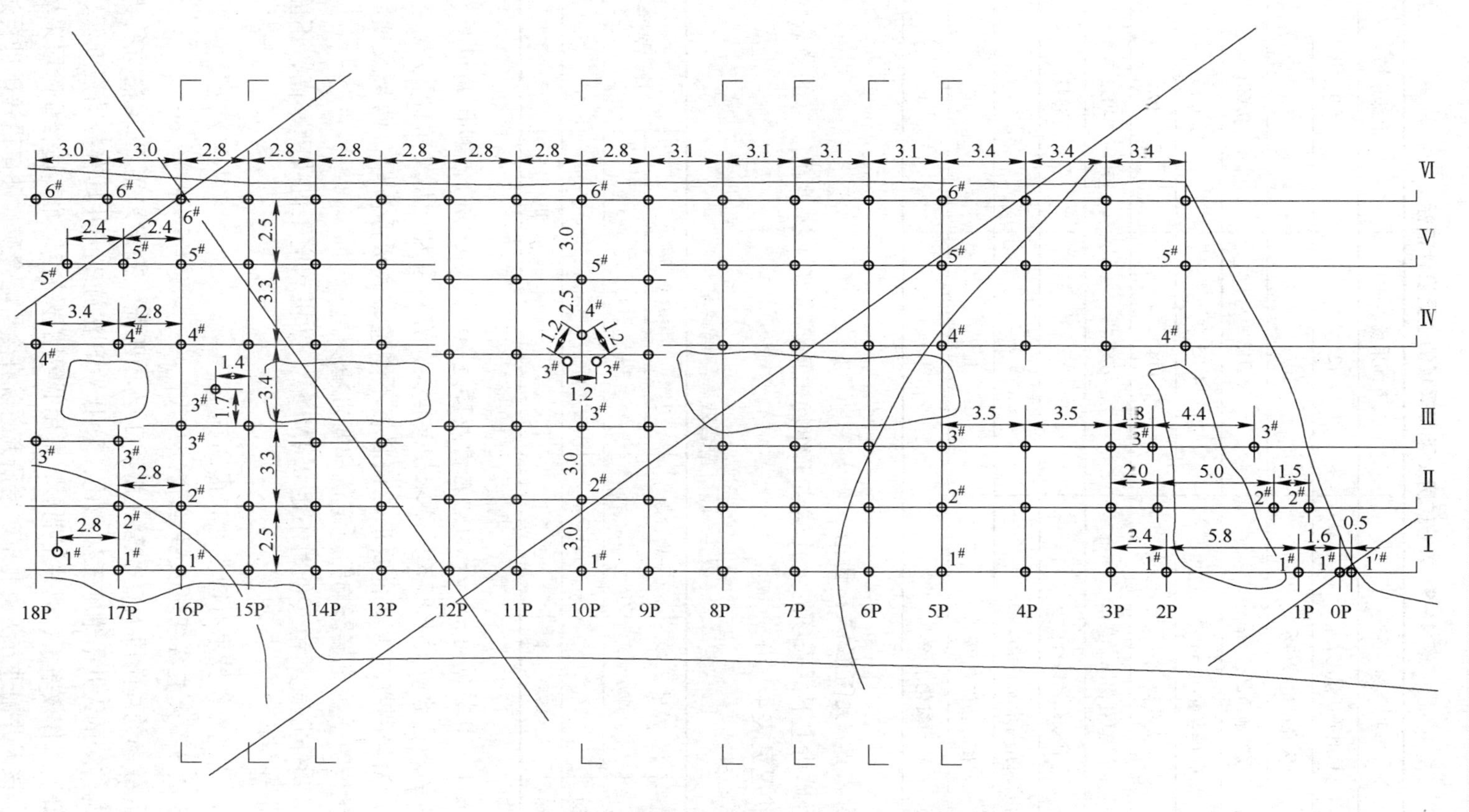

图4-21 7号矿房下部采场-383m硐室大孔布孔平面图

表4-9 7号矿房上下部采场的主要设计指标

指 标	下部采场	上部采场
总地质矿量/万吨	12	9
大孔矿量/万吨	10.1	
铜的地质品位/%	1.913	0.651
矿石容重/t·m^{-3}	4.05	4.15
大孔数/个	114	124
总孔深/m	4623	4092
有效孔米数/m		3341
有效大孔每米崩矿量/t·m^{-1}	28.1	30.6
矿石损失率/%	1	2
矿石贫化率/%	1	1

4.5.2.2 大直径深孔凿岩

7号矿房上下部采场的大孔凿岩工作均由该矿采矿工区承担。总的凿岩情况及偏斜状况见表4-10。

表4-10 凿岩效率与偏斜率

采场	总进尺/m	平均台效/m·(工·班)$^{-1}$	偏斜率/%		补孔率/%
			≤3%	>3%	
下部采场	4715	35.2	68	32	2
上部采场	3890	39.2	42	58	0

由表4-10数据可知，平均凿岩台效接近40m/(台·班)，炮孔偏斜率与不大于1%的炮孔数应大于85%的要求相差较大，究其原因，大致有如下几点：

（1）凿岩硐室施工不合要求，顶底板不平整，底板浮渣厚，两帮及顶底板施工不到位等，都直接影响钻机定位和凿岩精度。

（2）井下压气不稳（低时不足0.4MPa)，钻机和增压机故障率高，不能确保钻机正常工作。

（3）钻机操作技术有待改善和提高。

4.5.2.3 大直径深孔天井拉槽

与高效率的高阶段大直径深孔崩矿工艺相匹配，确定采用VCR法进行天井拉槽。与传统的天井吊罐施工法相比，采用VCR法施工天井具有劳动强度低、作业条件好、工作效率高、成井工期短、费用低等明显特点，尤其适合高阶段采场天井施工。该天井掘进方法由北京矿冶研究总院在金厂峪金矿、凡口铅锌矿进行过成功实践。但用该法施工天井对爆破技术要求较高，一旦爆破失败，很难进行处理。

7 号矿房下部采场天井高 43m，共爆破 19 次；上部采场天井高 46m，爆破 17 次。上下天井总的爆破指标见表 4-11。

表 4-11 爆破指标

天井	断面面积 /m^3	孔数 /个	每米崩矿量 /$t \cdot m^{-1}$	炸药量 /kg	爆破量 /t	平均爆高 /m	炸药单耗 /$kg \cdot t^{-1}$
下部	33.6	11	12.7	5360	5851	2.48	0.92
上部	9.0	8	4.74	3602	1972	2.71	1.64

在下部采场天井最初的 7～8 次爆破时，因对矿体本身的工程地质及力学特性了解不够，爆破效果不太好，曾导致其后的数次爆破几近失败，出现近 10m 的已爆天井段中大部分炮孔形成不连续串状药壶空洞，并伴有炮孔上部堵死、孔口反冲严重的情况。为解决原设计天井的继续爆破问题，通过现场调查和事故分析，制订了若干解决方案。最后经反复斟酌决定，利用天井下部高 10 余米的范围内已进行过侧崩的条件，找到一与原天井相邻的合适部位，从已侧崩高度往上，开始另一新位置的天井拉槽，待后者拉到略高于原天井问题段之后，以新天井段为自由面，进行包括原天井问题段在内的较大范围强力侧崩。实际爆破时，为充分利用原天井内的未堵死炮孔，在无法按正常装药方法堵塞装药的情况下，使用铁丝悬吊药包，同时凭借天井外围部分炮孔中加强药量的较大侧向推动作用，一举爆下原天井问题段，解决了原天井的继续爆破问题。

鉴于天井爆破次数频繁，对应大断面天井，炮孔数量相对较多，每次装药量大，不利于天井的快速施工，7 号矿房上部采场改用了小断面天井。实际天井炮孔凿岩时，因钻机故障，导致炮孔严重偏斜，46m 深炮孔的孔口孔底最大偏距达 2.7m，偏斜率 6%，而且全部 8 个炮孔无规律地朝不同方向偏斜，4 个掏槽孔根本无法使用。后补凿 4 孔，钻孔情况仍无明显改进，因总孔数太多且空间形态错综复杂，再行补孔已很困难，只好根据已有钻孔实施爆破。为便于在爆破过程中适时掌握各炮孔的利用情况，及时调整爆破设计，加工制作了天井所有钻孔的小比例实体模型，为爆破设计提供了直观清晰的钻孔立体分布。

实际天井爆破过程中，通过严格控制每次的爆高，逐次选择调整掏槽孔和各孔间微差起爆顺序，成功地完成了极端困难条件下的天井拉槽。该天井共爆破 17 次，耗时 1 个月，按设计上掘 46m。与采用吊罐法施工相比较，成井成本降低 40%，节省 2 万余元，工期提前半个月，为 7 号矿房上部采场凿岩硐室施工争取了时间。

天井爆破时一般情况下所采用的炮孔起爆顺序如图 4-22 所示。

天井炮孔的一般装药结构如图 4-23 所示。

通过上下部采场两个天井爆破实践，我们得到几条经验：

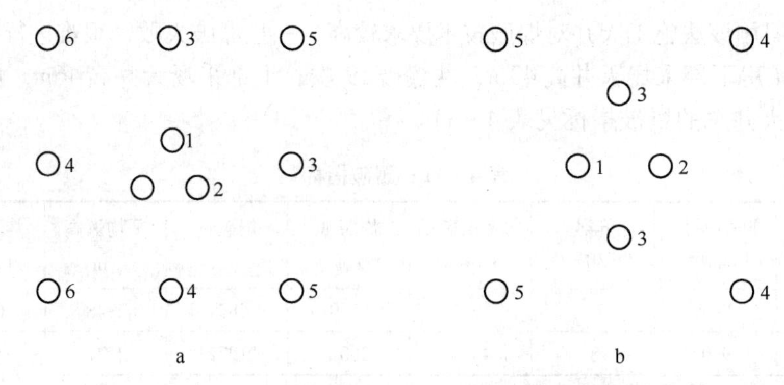

图 4－22　天井炮孔起爆顺序图（图中数字为雷管段号）

a—下部天井；b—上部天井

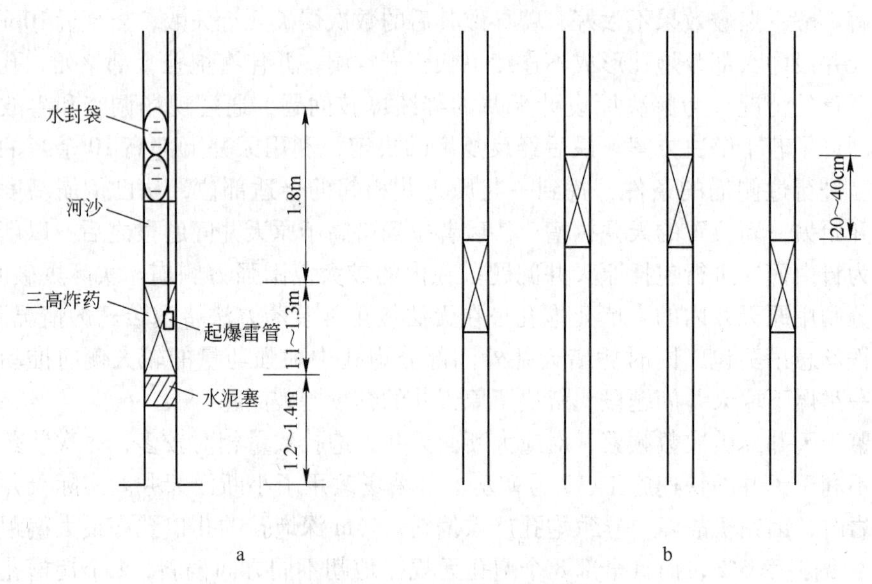

图 4－23　天井炮孔装药结构

a—单炮孔装药结构；b—天井炮孔装药相对高度

（1）对类似 7 号采场的具体地质条件采用 VCR 法爆破天井，每层装药应按爆高 2.0～2.7m 来设计，不能奢求单层装药情况下，一次爆下的天井高度能超出此限。若想加快拉槽速度，探求多层装药加大一次爆高，是一可能途径。

（2）由于地质条件变化的影响及微差起爆顺序的不同，加之天井爆破夹制性大，各孔爆破高度并非每次均能达到设计要求，应逐次调整各孔微差顺序及药量，不拘泥于某一固定模式，方能取得较好爆破效果。

（3）天井炮孔特别是中心掏槽孔爆后极易出现喇叭口，每次爆后须仔细测孔，有问题时要彻底搞清并采取相应措施，否则，一旦出问题就很难处理。

（4）将天井炮孔填塞由河沙改为水袋封闭，可解决每次爆后炮孔易堵不好处理的问题，而且爆破烟尘减少，可为天井的快速爆破创造良好的作业环境条件。

（5）与大断面天井相比，小断面天井虽存在因夹制性大不易爆破的特点，但若在充分了解矿体工程地质特性的前提下，合理运用天井爆破技术，能充分体现出钻孔量小、装药施工快速简单等特点，值得在大孔采矿中推广应用。

4.5.2.4 大规模侧向爆破落矿

根据选定的爆破方案，一侧天井拉槽结束，具备上下贯通的爆破自由面和一定的补偿空间后，即可实施分次的大规模阶段侧向爆破落矿。与 VCR 法相比，侧向崩矿方案具有如下特点：（1）崩矿效率高，适合强化开采。只要具备足够的补偿空间及采场稳定状况允许，可实施任意规模的爆破。（2）简化了装药施工工艺。一个炮孔只需 1～2 次爆破，爆前测孔、孔底和孔口堵塞、装药等工作量明显减少，便于爆破施工。（3）减少了采场垂直方向的爆破次数，有利于避免由多次爆破可能导致上部未爆矿体底面大量垮落问题。（4）有利于消除分段崩矿等带来的凸出部位过多易于产生大块的问题。因为根据爆破理论，靠近爆破自由面的外缘凸出部位，其破碎或与母体的分离是直接受反射波所产生的拉应力引起的。对于这些部位，相邻炮孔的爆破相互作用得不到充分加强，反射拉应力往往不足以使矿体发生强烈破碎从而会导致沿弱面的大块脱落。

其中下部采场共进行了从崩矿量 5649～24900t 的不同规模的大孔侧崩 7 次，总崩矿量 106400t，占采场全部崩矿量的 91.7%，平均炸药单耗 0.384kg/t，平均每米崩矿量 27.95t/m。上部采场共实施了 5 次侧崩爆破，总崩矿量 60864t，平均炸药单耗 0.41kg/t，因剩余部分矿量铜品位过低（小于 0.4%）矿方决定暂不考虑回采。7 号矿房上下部采场历次爆破推进过程如图 4－24 所示。

7 号矿房下部采场前两次的侧崩爆破量较小，是在急需生产矿量，天井拉槽尚未结束时临时安排的。考虑到是初始爆破试验，炸药单耗稍稍偏高，爆后观察到较多粉矿，总的块度偏小。第三次侧崩旨在处理原天井问题段，爆破规模也不大。为能顺利解决天井爆破中出现的问题，在靠近天井周围炮孔中亦适当加大了药量，但总的炸药单耗还是有所降低。第四次大爆破为采场破顶爆破，涉及的范围较大，包括 7P－3～7P－6 以及 8P～14P 之间所有炮孔，共 46 孔，崩矿量 23000t。前三次爆破后，原天井上部硐室底板剩余矿体厚度 7m 左右，天井范围内的 10 个炮孔能否率先起爆爆通是破顶爆破的关键，实际装药时采用了威力较大的三高炸药，并以普通起爆弹起爆，其余炮孔则使用狮矿生产的低密度乳化油炸药，辅以双根普通导爆索直接引爆。爆破结果表明，这次破顶爆破十分成功，除有一边界炮孔装药时被落入孔内的石块堵死，无法当场处理而丢弃，爆后对应该炮孔部位留一凸出“鼻梁”外，矿房矿柱界面及爆后矿体临空面均呈平整直立状态。由于采用了“充填药包”技术，爆前担心的硐室底板堆积及空区后排炮孔孔口带孔问题几乎未出现，矿石破碎效果也令人满意。第五次和第六次为最

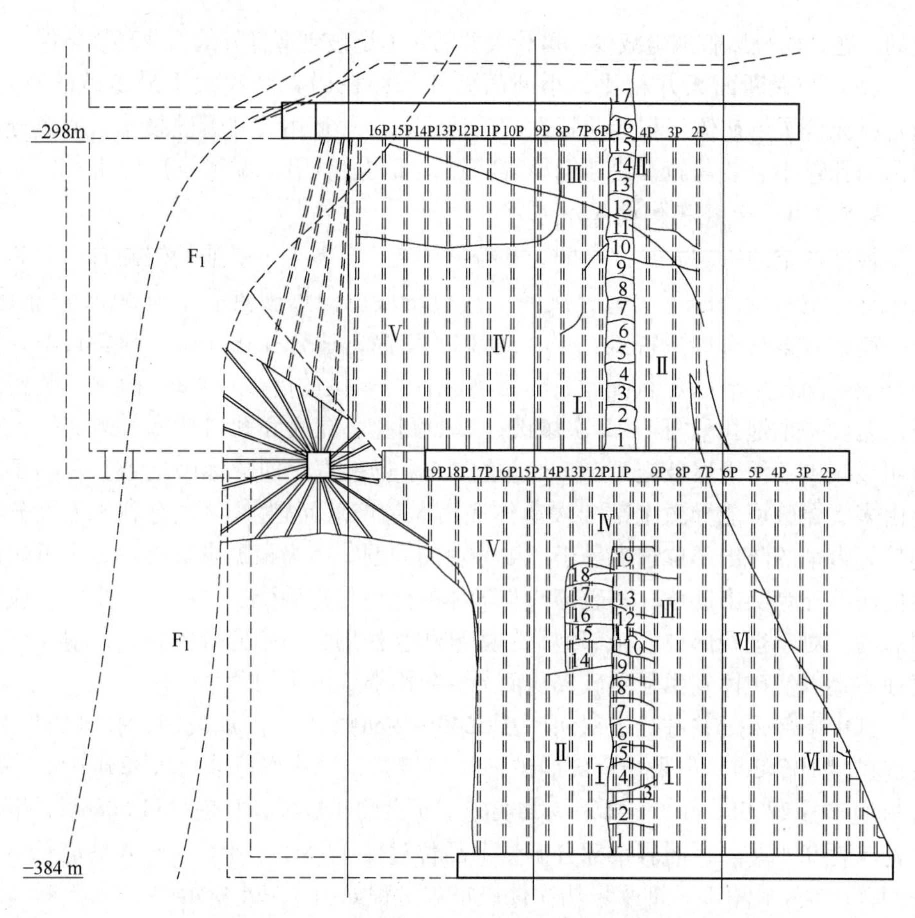

图 4-24 7 号矿房上下部采场历次爆破形象图

正规的全阶段侧崩爆破，借鉴前几次爆破的经验，炸药单耗确定为 0.38 ~ 0.40kg/t，较适合该采场矿体条件，崩落矿体中粉矿减少，块度组成基本均匀合理，第六次爆破时部分炮孔上部有 7m 左右的废石段未能按设计要求保留住，致使部分废石混入，提高了矿石贫化率。究其原因，一是靠边界部位矿体地质条件恶化，节理增多，易受振动和冲击而坍落；二是在矿岩交界处装药结构及药量调整不够，加之未按设计要求严格进行装药施工所致。第七次也是最后一次爆破，涉及一部分下盘底部边界矿体需采用中深孔落矿。因中深孔凿岩进度等的影响，与前次爆破间隔 4 个月之久，致使所有大孔均出现不同程度的孔内错位，给装药施工带来了较大困难，尤其是许多炮孔根本无法采用水泥塞堵塞孔底，只好使用悬吊药包或合适直径竹筒的办法来达到孔底堵塞之目的。加之在装药困难情况下，施工人员急躁造成的装药不到位等原因，致使该次装药结果很不理想，爆后现场观察到较多大块。

7 号矿房上部采场共进行了 5 次侧向崩矿爆破，前 3 次主要是以矿方技术人员为主进行的。第1次为扩槽爆破，单耗较高，主要是为确保扩槽成功。前3次爆破连同下部采场最后一次爆破，出现不少大块，并伴有一些巨形块。经认真调查与分析，认为大块偏多的原因主要是：(1) 地质构造弱面发生滑移导致大块。下部采场最后两次爆破中间隔开4个多月，40余米高的矿体爆后临空面长期暴露极易导致原本就节理发育的未爆矿体部分沿节理等构造弱面发生位移及错动脱离，从而出现爆破时的巨形块体整体滑落产生大块。而上部采场爆破又是在下部采场爆破结束近两个月开始的，离下部采场破顶爆破约8.5个月，相当于在失掉下部支撑后存在如此长时间，不仅会发生矿体底部在重力作用下的垮落，同样难免矿体内构造弱面两侧矿体的相对滑移，从而在爆破时出现较多大块。(2) 装药施工质量不够高。不但存在装药不到位现象，甚至还有装药完毕，因悬吊孔底水泥塞的铁丝拉断，孔内药包全部落入采场，来不及再装药，在某些孔无药情况下爆破的事例。(3) 炮孔测量结果精确度不高，影响爆破设计时的药量正确分配产生大块。(4) 对矿体地质条件以及长期暴露影响到矿体本身力学性质与可爆性的变化认识不足，未能在爆破设计时进行药量、起爆方式等的适时调整，是导致出现大块和巨形块的主观原因。

上部采场第4次和第5次爆破借鉴了前几次爆破的经验教训，针对以上问题采取了措施，并在最大单响药量不超过1000kg的限制条件下，实施了孔内分段和多孔同段等技术，明显改善了爆破效果，降低了大块数量。

从爆破技术角度来讲，7号矿房上下部采场的爆破实践既吸收了以往大直径深孔爆破的一些成功经验（如布孔和爆破参数的选择等），同时也在解决某些实际问题过程中有所创新，丰富发展了既有爆破技术，并摸索出了一套适合安庆铜矿特定工程地质条件的爆破技术和经验：

(1) 根据具体矿体工程地质条件选择适宜炸药类型。选择炸药类型的一般做法是根据岩石－炸药匹配理论，使两者的波阻抗值大体相等。7号矿房采场矿石密度较高，平均4.05t/m^3，声波速度4000～5000m/s，两者的乘积（即波阻抗）很高，属难爆矿体，似乎应选择密度和爆速均很高的炸药（如三高炸药）方能获得较好爆破效果。但事实上，大多数情况下很难严格满足波阻抗匹配原则，因为矿体密度较大时，往往是炸药的3～4倍，而两者的波速之比则一般不大于2，所以很难严格匹配。本书作者认为，对波阻抗大且为脆性整体均质岩石时，其破碎机理主要是冲击波和应力的作用，选择高爆速炸药比较合适，但随着矿岩裂隙性增强，若仍用高爆速炸药，其爆破结果可能主要是增大爆源附近压缩区的粉碎程度，对改善整体爆破效果作用不大。若改用爆速稍低但爆生气体量相对较大的低密度炸药，则因较小爆压对矿岩的加载速度降低，也减少了近爆区内应力波的能量损失，更多的能量可用于裂缝的扩展和矿岩的破碎，可取得良好爆破效果。此外，由于VCR法是基于球状药包的概念，而且其破碎机理也主要是依靠近爆源的短裂隙，故需用较高密度高爆速炸药；而侧向崩矿时，不要求较严格的球状药包，孔内轴向两药包之间又往往采用空气间隔，其破碎机理更大程度上是靠爆生气体的作用，因此，低密度低爆速炸药应当更适合这种情况。鉴于上述原因，以及考虑到安庆铜矿过去使用的乳化油炸药。尽管具有密度大、威力高等特点，但价格昂贵，爆破效果也并不十分理想。经与矿方商定，大胆改用了低密度但爆炸气体含量高的低乳化油炸药。不仅简化了装药工艺，提高了装药效率，同时因炸药成本降低，每吨炸药节省约1500 元以上的爆破费用。爆破效果也得到一定程度的改善。

（2）应合理确定炸药单耗及合理进行药量分配。炸药单耗是影响爆破效果最直接和最重要的因素之一。单耗过低，可能会出现较多大块或爆不下来，增加二次破碎工作量和炸药消耗；单耗过高，又可能会导致粉矿过多和垮落问题。因此，必须确定一个合理的平均炸药单耗。

根据本书作者所进行的矿体可爆性评价及合理炸药单耗确定的理论研究结果，在综合考虑矿体工程地质特点、力学特性以及采场爆破特点、炸药性能之后，得出大块率不大于3%条件下的平均炸药单耗为0.37kg/t。实际大规模侧崩爆破设计时，考虑到装药施工质量及工程地质方面的一些不可预测因素的影响后，采用了从0.33～0.41kg/t的炸药单耗值。爆破实践表明，比较适合安庆铜矿矿体条件的炸药单耗为0.37～0.40kg/t。

此外，爆破实践表明，根据采场不同部位的工程地质条件，适当增减孔内装药量即调整炸药单耗值，并依相邻炮孔在空间上的相对偏斜情况作同样调整，也是保证良好爆破效果的不可忽视的方面。

从7号矿房采场的整个爆破情况来看，凡大体遵循上述装药结构的各次爆破，其爆破效果令人满意。

（3）应重视炮孔起爆顺序问题。合理的起爆顺序可使前排炮孔为后排炮孔提供良好的自由面条件，缩小抵抗线并充分和利用同段炮孔之间的爆炸应力波相互作用以及抛起矿石的做功来改善爆破效果。

在7号矿房采场大规模侧向崩矿设计中，主要选用了环形和倒梯形两种有代表性的起爆方式。前者适用于采场未破顶之前的群孔爆破，如图4－25a所示；后者则适用于破顶之后的阶段侧崩，如图4－25b所示。

首先，由于这两种起爆方式具有中间炮孔爆破阻力大、边孔爆破阻力小的特点，有效地起到了保护采场两侧矿柱的作用。其次，这两种起爆方式还有降低实际爆破抵抗线、增大孔距的效果，可间接实现宽孔距、小抵抗线的爆破技术。再次，这些起爆方式有利于创造爆下矿石的相互对撞条件，便于充分利用爆破动能改善爆破效果。

此外，7号采场爆破所用起爆系统为：低密度乳化油—导爆索—导爆管—主导爆索，因该类炸药具雷管感度，孔内采用双根导爆索可直接引爆炸药，孔间分段则通过在孔口与孔内导爆索和主导爆索相连接的导爆管雷管实现。实践表明，该起爆系统安全可靠，便于施工，且始终未发生炮孔拒爆现象，保证了爆破质量。

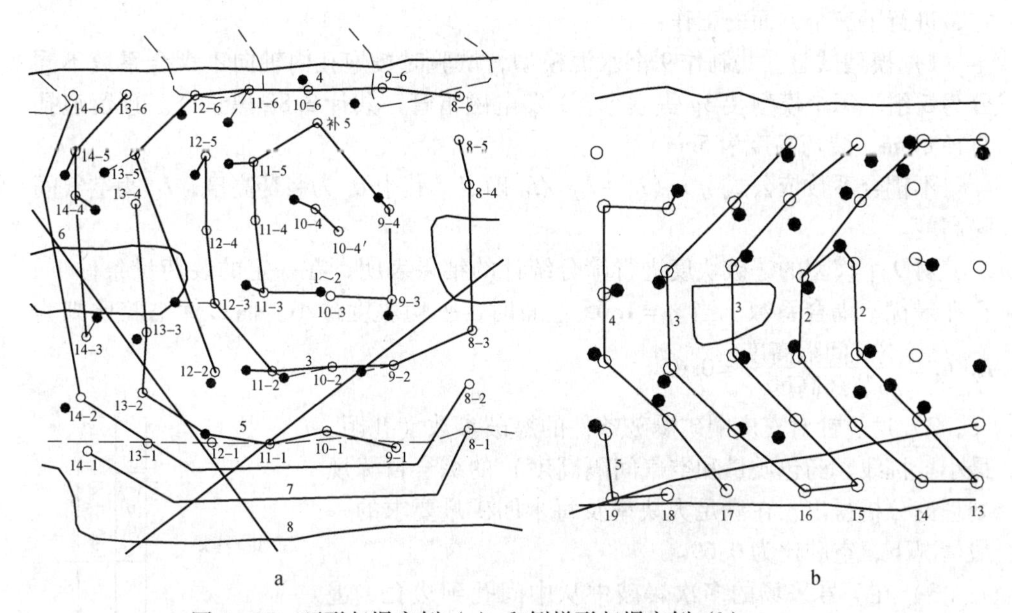

图4－25　环形起爆实例（a）和倒梯形起爆实例（b）

（4）采用“充填药包”技术控制硐室底板的抛掷堆积效果良好。所谓“充填药包”，即为在后排炮孔或可能导致硐室底板爆后矿石抛掷堆积的炮孔中，适当调低最上层大药包的位置，并在原孔中河沙充填段中合适位置（离孔口1.2m左右处）再设置一个5kg小药包，如图4－26所示。本书作者认为，该小药包的作用机理主要是：（1）对正常装药爆生气体外泄的阻滞作用，增强正常装药对孔口部分矿体的破碎效果；（2）率先起爆的“充填药包”所产生的短裂隙阻止正常装药的长裂隙向孔口自由面的充分扩展而产生孔口大块，以及避免因一般情况下正常装药的长裂隙向孔口自由面的充分扩展而导致的孔口后冲及带孔现象；（3）有效抑制正常装药对孔口矿体部分的上抛堆积，并借助充填药包的爆能使孔口部分得到充分破碎，消除孔口部位较易产生大块的隐患。

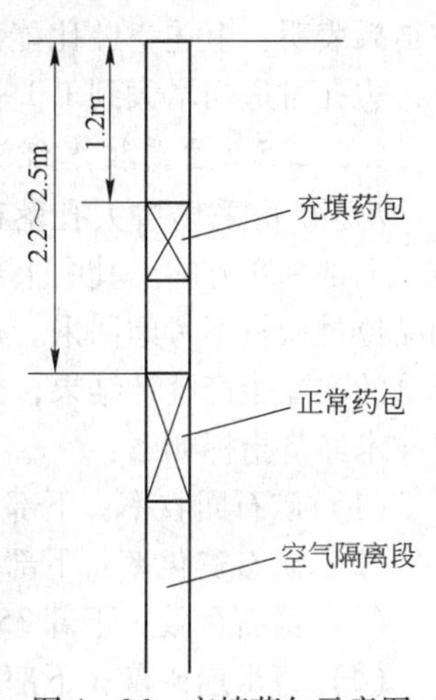

图4－26　充填药包示意图

爆破后靠近临空面部分的硐室底板几乎没有矿石堆积，对后排炮孔也无大的后冲破坏。不仅避免了下次爆破前的繁重的矿石清理，也提高了下次爆破时前排炮孔装药施工的安全性。而这正是以前一直认为是伴随全阶段侧向崩矿方案令人烦恼的问题。

（5）孔内装药结构的合理选择至关重要。对于孔内空气间隔装药结构的确定，进行了三个方面的工作：

1）模型试验。共制作9个水泥模型，试验时按炮孔内轴向不耦合系数不同分为5组。每个模型装3g黑索今，1发电磁雷管，共计3.8g黑索今。预留炮孔直径8mm，装药高度为5cm。

不耦合系数依公式 $\eta = (L_1 + L_2)/L_1$ 确定，其中 L_1 为装药高度，L_2 为空气间隔高度。

对9个模型的爆破块度进行筛分统计的结果表明，在一定的装药量条件下，存在最优不耦合系数。当 $\eta = 1.65$ 左右时，平均块度最小。而最优空腔比则为 $L_2/L_1 = \frac{\text{空气间隔高度}}{\text{装药高度}} = 0.65$。

2）通过针对安庆铜矿爆破条件的爆破参数（孔距、最小抵抗线、药包质量和空气间隔高度）的综合目标规划理论分析得出，在满足大块率及每米崩矿量要求的一般情况下，空腔比为0.69。

3）在7号采场的多次爆破中从中间孔到边孔，进行了空腔比0.6～1.2的爆破试验，如图4－27所示。爆破结果表明：上述空腔比能满足大块率及每米崩矿量要求，边孔可适当增大到1.1～1.2。

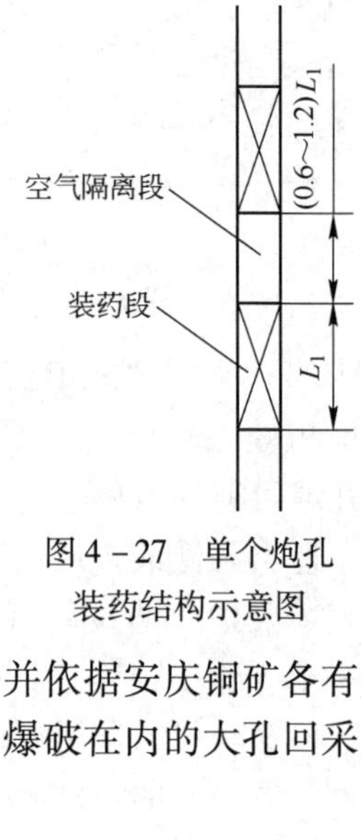

图4－27 单个炮孔装药结构示意图

4.5.2.5 主要技术经济指标

7号矿房采场按大孔落矿的矿量为：下部10.75万吨，上部9.0万吨。其中上部采场尚余近3万吨矿量因铜品位过低暂不考虑回采。根据采场爆破实际作业情况，并依据安庆铜矿各有关部分的实际生产统计结果，得出7号矿房采场包括凿岩、爆破在内的大孔回采主要技术经济指标如下：

（1）矿石回收率：下部99%，上部97.7%。

（2）矿石贫化率：下部6.26%，上部2.56%。

（3）凿石台效：下部35.2m/（台·班），上部39.2m/（台·班）。

（4）每米崩矿量：下部27.95t/m，上部30.6 t/m。

（5）炸药单耗：下部0.38kg/t，上部0.41kg/t。

7号采场高阶段崩矿结果表明：

（1）炸药改性的提出与使用为安庆铜矿带来了生产效率和经济效益。安庆铜矿生产所用炸药由重铵油改用低密度乳化油，不仅使生产成本大为下降，而且也改善了大孔爆破效果，降低了大块率和二次破碎工作量，提高了采场出矿效率。

（2）小断面天井快速拉槽的成套技术成功用于安庆铜矿，降低了成井成本，减少了非正式回采辅助作业时间，克服了传统低效的天井拉槽方法与高效大孔回采的不协调，为该矿最终实现高效率的大直径深孔采矿创造了条件。

（3）小断面天井拉槽结合全阶段或分段大规模侧向崩矿回采技术适合安庆铜矿条件，是该矿实现高效率采矿的重要技术保证之一。

4.5.3 9号矿房采场高阶段回采

9号矿房采场是高阶段连续出矿技术和设备在安庆铜矿推广试用的正式试验采场，要求实现凿岩、爆破和出矿综合生产能力1000t/d的强化开采目标，为进而实现盘区连续开采提供决策依据。

4.5.3.1 采场概况

9号矿房位于1号矿体西倾伏端，3线与3A线以及－324～－383m水平之间。矿房宽15m，长为矿体厚度，约60m。矿体上盘紧靠F_1断层，并以F_1断层作为采场上盘端部边界。采场围岩多为蚀变闪长岩，下盘靠矿体有一矽卡岩带。受成矿作用，蚀变闪长岩岩体内节理发育，十分破碎。

因原地质勘探钻孔控制精度不够，9号矿房－324m凿岩硐室施工后发现该硐室几乎全部处于蚀变闪长岩中，对应9号矿房的矿体上部边界也从原来推断的位置平均下移10多米，造成实际矿体边界与上部硐室底板间10m左右的废石段。实际矿房矿量由第二次采准设计时的14万吨最终降到11.98万吨，其中大孔回采矿量10万吨，中孔拉底1.98万吨。

采场内矿体主要分为三种类型：（1）矽卡岩含铜（Sk－Cu），平均品位1.901%；（2）铁铜矿（Fe－Cu），平均品位1.699%；（3）单铁，Fe品位48%，单铁矿石总量约4.2万吨。矿体倾角40°～60°。

4.5.3.2 采准设计与施工

9号采场底部结构如图4－28所示，采准工程主要包括皮带巷（3.5m×3m）、堑沟凿岩巷（3m×3m）、二次破碎巷（2m×2m）、振动出矿口及溜矿井。实际施工时，从上下盘沿脉巷道相向掘进皮带巷，然后从皮带巷掘进出矿口，至－377.7m向两侧各掘进约4m形成二次破碎巷道。此外，从皮带巷掘进堑沟联络巷和堑沟凿岩巷，并与下部出矿口贯通。

基于工程量、施工难度、出矿效率及可靠性等方面的考虑，底部结构的形式以及是否设二次破碎巷曾经是争论的焦点。二次破碎巷的最终设置基于如下考虑：爆破回采时大块（根据老虎口格筛孔尺寸等确定为650mm以上）或多或少总会存在。而在出矿作业中，一般大块处理时间及影响时间占班作业时间的很大比例，若大块率按3%计，用糊炮球方法处理，每出百吨矿石，所需炮球加上爆

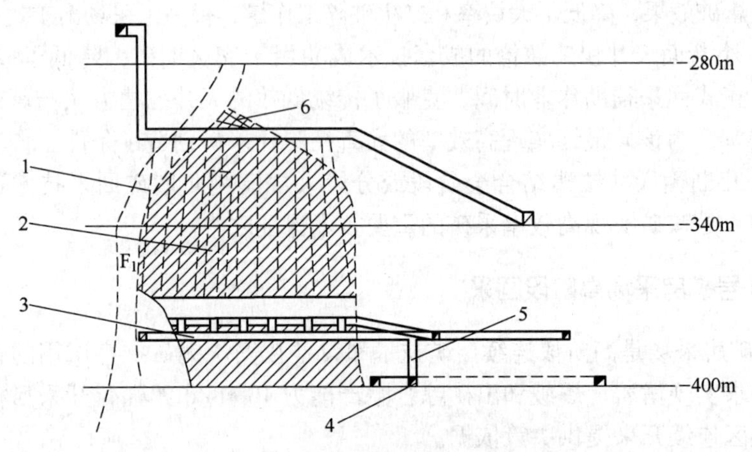

图4-28 9号采场采准设计

1—大直径深孔；2—切割天井切割槽；3—皮带运输巷；
4—小环形运输巷；5—溜矿井；6—中深孔

破及通风时间约需40~60min。这不仅费工费时，而且影响连续出矿，直至阻碍综合生产能力“千吨采场”的实现。而通过增设二次破碎巷，改用液压凿岩机和劈裂机的机械方法进行大块的二次破碎，可在皮带机连续运转情况下同时进行，能充分发挥皮带机连续出矿能力大的特点。但毋庸讳言，设置二次破碎巷增大了底部结构及施工复杂程度，值得以后在这方面作进一步研究改进。

整个底部连续出矿系统为：采场的振动条筛+固定格筛→振动给矿机→移动式振动转载小车→原矿皮带运输机→溜矿井，如图4-29所示。

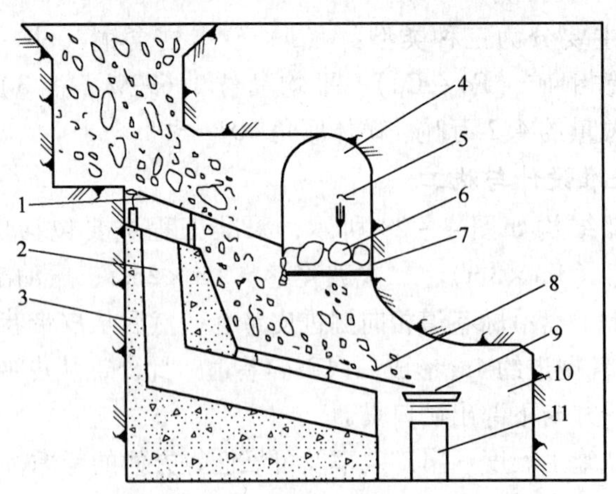

图4-29 连续出矿系统底部结构

1—振动条筛；2—检查通道；3—混凝土基础；4—二次破碎；
5—液压破碎机；6—大块；7—固定格筛；8—振动给矿机；
9—转载小车；10—皮带运输巷；11—皮带运输机

堑沟拉底拟通过在中部振动出矿口附近上掘一小切割天井，以天井为自由面，爆破拉槽中深孔形成堑沟割槽，再于堑沟巷内打上向扇形中深孔向两侧后退式爆破形成堑沟切割拉底空间。

9 号采场全部采准工程量为 8323.2m^3，其中上部 -324m 水平凿岩硐室及斜道等工程量 5309 m^3，下部 -385m 水平的采准工程量为 3014 m^3。

4.5.3.3 凿岩硐室及底部结构支护

从硐室施工揭露的岩体情况看，许多部位十分破碎，原设计点柱基本上未达到设计尺寸要求，且有严重超挖超爆现象，其中有两个几乎起不到支撑顶板作用。为保证凿岩硐室在凿岩及爆破回采期间不致出现大规模垮落，又在原施工期间锚杆支护的基础上，进行了长锚索支护。

按塌落拱理论计算锚索荷载，并取 10t/m 的锚索锚固力。设计锚索网度为 3.0m×3.0m，较破碎处沿采场宽度布置 4 根锚索，中间锚索长 7m，两侧锚索为 6m。共设计锚索 33 根，实际敷设 30 根。

大孔凿岩期间，硐室上盘端部部分顶板仍出现成块掉落，出于安全需要，对这些部位又进行了木柱点护。实际回采过程中，为确保安全，又在上盘端部及中间一些部位增补了若干木支柱和两个枕木木垛支护。此外，在爆破回采过程中，也有意识地对硐室底板采用了保护措施。因此，爆破回采期间，整个硐室基本未出现大的垮落，保证了爆破回采的顺利进行。

底部结构施工时，各出矿口均受到不同程度的损坏，尤其是上部振动条筛上方的受矿口眉线，有半数以上出现超爆超挖。原设计 1.8m 的受矿口顶度底板高度增大到 2m 以上，严重者达 2.8m，而原设计 2.0m 宽的受矿口施工完毕，个别达 4m 宽。为防止正式爆破时，上部矿石直泻而下，壅满二次破碎巷，无法采用机械方法进行大块的二次破碎，又提出了受矿口眉线及其两侧的两个加固方案：方案一为 130mm×130mm 方钢横梁与 20 号的工字钢立柱，外加 ϕ35 螺纹钢锚杆及后部支撑组成；方案二为加锚杆钢筋网的混凝土浇筑。实际上，事后仅对破坏较严重的 2 号和 4 号受矿口进行的浇灰加固，余者并未进行任何修补施工，以致在正式出矿期间，未修补的出矿口均出现由受矿口向二次破碎巷的大量矿石倾泻堆积，甚至导致向皮带巷的大量瀑矿，严重影响了皮带机的连续出矿，二次机械破碎设备也始终未能派上用场。

为防止各受矿口在堑沟中孔拉底爆破时因夹制力过大，进一步受到爆破破坏，对各出矿口及中间一段二次破碎巷与堑沟凿岩巷的间柱采用了预裂爆破保护措施，全部预裂工作于振动出矿系统安装完毕、中孔爆破前实施。实践表明，预裂工作比较成功，避免了受矿口眉线在大孔回采爆破及出矿过程中的进一步损坏。

4.5.3.4 布孔设计

9 号矿房大孔布孔设计建立在已进行的爆破参数优化理论研究结果及 7 号矿

房上下部采场的一系列爆破试验实践的基础之上。

A 天井拉槽

根据矿体形状特点，同时考虑实施大规模侧向落矿时，不致因天井位置紧邻端部围岩导致矿体围岩及早垮落加大贫化率或产生大块堵塞出矿口，将拉槽天井位置选在采场中部第3和第4点柱之间。考虑同周围大孔孔网参数的协调，天井断面尺寸确定为3.0m×3.4m，其四角及长边中点各布一孔，中心布置3个掏槽孔，共计9孔。为便于以后天井扩槽，又于短边中部外侧各布一孔。该天井断面尺寸不大，是在对7号矿房上下部采场天井的断面尺寸及爆破实验的基础上，通过各自优缺点的对比，决定采用这种小断面天井的。具体天井位置及炮孔设计如图4－30所示。

实际天井炮孔凿岩前，因相应于设计天井硐室顶板部位发生沿节理面的楔体部分垮落，造成距底板高度过大，无法进行钻机定位，临时决定将天井位置移至同排孔靠7号矿柱的2号和3号孔之间，总炮孔数减少两个，断面尺寸也改变为3m×3m。

B 大孔布孔

爆破参数优化理论研究结果以及7号矿房大量侧向崩矿的爆破实践表明：比较适合安庆铜矿矿体条件并能保证大块率小于3%的孔网参数为2.8m×2.8m左右。为确保该采场的块度要求，避免因工程地质条件的变化使大块增多，最后决定统一采用2.8m的排距和3.0m的平均孔间距。限于凿岩硐室内预留点柱对凿岩机定位的制约以及使用缓冲爆破保护矿房两侧间柱的目的，对中间孔及边孔分别选用了3.4m和2.8m的孔间距，剩余孔间距为3.0m。对于不等孔距可能带来的爆破块度不均匀拟通过调整不同部位孔的装药结构来消除。设计炮孔排线垂直采场走向，每排6个孔，如图4－30所示。采场内炮孔除个别边孔外，主要为垂直孔。

为尽可能多地回采上盘断层内侧端底部的高品位矿体，提高炮孔利用率，减少上部斜孔废孔量，研究决定，经由－340m水平7号柱内一段原有旧巷道向前延伸至9号矿房上盘端部，另掘一凿岩硐室，向下钻一定量的垂直孔以回采该部分矿石。

鉴于整体进度使大孔凿岩必须在下部堑沟拉底之前进行，为确保所有炮孔于拉底后能上下贯通，相应堑沟范围内的大孔均设计超深0.5～0.7m。

9号试验采场大孔设计基于第二次采准设计时的矿体地质边界和矿量，主要设计指标如下：

（1）总孔数：159个。

（2）总进尺：6262m。

（3）其中天井炮孔：378m。

（4）矿体上部及两盘废石孔：1076m。

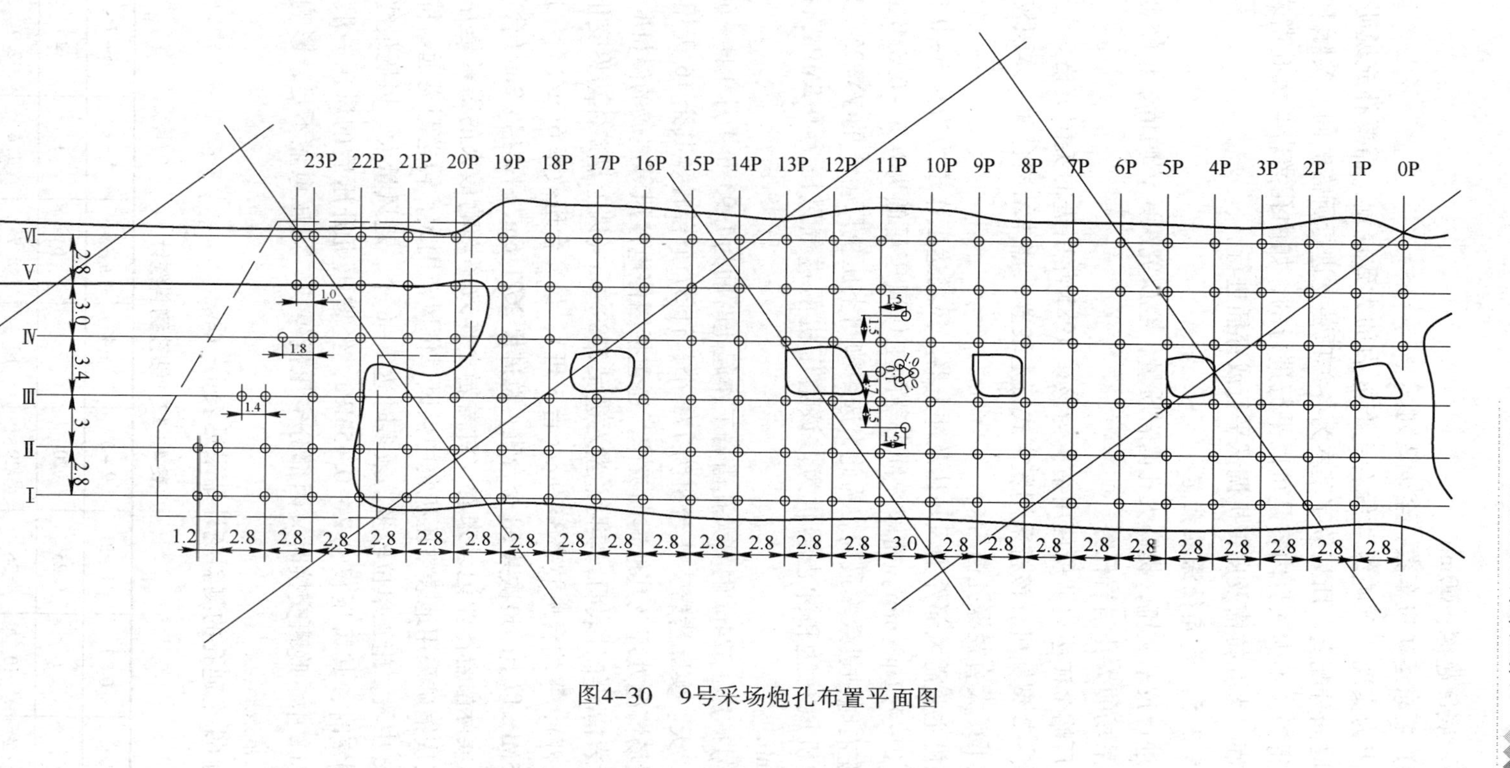

图4-30 9号采场炮孔布置平面图

（5）底部超深：60m。

（6）要求运矿机车数：至少2列。

以上为实现“千吨级”综合生产能力的大致规划，需要补充说明的是，在目标－时间分配上，所列数字基本为各单项独立进行所需时间。实际上，如果工作协调得当，不少项目内容是可以平行进行的，如中孔凿岩与大孔凿岩相平行，中孔拉底、大孔拉槽及皮带机调试平行或穿插进行。

4.5.3.5 大直径深孔凿岩

为进行技术交流，提高大孔凿岩质量，经研究决定，聘请金厂峪金矿担负9号试验采场的大孔凿岩任务。

金厂峪金矿凿岩队所使用钻机为该矿1985年引进的美国英格索兰公司生产的CMM－2型钻机。该机采用履带式行走装置，整体结构合理，体积较小，主要用于地下矿大直径深孔凿岩。

该机主要需风部件为风马达及冲击器。风马达工作压力为0.5～0.7MPa，耗风量6.2～7.1m^3/min。而国产冲击器的工作风压最低为0.7～0.8MPa，风压达1MPa左右时钻进效率最高。为此，选用柳州空压机厂生产的VY225－15型增压机为钻机风马达和冲击器供风。该增压机的进气风压为0.5MPa，排气量为12m^3/min。

9号矿房－324m硐室大孔凿岩工作起止时间为1993年4月9日～6月20日，共计73天。实际凿岩工作台班为171个，计57个台日。其余16天用于钻机维修、现场情况处理及其他辅助工作，还包括因停电停风等造成的停机时间。

凿岩情况统计表明，实际总凿岩进尺5789.4m（因上盘矿体边界变化，部分设计孔未打），平均台班效率33.9m/(台·班)，最高台班效率61m/(台·班)。风压达0.45MPa以上的班次共58个台班，总进尺2621.6m，平均45.2m/(台·班)。

从实际凿岩作业记录来看，对凿岩上作效率影响最大的因素是井下风压不足。安庆铜矿采用地表空压机集中供风，供风范围大，转送距离远。特别是相应－340m中段，施工单位较多，最多时达7～8个，耗风量大，风压最终抵达9号凿岩硐室时，其风压仅0.2～0.45MPa，经增压机升压后的风压一般也不超过0.8MPa。中、晚班交接时又因部分空压机停机，风压愈显不足，影响了钻机效率的正常发挥。

对69个通孔的测斜统计结果见表4－12。

表4－12 钻孔测斜统计

偏斜率/%	0～1	1～2	2～3	3～4	4～5	5～6	6～7	>7
孔数/个	7	25	20	7	6	1	2	1
百分比/%	10	36	29	10	8.7	1.4	2.9	1.4

4.5.3.6 采场回采爆破

9号矿房采场回采爆破包括中孔拉底、大孔天井拉槽与大孔侧崩爆破。

A 中孔拉底

9号矿房堑沟中孔拉底爆破从1993年11月6日开始，整个拉底爆破按原“千吨”采场规划分8次爆破完毕。各次爆破情况见表4-13。

表4-13 爆破情况表

序号	爆破日期	孔数/个	爆破米数/m	每米崩矿量/t·m^{-1}	炸药量/kg	爆破量/t	炸药单耗/kg·t^{-1}	备注
1	11.6	10	97.3	2.47	370	240	1.54	全部采用2号岩石炸药
2	11.26	38	361	3.21	1303	1160	1.12	
3	12.5	39	367	5.12	510	1878	0.27	
4	12.8	57	516	5.11	730	2638	0.27	
5	12.10	67	599	5.37	1036	3214	0.32	
6	12.21	94	843	5.49	1469	4630	0.32	
7	12.25	60	561	5.01	980	2808	0.34	
8	12.28	54	510	5.51	888	2808	0.32	
总计（平均）				(5.14)	7280	19376	(0.37)	

根据最终爆破情况来看，除个别区段的堑沟两侧上边角部位未能爆到设计深度外，基本形成了符合原设计要求的拱形堑沟顶板。上部矿房的大直径深孔75%以上与堑沟贯通，给大孔测斜提供了良好的安全便利条件。此外，从开始至爆破结束，未出现因堑沟炮孔夹制性大而爆不下来的情况，爆下矿石大块也不多，满足了原矿皮带机重载调试的需要。

B 大孔天井拉槽

9号矿房天井拉槽仍采用VCR爆破成井法。天井高度约40m，断面3.0m×3.4m。共爆破12次，平均每次爆高3.3m，爆破量约2000t。

因设计采用小断面天井，装药量少，爆破施工容易。在总结7号矿房上下部采场天井爆破的基础上，通过较好地控制各次爆高，适时调整各天井炮孔的相对起爆顺序，认真装药施工，顺利完成了天井拉槽。

需要指出的是，尽管天井拉槽爆破次数较多，但因较好地安排了天井拉槽与中孔拉底及大孔侧崩的时间，如将天井拉槽爆破穿插在中孔拉底及大孔侧崩的间隙进行，因此，天井拉槽并未过多地影响原拟定的“千吨采场”规划中的总的目标-时间安排。

C 大孔回采爆破

9号矿房大孔回采爆破于1994年1月11日开始至3月26日第6次回采爆破

结束，历时两个半月，共进行了从崩矿量4500~21350t的6次不同规模爆破。总爆破矿量82200t，尚余约5000t靠7号矿柱的下盘可采矿量因7号上部采场充填跑浆，浆液沿预凿的连通9号采场的充填孔泻下堵塞钻孔，无法装药而暂时放弃回采，改为同7号柱一并回收。此外，还有靠7号矿柱一侧的约3700t出露于硐室底板的矿层带，一方面因含铜量不太高，另一方面为保护7号矿柱和避免因其回采导致硐室底板废石崩落提高矿石贫化，矿方决定暂不破顶，改由采7号矿柱时进行部分回收。

为保证9号试验采场的良好回采爆破效果，在一系列有关爆破参数优化理论研究结果以及7号矿房先期爆破参数优化工业试验的基础上，选定了以下爆破参数及其他有关的爆破工艺技术：炸药单耗根据矿体可爆性评价及炸药单耗选择的理论研究结果，对应9号矿房矿体条件及块度要求的炸药单耗值为1.65kg/m³，根据平均容重4.05t/m³算得的炸药单耗应为0.407kg/t，爆破参数目标规模的结果是炸药单耗为0.37kg/t，而7号矿房工业爆破试验结果为平均炸药单耗0.41kg/t，因此决定取0.40kg/t为9号矿房回采爆破设计的平均炸药单耗值。实际爆破时，可按不同情况进行适当增减，但应大体在规定值附近取值。

历次爆破推进情况如图4-31所示。

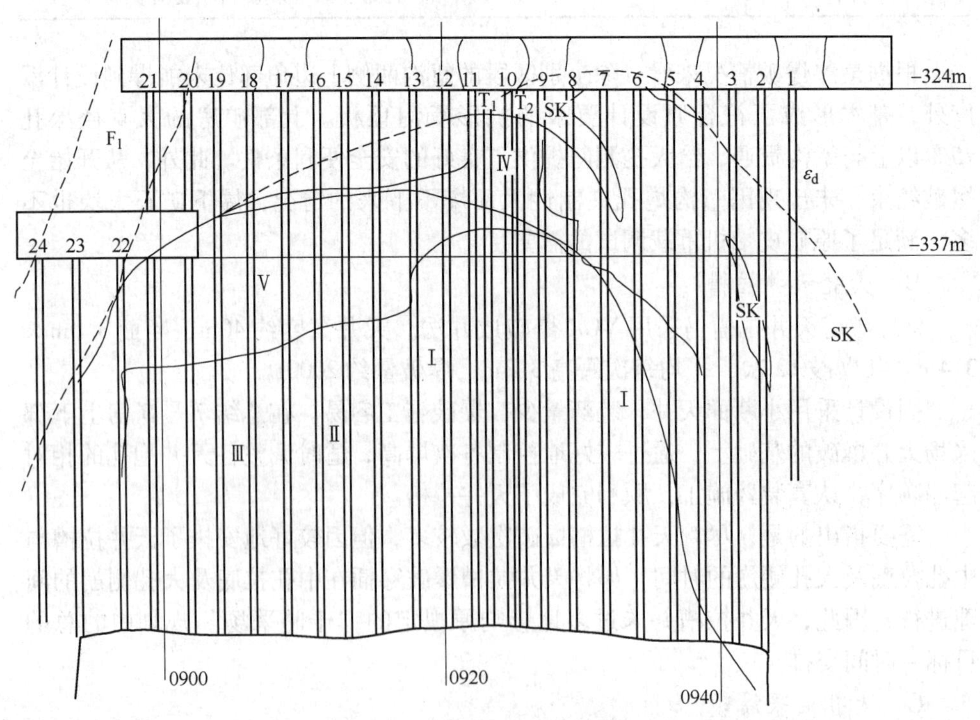

图4-31 9号矿房历次爆破形象图

第一次侧崩爆破在天井拉到大于30m高度时进行，主要是用于扩大原天井拉槽空间，为后续的大规模侧崩爆破创造较大爆破自由空间。因此，该次爆破规模不大。为克服因初始较小爆破自由空间而带来的夹制性过大的问题，所选用的炸药单耗也高一些，达0.55kg/t，实现了扩槽的目的。

第二次和第三次侧崩爆破是集中于矿体上盘的较大规模爆破，两次的爆破量超过18000t，以满足“千吨采场”强化开采的要求。此外，上盘硐室顶板稳定性较差，F_1 断层斜贯 -340m 小硐室顶板及 -324m 大硐室端部，以较少爆破次数和较大规模爆破量尽快结束上盘爆破也有利于装药施工人员的安全。这两次应属正常侧崩爆破阶段，故炸药单耗取值也接近原选定值。除个别炮孔段因装药施工操作不当未能装上药，导致产生少量巨形块（大于4.0m）外，整体爆破效果很好。

第四次爆破主要在下盘靠天井拉槽附近进行。这次爆破规模较大，爆破量达到21350t，最大单响达990kg。该次爆破有2个炮孔的中部在拉槽时被炸坏，导致堵塞，经处理无效，只好放弃装药。爆后发现有几个巨形块，其余块度组成基本均匀合理。

第五次和第六次为清帮、清顶爆破，规模较小。原因是：（1）下盘靠7号矿柱一侧8P以下有10余孔被由7号矿房上部采场流下的充填浆料堵塞，导致近9000t矿量暂时无法回采。因此，原定的两次大爆破就改为了两次较小规模爆破。（2）第五次也即上盘最后一次爆破之前，-340m小硐室靠断层一侧，因 F_1 断层发生部分垮落，埋掉5个钻孔，无法清理而放弃，又损失4800余吨。（3）原定-324m硐室矿体出露部分呈狭窄条带，如破顶必须适当扩大破顶范围，由此又可能造成较多的废石垮落，使品位本来不高的矿石再次加剧贫化，故矿方决定不实施大范围破顶，又带来约2680t的矿石损失。三项之和共约16000余吨，使可爆规模大为减小。

从采场稳定和施工人员安全考虑出发，最后两次爆破间隔较短，装药施工质量较好，爆破效果也不错。

9号矿房采场包括中孔拉底和天井拉槽在内的总爆破量为104100t。纵观整个回采爆破过程，基本贯彻了原定爆破方案及“千吨采场”规划要求，结果证明是成功的。主要表现在：（1）试验采场的回采爆破组织符合“千吨采场”规划安排，达到了强化开采的目标；（2）爆破效果是好的，全部出矿结果表明大于650mm的平均大块率为1.9%，满足了小于3%的合同规定指标。

从总的情况看，9号矿房采场的全部爆破装药施工是好的，大的装药操作失误有所减少，这也是获得良好爆破效果的重要保证。

4.5.3.7 主要技术经济指标

9号矿房试验采场包括大孔凿岩、爆破和连续出矿在内的主要技术经济指标如下：

(1) 凿岩效率：33.9m/(台·班)。

(2) 凿岩成本：2.74元/t。

(3) 爆破成本：1.15元/t。

(4) 大块率：1.9%。

(5) 一次炸药单耗：0.44kg/t。

(6) 二次炸药单耗：0.006kg/t。

(7) 每米孔崩矿量（有效孔）：26.3t/m。

4.5.4 高阶段大直径深孔采矿法实施方案[4]

安庆铜矿为铜铁共生矿床，1号矿体厚大，铜金属储量占整个矿床储量的80%。1号矿体下盘围岩以角页岩和闪长岩为主，还有轻变质粉砂岩和钙质页岩等。角页岩硬度系数$f<5$，稳定性稍差；闪长岩的硬度系数$f>10$，轻变质粉砂岩和钙质页岩稳固性差，$f<5$，遇水易软化、膨胀。矿体上盘为大理岩，$f>10$，围岩稳固，但有溶洞，为含水层。井下涌水量很大，为17000～20000m^3/d。矿石除构造带外，一般均较坚硬、稳固，$f=10$。矿石容重平均为3.96t/m^3。

安庆铜矿设计采选生产能力为3500t/d。为适应新模式办矿的要求，采矿方法选择了高阶段大直径深孔采矿法。阶段高度60m，在矿岩稳固性好，充填体有足够强度的前提下，采用120m高阶段回采，分矿房、矿柱两步骤回采。一步骤回采矿房，采用尾砂胶结充填；二步骤回采矿柱，采用分级尾砂充填。采场垂直矿体走向布置，矿房、矿柱宽均为15m，长为矿体厚度。选用瑞典Simba261型高风压潜孔钻机凿岩，美国ST－5C铲运机出矿，残矿采用遥控铲运机回收。

安庆铜矿大孔高阶段采矿采用的为矿房双阶段连续回采、矿柱双阶段间隔回采方案。

矿房采用尾砂胶结充填，要考虑到矿柱回采时需要在充填体内掘进出矿巷道，以及为下部回采提供安全作业条件，因此，在矿房空区底部采用1:5的灰砂比充填8m高，接着采用1:10的灰砂比充填。当充到上部阶段水平时再采用1:5的灰砂比充填8m高，接着再采用1:10的灰砂比充填。

矿柱采用尾砂充填，考虑为其下部矿体创造回采作业条件，矿柱下部采场充填时底部先采用灰砂比1:5的尾砂胶结充填6m，再充尾砂。充到上部中段水平（即原硐室底板水平）向下1.5m时，改用灰砂比1:5尾砂胶结充填1m，留0.5m最后浇注混凝土作为上部中段出矿假底。

虽然在矿房回采期间矿房暴露高度大，局部围岩易冒落，但通过加强采场支护（如长锚索）和控制爆破而得到改善。矿柱回采过程中采用控制爆破技术措施可以减轻对矿房充填体的爆破效应影响，缩短充填体暴露时间，从而使影响尾砂胶结充填体稳定性的不利因素减少到最低限度。该回采方案取得满意的效果。该方案有如下突出优点：

（1）采矿作业集中、效率高，便于生产管理。一般来说，每年有4~5个采场大量出矿即能满足矿山生产要求。

（2）可减少矿石的损失和贫化。由于将两个阶段的回采合二为一，上下阶段之间不留水平矿柱，矿石损失可降低2%~3%。

（3）降低采场作业成本，经济效益显著。

（4）由于二步骤矿柱双阶段间隔回采，两侧充填体暴露高度为60m，较为安全。

4.6 地下大直径深孔采矿技术的非常规应用

地下大直径深孔采矿技术除了在地下采矿中的应用以外，一些非常规应用同样值得重视，尤其利用其安全、高效、大规模、大参数及应用条件有较大的灵活性的特点，通过露天和地下采矿知识的流动、融合和工艺技术的再创造，有可能引导出露天矿开采新的设计理念和工艺技术的再创造。

4.6.1 澳大利亚矿山VCR法开采露天矿边帮盲小矿体[5]

澳大利亚矿山应用VCR采矿法，由地表进行凿岩爆破取代井下巷道掘进开采露天边帮内的小型盲矿体获得了成功。1977年，新南威尔士州阿德勒坦（Ardalethan）锡业公司露天矿闭坑，但在矿坑外地表以下约40m处发现了一个小型的盲矿体——卡帕斯（Carpathia）。经研究，再采用露天开采方式开采剥离量太大，该矿决定进行新开采系统的尝试，将地表钻孔与地下开采结合起来。在露天矿边帮开掘平硐穿过矿体底部进入运输水平，并掘进一系列放矿口穿脉至沿脉凿岩平巷。这些凿岩平巷在回采之前再刷大到12m高形成堑沟。由运输巷道端部掘一条通风井直通地表，兼作安全出口。

该方案虽然穿过覆盖岩层，需要钻进约8000m钻孔，但可取代井下巷道掘进，而且在地表钻凿下向炮孔是安全、高效的。该露天矿爆破漏斗的试验工作，为VCR法凿岩爆破工作提供了资料，其采用的主要参数如下：钻孔直径165mm，钻孔间距5m×5m，球形药包质量37.5kg，单层崩矿高度3.6m。

4.6.2 采用地下大直径深孔穿爆作业的露天高台阶采矿和连续运输

台阶高度是露天采场的主要参数，增加台阶高度有利于提高穿爆效率，简化和缩短运输线路，增加阶段矿量和阶段服务年限，提高作业的连续性。因此，如果能采用适宜的工艺技术措施，大幅度提高台阶高度是改善露天开采总体技术经济指标和实现陡帮开采最有利技术条件。

我国大型露天金属矿山台阶高度原来多为12m，进入21世纪以来，新设计的大型露天矿金属矿多采用15m段高；南芬露天铁矿在“八五”期间试验18m的高台阶采矿技术。深凹露天矿采矿运输成本随开采深度迅速增加。前苏联学者认为，大型深凹露天矿采用30～45m的台阶高度更为合理，并在中央采选公司1号露天矿进行了30m的高台阶采矿应用试验。

大幅度增加台阶高度，比如增加至25m或更高，达到45～50m，可以将工作帮坡角增加至30°或更大。对于形成一定封闭圈的深凹露天矿，可以形成大得多的采场空间，对于采用分期剥离的矿山，可以将下期剥离推后数年，对合理利用投资、提高开采强度和长期高产稳产有重要意义。

露天高台阶采矿，涉及设备配套和采掘工艺参数等一系列问题，比如将台阶高度从目前15m增加至35m，底盘抵抗线将相应增加一倍左右，相应孔径需增加至500～600mm，但世界上鲜有能达到此规格的牙轮钻机。美国BI公司的49HⅢ型牙轮钻孔径达406mm，59R型孔径444mm，P&H公司100×P和120A型钻机孔径分别为349mm和559mm，以适应特大型金属矿山的穿孔作业，但目前大型露天矿使用最多的炮孔直径多为310～380mm。

限制台阶高度的另一个因素是挖掘机的铲挖高度，大型露天金属矿开采的铲装作业多采用机械铲，一般最大挖掘高度不大于20m，最大卸载高度不大于15m。

如果将地下大直径深孔采矿中把矿体划分为阶段和矿块的概念引入露天开采，将露天台阶式的分层顺序开采改为块段式后退式开采，借以变革露天开采的采装工艺和采场参数的制约关系，则可实现露天的阶段式高台阶陡帮开采和自工作面开始的连续运输工艺，如图4－32所示。

地下深孔采矿技术的发展为实现自地下巷道进行凿岩爆破作业的露天开采新方案提供了必要的技术基础。如Atlas Copco公司的Simba2610系列Promec188型等钻机，性能优良，可以钻凿任意方向的100m深孔，效率可达400m/d，采矿效率为10000t/d，与露天钻机处于同一量级。

有条件的可采用大步距的块段式开采，每一块段即一个爆区，矿量可以达百万吨，采用一种改进的宽采掘带抛松爆破技术，连续提供破碎质量良好大规模的爆堆，布置于台阶上平台的大型索斗铲采用下挖的作业方式在本台阶将矿石装入运输设备，经坑内破碎进入连续运输系统或采用索斗铲直接装入移动式破碎机经转载桥进入连续运输系统。

前苏联卡拉干达[6]综合技术学院曾研发一种露天矿铲装运输－溜井－矿仓－破碎机－竖井气力连续提升技术（图4－33），据称在提升高度400m的情况下，竖井连续提升比道路运输（24.8km）建设费用降低46%，设备购置费降低93%。虽然所采用的气力提升在技术选择上限制了该方案的适用性，但提供了建立露天矿连续运输工艺的新的思路。

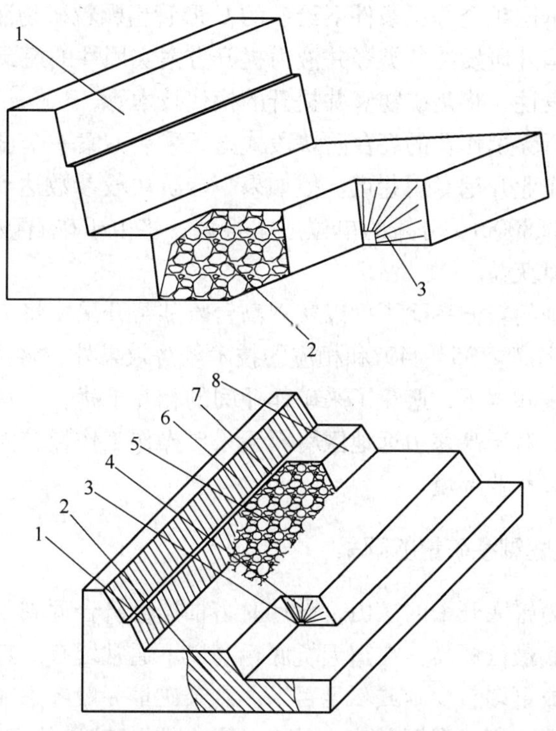

图 4 - 32　在巷道中采用地下大直径深孔方法的露天高台阶开采

1—最终边坡；2—矿体；3—凿岩巷道；4—深孔；
5—爆堆；6—预裂孔迹；7—安全平台；8—台阶坡面

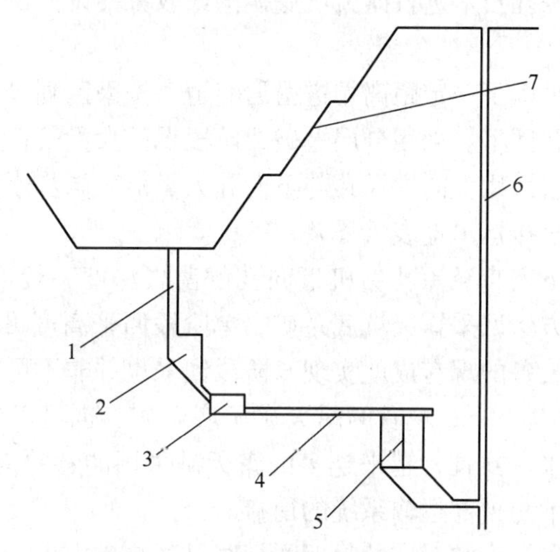

图 4 - 33　露天矿连续提升示意图

1—溜井；2—矿仓；3—破碎机；4—皮带廊；
5—等压给矿仓；6—提升管；7—边坡

我国研发的承压矿仓等压条件下给矿的U形管粗颗粒矿物液力提升技术，可以比较全面解决国外研发的各类竖井液力提升方案实用性的瓶颈问题，具有良好的实用性和可开发性，将是矿物竖井提升的换代技术。

在巷道中进行穿爆作业的高台阶块段式露天采矿方案一个显而易见的缺点是需要为凿岩爆破作业开挖专用巷道。但如果高台阶块段参数达到50~60m，每米巷道的出矿量大约8000t，分摊的单位成本很低，将由于矿石破碎质量的提高和运输系统的简化而获益。

这一露天开采的新方案除了可以实现高台阶陡帮开采，将工作帮的帮坡角从目前的12°~14°提高至35°~40°和相应的技术经济效果外，将露天的穿爆、采装运作业分置于地表和地下，避免了采矿作业间的相互干扰，为建立新的装运技术系统创造了条件；对于高寒边远地区将露天采矿操作工作量较大的穿爆作业置于地下，有利于改善作业环境。

4.6.3 露天矿坑底剩余矿量的回采

一个已确定为露天开采的矿山，设计时多根据经济合理剥采比确定其开采境界和露天开采坑底最低标高。在露天坑底标高以下通常留有一定高度的境界外矿量，多者数百米或更多，少则或不足百米。剩余矿量一般考虑在露天开采结束后采用露天转地下方式完成资源的完全回收。如果剩余矿量的高度仅100~200m，采用露天转地下的方法回收，建立一整套地下开采的工程工艺系统和相应的设备配套，不仅涉及技术经济是否合理，也面临产量衔接和边坡维护等问题。如果合理采用地下大直径深孔技术进行露天坑底矿的回收方案设计，有可能获得相当好的技术经济效果。

在露天坑底水平以下一定距离掘进凿岩巷道，按采区划分，采用地下大直径深孔钻机钻下向深孔回采。采用分层爆破或阶段爆破大量落矿，凿岩巷道顶板至露天坑底板的护顶层采用上向中深孔与下向孔大量落矿同步崩落，爆下的矿石用装运设备经斜坡道直接运出地表（图4-34）。

比较先进的地下大直径深孔钻机下向孔的凿岩深度一般可超过150m，即采用地下大直径深孔方法回采露天坑底余矿，单阶段回采高度可达170~200m，合理利用采矿和工艺装备的现有成就实现双阶段回采也并非不可能（比如采用较大吨位的井下汽车）。即300m左右的露天矿坑底余矿，也可以考虑直接采用地下大直径深孔方法回采。并且，越来越多的露天矿采用的斜井皮带外部运输方案，特别有利于实现地下与外部运输系统的衔接。

露天矿最终开采深度和对应的封闭圈标高是影响矿山生产能力、服务年限和投资效果的重要因素，如果有条件的将可采用地下大直径深孔回采露天坑底余矿的高度纳入露天矿设计开采深度而组成露天与地下联合开采方案，在基本保持生

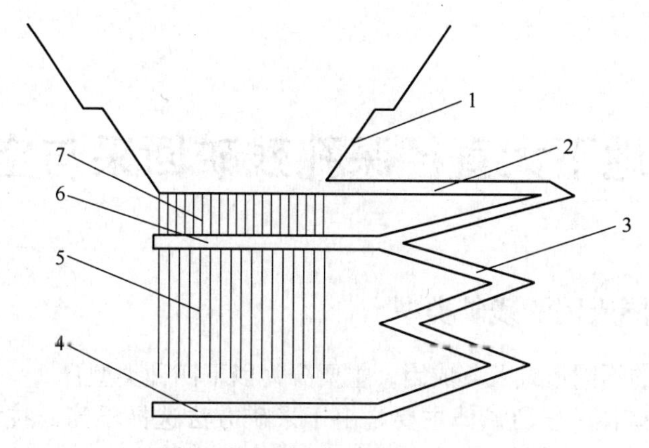

图 4-34 露天坑底开采示意图

1—边坡；2—联络道；3—斜坡道；4—运输道；
5—下向大直径深孔；6—凿岩巷道；7—上向中深孔

产规模和资源回收的条件下，可大大减小露天实际开采深度和封闭圈范围，大幅度降低露天矿基建剥离量和平均生产剥采比，提高投资收益。

参考文献

[1] 长沙矿山研究院，北京矿冶研究院，凡口铅锌矿．地下大直径深孔柱状和球状药包爆破采矿法（译文集）［C］// Lane White. 露天矿概念提高了加拿大国际金属公司井下的生产能力．朱烨译，宗海祥校，1983.

[2] 郎 L C，单一．VCR 采矿法能改善爆破效果、降低成本［J］．有色金属（矿山部分），1984（1）：48～50.

[3] 金厂峪金矿，北京矿冶研究总院．球形药包爆破掘进天井试验，金厂峪金矿 VCR 法鉴定资料［R］. 1988.

[4] 李周径．安庆铜矿高阶段大直径深孔采矿法实施方案［J］．中国矿业，1993，2(5)．

[5] 朗 L C，孙忠铭．漏斗爆破原理发展成新的地下采矿技术［J］．国外金属矿采矿，1980（7）：41～48.

[6] САГНО А С，ЛАЗУТТКИН А Г，и. др. Пнёвмматические подиемне устновки дря шахт и карьер［J］. ИВУЗ ГОРНЫЙ ЖУРНАЛ，1988.

5 地下大直径深孔残矿回采与空区处理

5.1 基于不同成因的残矿类型

依据残矿的不同形式及其成因，主要分为以下四种类型：

（1）残留矿体。残留矿体主要是由于采矿方法选择不当或技术运用不合理造成的。例如，采用有底柱分段崩落法时，其底部结构（电耙道）大部分布置在稳定性较差的围岩内，致使许多采场无法正常回采，形成残矿。根据矿体厚度、倾角以及矿体底板的性质选用其他采矿方法，通过这些采矿方法的互相搭配完全能够满足生产需要，但无论采用何种工艺，在采场边帮、特深矿窝等局部地段仍会残留大量矿体难以用机械设备回收。

（2）破坏矿体。这部分矿体大多分布在矿体的厚大部位，由于民采的无序开采，对矿体造成严重破坏，恶化了矿体的回收条件，造成部分矿体回收困难。对于厚大矿体，回采过程中因大型地压活动及当时回采技术条件等因素限制，遗失大量难采残留矿量。

（3）边角矿体。此类矿体可能分布在主矿体的边缘或夹于其间的分支部位，厚度小或形态复杂，很难选择合适的采矿方法和采矿设备实现机械化开采，往往由于滞后于主矿体开采时间过长，恢复开采比较困难，形成部分非设计损失矿量。

（4）新增矿体。由后期生产探矿在矿区外围新发现的部分储量，由于受前期采矿活动的影响，开采条件较为复杂，处于难采状态。

5.2 残矿回采技术工艺选择基本要点

残矿回采往往与空区处理同步进行，应尽量避免对残留矿柱的扰动进一步恶化其回采条件，所采用的技术方案应具有快速、高效、集中作业的特点。大多数情况下，有条件地采用大直径深孔的不同布孔方案和爆破方法大量崩落，可以取得残矿回采和空区处理在安全、效率、资源回收等方面的良好效果。

5.3 大直径深孔采矿技术残矿回采与空区处理实例

5.3.1 铜坑矿细脉带空区群安全隐患区治理与残矿回采

5.3.1.1 项目背景

华锡铜坑矿要开采对象有细脉带、91 号、92 号矿体，三大矿体在竖直方向上局部重叠。最先开采位于上部的细脉带矿体，设计采用无底柱分段崩落法。1976 年开始在矿岩崩落带发生自燃，为了安全生产和防止火区蔓延，在细脉带矿体 625 ~650m 水平留隔火矿柱。625m 水平以下改为二步回采的分段空场法。经过多年开采，铜坑矿细脉带采区 560m 以上形成了一个由大量不规则矿柱群支撑的大面积火区不稳定工程结构系统，空区体积 13.5 万立方米，积压了 300 多万吨残留矿量，地压活动频繁，存在诸多安全隐患。[1]

5.3.1.2 开采技术现状

细脉带矿体形态主要呈细脉带或厚板状、板状，以裂隙脉矿化为主。矿石构造主要有块状结构、脉状结构、浸染状结构，坚固性系数 $f=8\sim12$，密度为 $2.5g/cm^3$，矿体中无较大的构造破坏。

处理范围东侧为已经自然冒落的原 16 号采场及已被部分充填的 15 号采场，西侧的 11 号采场回采后部分充填，上部 650m 以上为原崩落矿岩自燃火区，火区导致临近的 650m 水平附近一带的岩温比较高（图 5－1）。

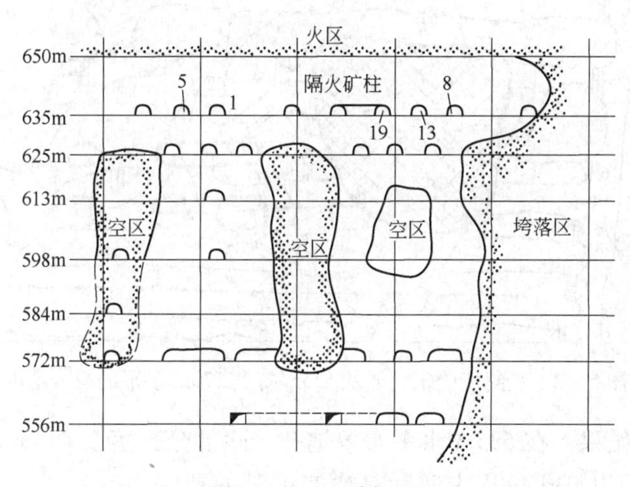

图 5－1 空区剖面图

5.3.1.3 治理方案

经分析研究，决定采用大直径束状孔阶段深孔大参数整体区域崩落，局部辅以中深孔辅助崩落、周边小硐室切割隔火矿柱、块体隔离和斜面放矿的总体治理方案。先行将 560m 以下关键部位的空区进行充填，以提高上部采场的稳定性，避免上下采空区间的剪切破坏，560m 以上的采场进行整体崩落，包括 11 号、12 号、13 号、14 号采场及隔火矿柱。

在 12 号和 14 号采场内均分布有原设计分段空场法的分层凿岩巷道，并部分进行了回采。大量的分段巷道、浅采空区以及局部垮落是整体崩落布孔设计的不利条件。爆区范围有浅采空区 7.14 万立方米，巷道空间总量 1.78 万立方米，共计 8.92 万立方米，残矿矿量 77 万吨，总体上属于轻挤压爆破。

5.3.1.4 采准工程

由于584m、596m、613m、625m水平分段巷道和矿柱破坏严重，安全性差，无法布置凿岩工程。选择在条件比较好的635m水平布置凿岩硐室，实行阶段深孔凿岩的集中作业。

爆破凿岩硐室由原有采准进路局部扩帮而成，高4m。由于不规则空区及分段巷道较多，在设计时，把各水平的空区与巷道工程进行复合分析，确定可凿岩范围，使炮孔能够从635m水平控制到570m水平（图5－2）。

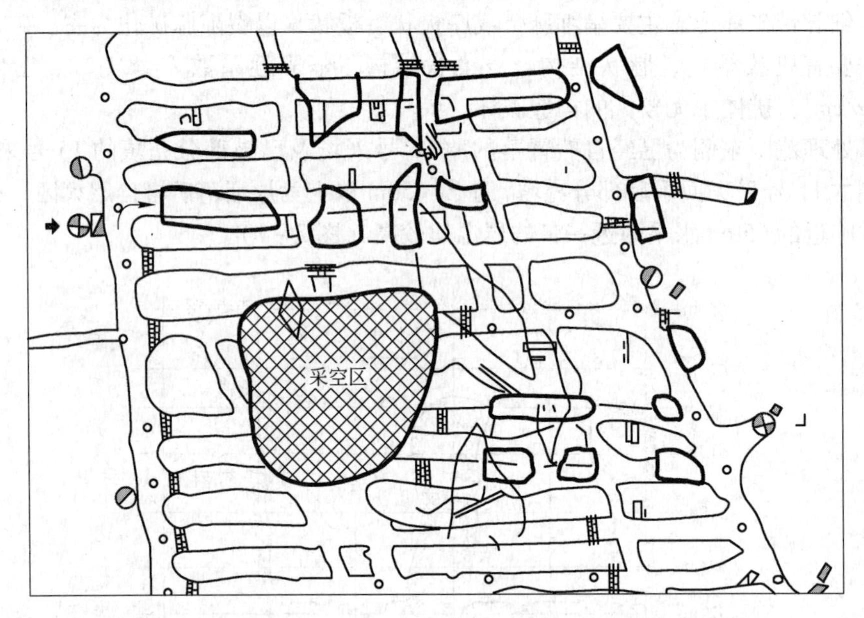

图5－2 最终所确定的能从635m打到570m水平的凿岩范围

根据复合结果，在635m水平布置炮孔，除部分孔落至613m水平的空区上（这部分孔深应以打孔过程中实际打通空区时的孔深为准）外，其他孔均打至570m水平（图5－3、图5－4）。炮孔直径165mm。组成束孔的炮孔个数，根据抵抗线3～9个不等，分别采用线形、方形、长方形、三角形等不同的布孔方式（图5－5）。

由于部分孔距空区边界较近，为避免其落入空区，同时为避免相临孔相互穿孔，打孔过程中应严格控制偏斜率。共布置177个孔，总孔深预计为9855m。

在大孔控制不了的部分，在570m、584m水平局部补充上向中深孔。

625m水平至650m是隔火矿柱，由于火区的影响，岩石温度较高，为了避免孔内高温条件下爆破作业的危险性，设计在635m水平布置3个小硐室进行爆破，强制崩落隔火矿柱。

堑沟底部结构布置于560m水平，铲运机出矿。

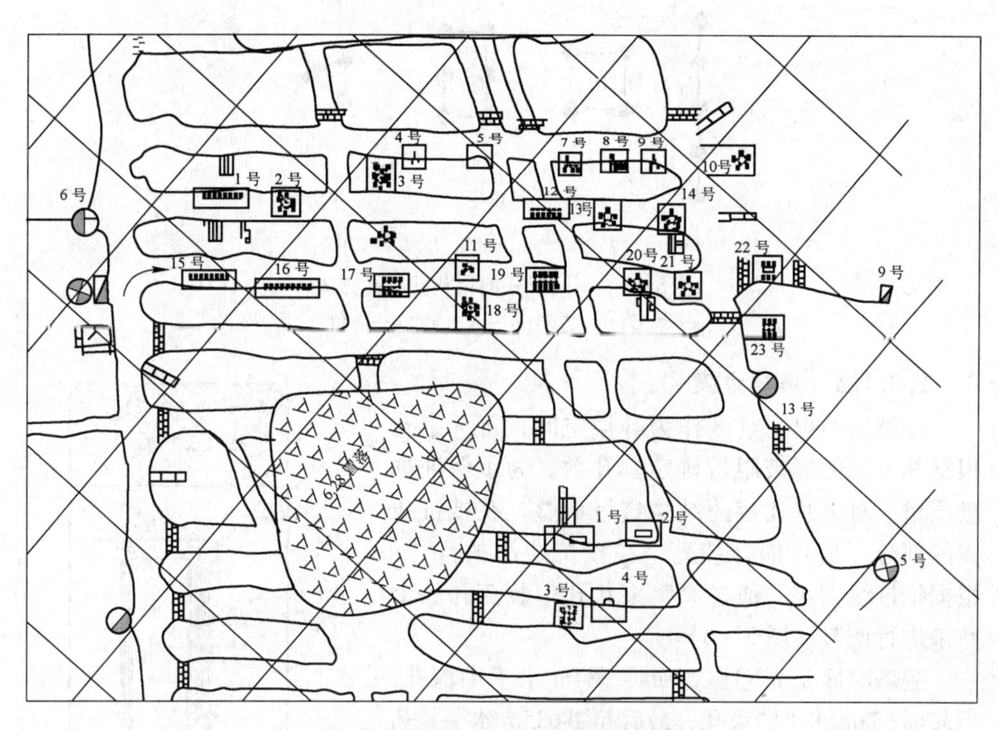

图5-3 635m水平炮孔布置平面图

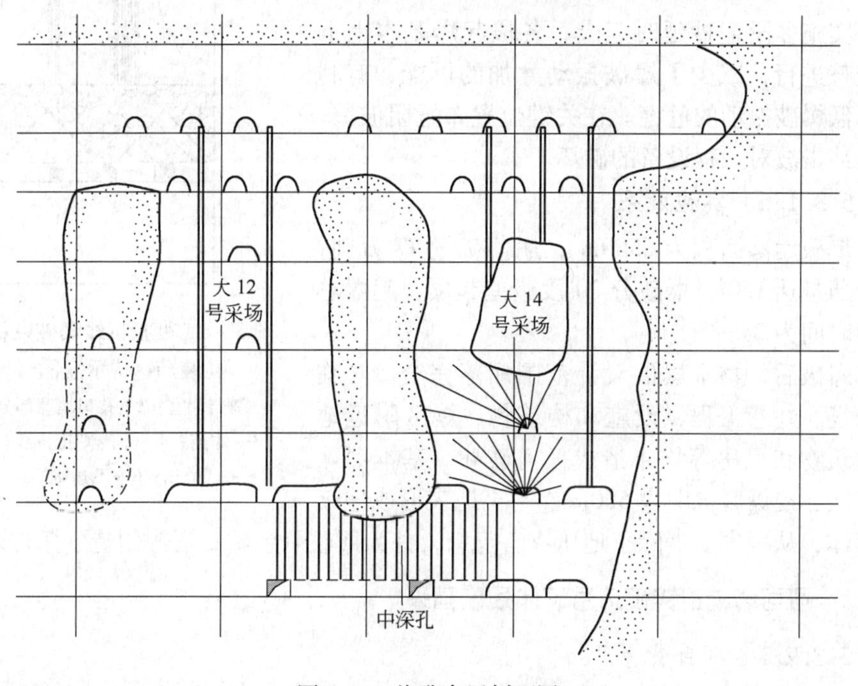

图5-4 炮孔布置剖面图

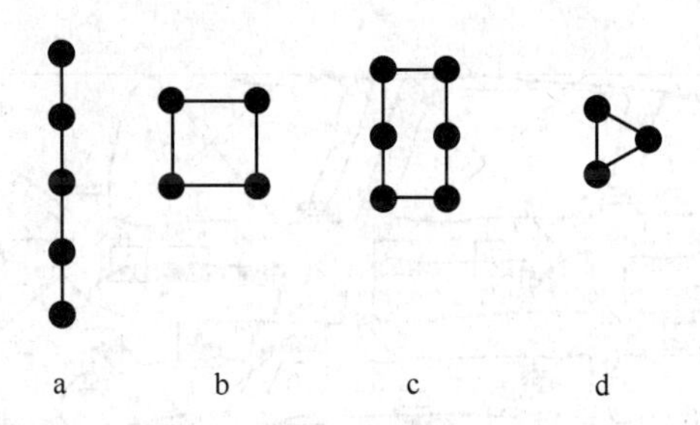

图5-5 不同形式的束状孔布孔方式

a—线形；b—方形；c—长方形；d—三角形

5.3.1.5 爆破方案

爆破以不规则空区作为补偿空间，每一束孔根据其不同的爆破阻抗确定其孔数。为了保证爆破质量，对束状孔装药结构进行调整。在抵抗线大的部分，全孔耦合装药，在抵抗线小的部分，根据抵抗线大小，通过调整束状孔中装药孔的个数来进行调节（图5-6）。

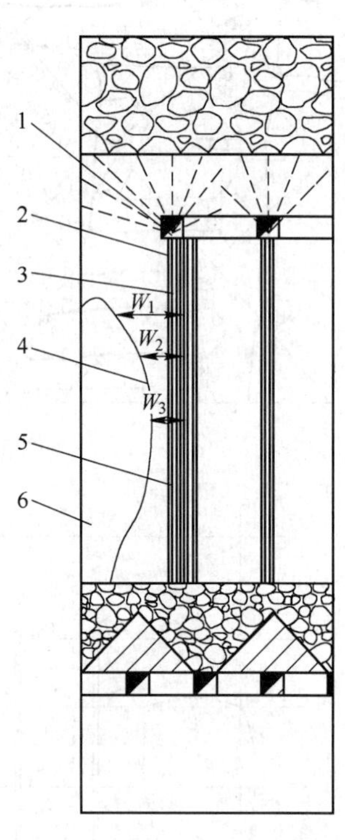

图5-6 变抵抗线爆破束状孔装药结构示意图

1—凿岩硐室；2—孔口堵塞部分；3—炸药；4—不规则抵抗线；5—充填物；6—不规则空区

起爆顺序是先起爆570m、584m水平中深孔，后起爆635m水平的束孔，最后起爆635m水平装药硐室。

实施多段毫秒延时起爆，各段起爆基本上下盘交替进行，减少了爆破振动叠加的可能，有利于降低爆破振动的危害。在关键位置布置阻波墙，防止冲击波对工程设备的破坏。

5.3.1.6 实施效果

爆破崩落面积为6500m^2，崩落矿量77万吨，总装药量达150t，爆破分20段微差起爆，起爆总延续时间为2s。

爆破后，整个爆区设计范围崩落完全，对临近采场、井巷工程、设施和构筑物、爆区附近地表建筑物和民房等均未造成任何破坏。基本消除了空区，使爆区范围内560m水平至地表形成连续崩落体，从根本上消除了地压灾害隐患，并为回收剩余矿石资源创造了条件。

5.3.2 可可塔勒铅锌矿7号矿体残矿回采

5.3.2.1 项目背景

新疆富蕴县可可塔勒铅锌矿是一座设计生产能力为2500t/d的改建矿山。为尽快达产，该矿欲首先强化7号矿体3－7线剩余矿量的开采并达到1500t/d的供矿能力。[2]

7号矿体3－7线是各矿体中的厚大、品位高、矿量比较集中的矿段，该矿段基本呈筒状急倾斜，平均厚度24m，最大80m。在启动改扩建工程以前，该区域内的864m以上各中段已进行了凌乱无序地开采，形成大量大小不一的不规则空区，基本分布于7－13线863～1200m标高。据探查，区域内空区共50个，总体积50.1万立方米。残矿以不同形态和不同尺度的矿柱嵌含其中，总计剩余矿柱矿量500万吨左右（图5－7）。经现场观测和模拟分析研究，矿柱群基本处于稳定状态。

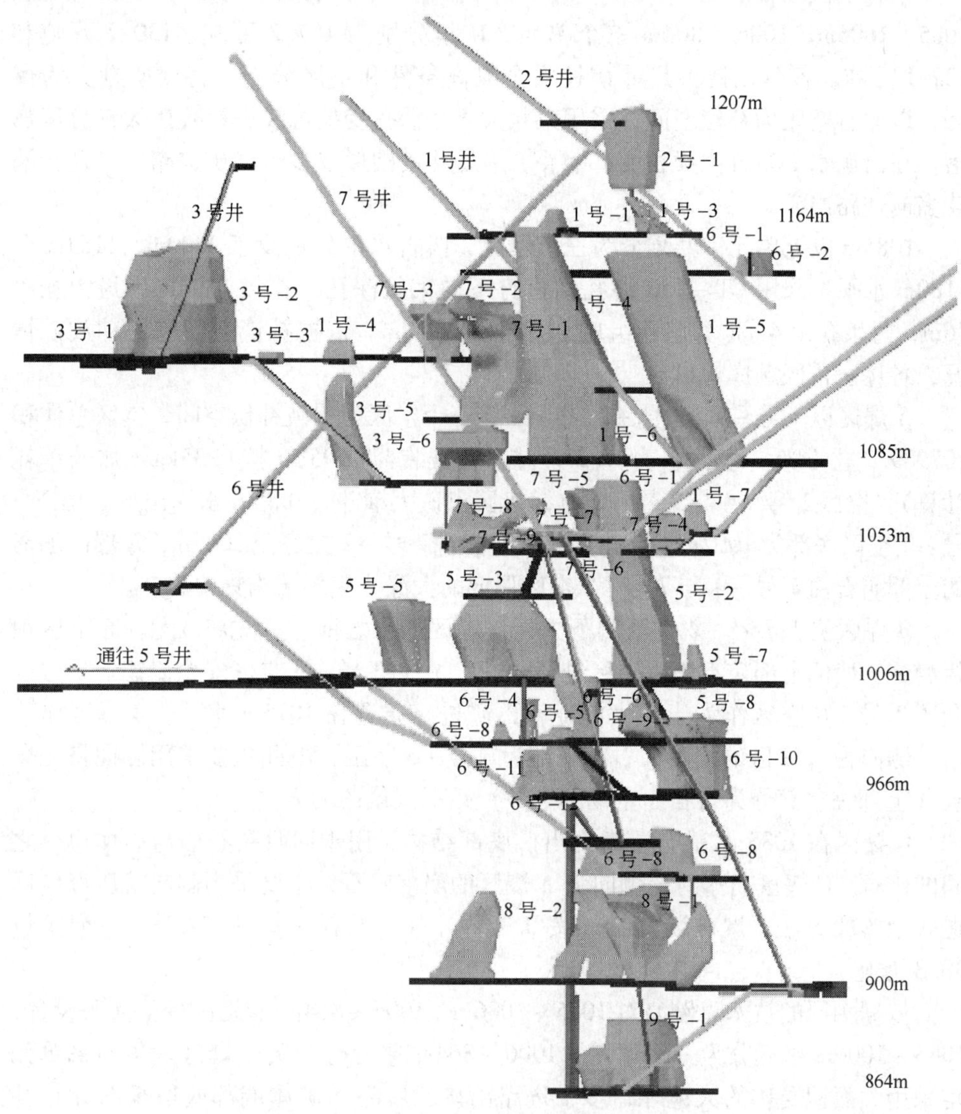

图5－7 可可塔勒铅锌矿采空区分布示意图

由于7号矿体3－7线范围864m以上的残矿基本是被大小形状不一的空区分割开的不连续矿柱，无法采用常规的采矿方法进行回收。从安全、资源回收、地压控制、效率和效益的综合效果看，如何在极其复杂、凌乱的条件下，将残矿划分为较大单元，通过合理的技术设计，采用在工程实施方面有较强实用性和灵活性的爆破技术和高效率配套设备，进行残矿的大量有序崩落和集中大量放矿，是7号矿体残矿回采方案选择的一个比较准确的技术思路。

5.3.2.2 处理方案

结合空区分布情况，将3－7线残矿在垂直方向自上而下划分为1085m以上、1085～1006m、1006～864m三个单元，矿量分别为197.2万吨、130.7万吨和122.1万吨。各单元视大尺寸矿柱安全隔离条件和空区分布，将残矿划分为爆区，以原有空区为补偿空间，采用束状大直径深孔变抵抗线进行残矿大量分区崩落。在出矿水平布置大面积受矿漏斗，沿漏斗周围形成多个出矿进路，实现大漏斗多向进路出矿。

1085m以上单元，共划分为三个爆区，凿岩水平分别设于2000m、1164m和1180m水平。采用CT－150潜孔钻机打下向束状深孔，孔径150mm，最大孔深46m，每束孔由4～8个炮孔组成，抵抗线6～9m。依据补偿空间和松动放矿情况，各爆区依次顺序爆破。

A爆区以1号－4、7号－2、7号－3三个空区为爆破补偿空间，空区总体积107989.2立方米，总崩落量27.2万吨，爆破装药量95t（按0.35kg/t炸药单耗计算）。空区1号－4与7号－2为A爆区出矿大漏斗，1085m水平出矿。由于7号－2空区底部为1097m，因此大爆破前需将7号－2拉底至1085m，A爆区崩落的全部矿石由1号－4与7号－2空区形成的大漏斗底部结构集中出矿。

B爆区位于7号－2空区侧下方，该爆区回采之前，应先将3号－6空区顶板崩透，使侧上部矿石落入空区进行充填，减少3号－6空区安全隐患。B爆区利用3号－6空区作为出矿大漏斗，出矿进路布置在1075m水平。B爆区崩落时，侧向为A爆区的崩落矿石，下部为3号－6空区，因此主要采用侧向挤压爆破（上部临空部分为含自由空场的爆破）后退式崩落的方法。

C爆区在1085水平布置堑沟出矿底部结构，用于回收夹石层与矿体边界之间的矿石。C爆区崩落时，侧向为A爆区的崩落矿石，主要采用侧向挤压爆破后退式崩落的方法。爆破装药量（按0.35kg/t炸药单耗计算）107.7t，总崩矿量30.8万吨。

依据相同的技术思路，对1085～1006m、1006～864m单元进行了回采设计，1085～1006m单元分为三个爆区，1006～864m单元分为两个爆区。各回采单元均采用大面积受矿的大漏斗，多个进路出矿，局部（矿体端部或边缘部分）补掘了少量堑沟进路底部结构。进路出矿采用CY－3型3.1m^3铲运机。两台铲运机同时作业，可使7号矿体残矿回采达到1500t/d生产能力。

可可塔勒铅锌矿采空区首采段采区划分与炮孔布置如图5-8所示。

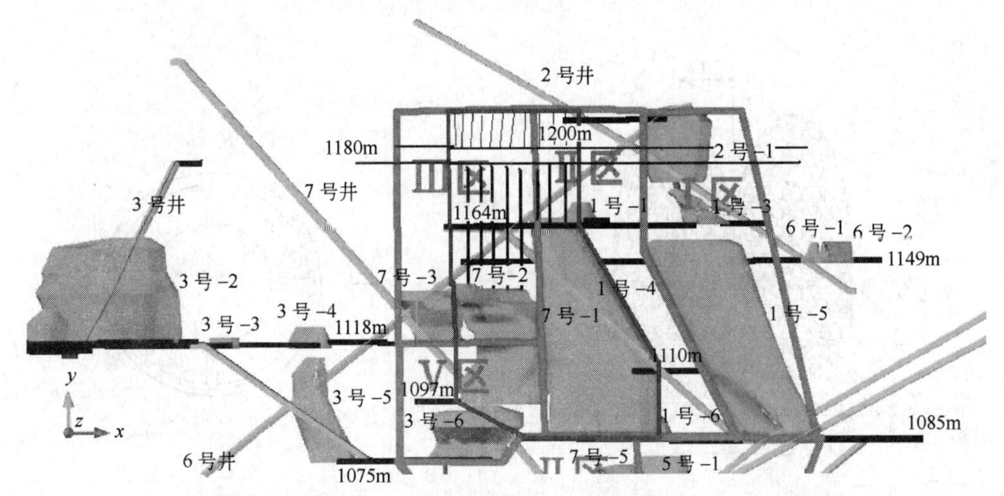

图5-8 可可塔勒铅锌矿采空区首采段采区划分与炮孔布置

5.3.2.3 底部结构

采场底部结构是采矿工艺设计中的重要内容，在很大程度上对采场生产能力、劳动生产率、矿石贫化损失、回采作业成本和出矿作业安全均构成重大影响。因而针对具体的回采工艺，选择合理的底部结构，是采矿设计的关键之一。

大漏斗出矿结构一般指高度在15~20m以上、受矿面积上千平方米以上的漏斗出矿结构，国外有的大型矿山在一些高阶段超大采场设计中采用高达30m的大漏斗底部结构。一般而言，漏斗底部结构参数须与采场尺寸相适应，采用大漏斗底部结构时，采场应有足够的面积及高度，使漏斗受矿在水平方向上及垂直方向上均能与放矿体形态相吻合。为简单起见，这里以圆形空区底部（图5-9）为例进行分析。

采用大漏斗底部结构时，可以一定距离围绕空区底部布置环形联络道，从环形联络道按一定间距向空区底部掘出矿进路。出矿点事实上是沿空区底部边缘布置，因此对空区底部尺寸及形态有一定要求。

5.3.2.4 1085~1200m首采段大漏斗底部集中出矿工程布置

束状孔区域整体崩落采矿将一定范围内的空区群作为一个整体，无论是水平崩落面积，还是垂直崩落高度均具一定规模，这就为大漏斗底部出矿结构的应用提供了可能。

多空区复杂条件下的残矿开采中，受残矿赋存形态及空区条件的约束，一般可以选择的底部结构形式及布置空间均有限。束状孔区域整体崩落时，根据7号矿体残采1085~1200m首采区域总体回采方案：1085m及1075m为出矿水平，两水平分别以空区1号-4、7号-2和3号-6下部为空间，在其底部扩漏形成大漏斗出矿结构。在此以1075m采准工程为例进行说明，如图5-10所示。

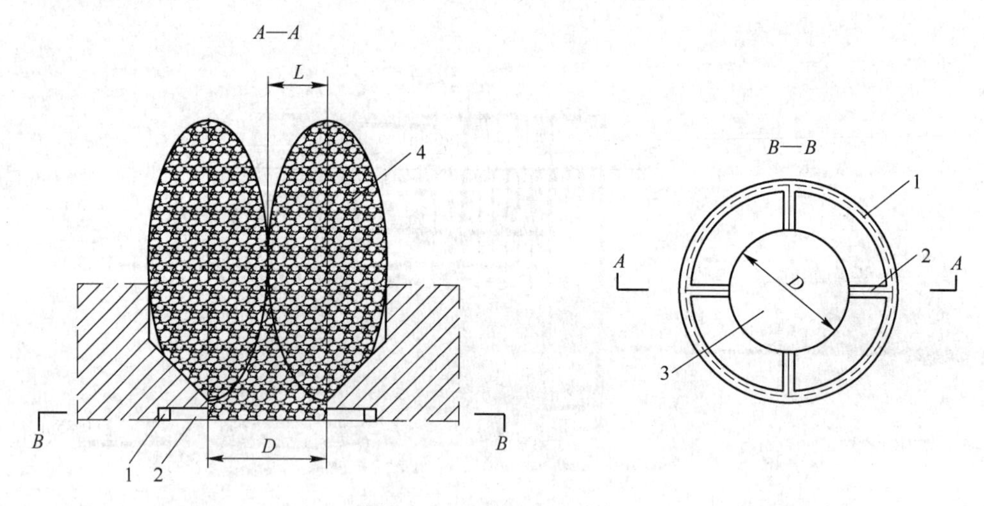

图5-9　大漏斗出矿结构

1—环形联络道；2—出矿进路；3—空区底部；4—放矿椭球体

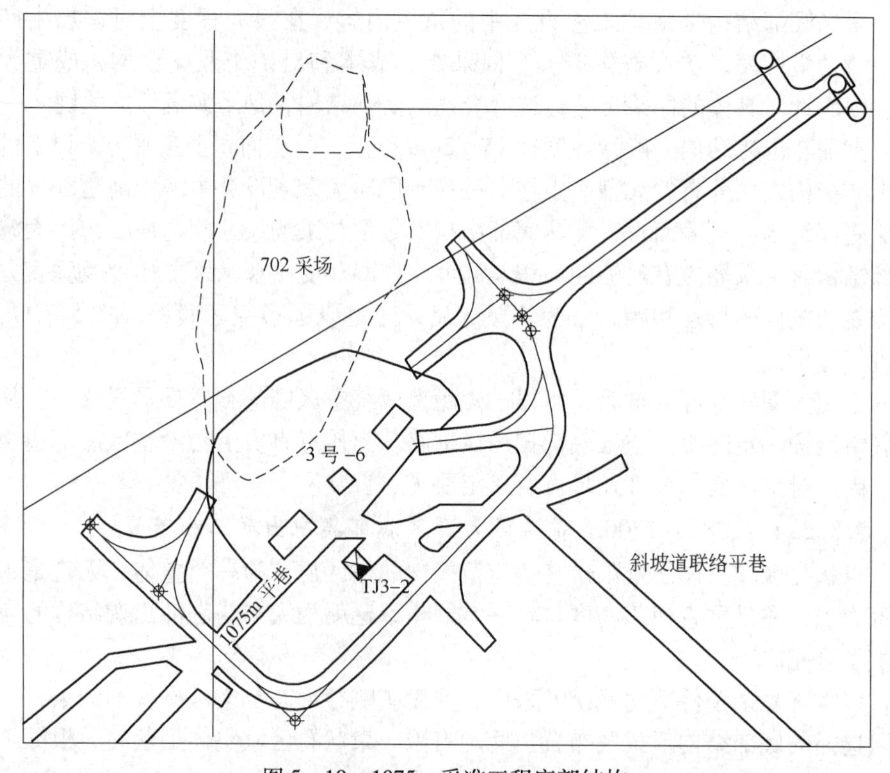

图5-10　1075m采准工程底部结构

1075m 采准工程底部大漏斗集中出矿结构以空区 3 号 -6 下部为空间，在空区安全距离之外围绕空区底部布置联络道，从环形联络道按一定间距向空区底部掘出矿进路。进路长度应满足铲运机出矿需要，不小于 15m。出矿进路可尽量多布置以适应放矿椭球体形态，减少放矿脊部损失，但进路间距不小于 8m。环形联络道及出矿进路布置尽可能利用原有巷道，以节约工程量。因此，1075m 采准工程大漏斗底部结构不但可以简化底部结构施工工艺，而且将空区不利因素转化为底部结构可利用的空间以减少采准工程量、节约投资。

5.3.3 赤峰国维矿束状孔强制与诱导崩落回采残矿

5.3.3.1 项目背景

赤峰国维矿原属民企矿山，由于技术应用不合理和设备条件的限制，采用浅孔留矿法生产，中段高 40m，只能回采 15~16m，每个中段都有 20m 左右的剩余高度没有采下来。目前采矿深度到第 4 中段，垂直深度 160m。被铜陵有色公司收购后，为了维持生产系统的正常运转，在加快技术系统的改造同时，仍不得不暂时沿用该矿原有的采矿方案，对于大量遗留半截采场的进一步回采是一个难题。[3,4]

部分空区上面，地表已经出现裂缝和局部塌陷，造成了很大的安全隐患，急需处理。

5.3.3.2 矿岩特性与开采技术条件

Ⅱ号矿体分布在Ⅰ号矿体北西侧，地表控制长度 300m，呈弯曲脉状，倾向北西，倾角 70°。地表出露宽度不等，矿体较连续，且延深较大，沿走向和倾向组分变化较大。

矿体围岩为混合花岗岩、正长斑岩及少量的白云母花岗岩，岩石比较坚硬。但由于岩石裂隙比较发育，降低了岩石原有的力学性质。其风化裂隙发育深度 13.80~57.89m，此带内岩石多裂隙成块状到碎片状。断层带宽多为 0.15~0.35m，由于断层带内多有泥质存在，属软弱夹层，常见一些大的裂隙亦夹有厚 1~2mm 的泥和碎屑物质。断裂及裂隙有的往往又是储水空间，增加了岩石滑动的因素。所以断裂和裂隙发育的地段，其稳固性比较差。

从矿区内坑道观察，裂隙及裂隙交叉部位，当出现临空面时，易沿其倾向坑道内的结构面滑下。矿体围岩由古老变质岩和岩浆岩组成，以块状结构为主，除风化裂隙带岩石比较破碎以外，原生带岩石还是比较完整的，一般稳固性比较好。

1 中段即 850m 水平以上，包括采场底柱、间柱和采场上部 20m 高半截采场，由于其稳定性极差，已无法布置工程回采矿柱和进行空区处理作业。

5.3.3.3 回采方案

针对该矿的开采现状及剩余矿石资源的回收技术条件，选择了束状孔强制崩落与诱导自然崩落结合的采矿技术，即对于2中段的半截采场和矿柱采用束状深孔一次性崩落，因矿柱系统支撑作用的解除，诱导裂隙发育破坏严重的1中段半截采场和矿柱的全面积自然崩落，贯通地表释放地应力。

由于850m水平以上无法布置工程，在840m水平布置凿岩巷道，通过斜坡道与850m水平已有工程连通。

采场剖面图如图5－11所示。

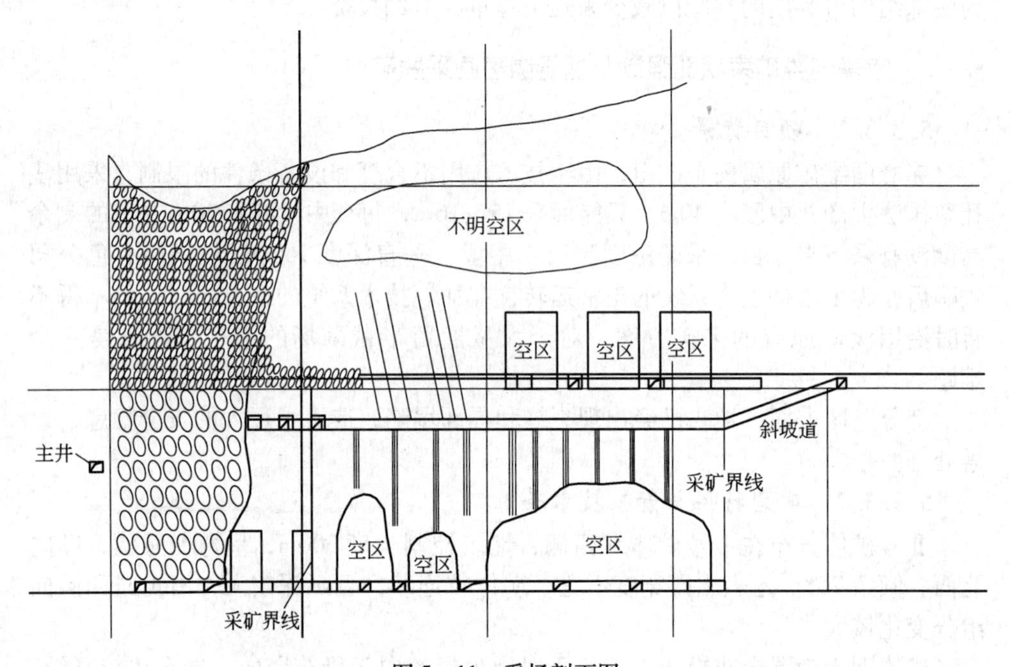

图5－11 采场剖面图

起爆顺序：先起爆16号、20号、21号束孔，贯通空区，再以此为自由面侧向崩落其他束孔，总体顺序为从东到西（图5－12）。

采场采用非电雷管起爆系统，共分18段起爆，最大单段药量3t，为距离斜井较远的17段。非电雷管116发，导爆索8200m。爆破控矿量5.2万吨，总药量19t，炸药单耗0.36kg/t。

为防止空气冲击波的危害，在关键位置建立了3道阻波墙。为了保护临近的斜井，降低采场东边孔的同段起爆药量，每一段只起爆一束炮孔。

5.3.3.4 爆破工程实施与效果

2010年4月成功实施了试验采场的爆破，崩落矿量5.2万吨。经检查，爆破区域完全崩落，使2中段强制崩落区、2中段诱导崩落区至地表形成连续的崩落体，块度适中，对临近的斜井没有产生破坏作用。空区贯通到地表，地应力得到释放。达到了回收资源与处理地压隐患的目的，取得了预期效果。

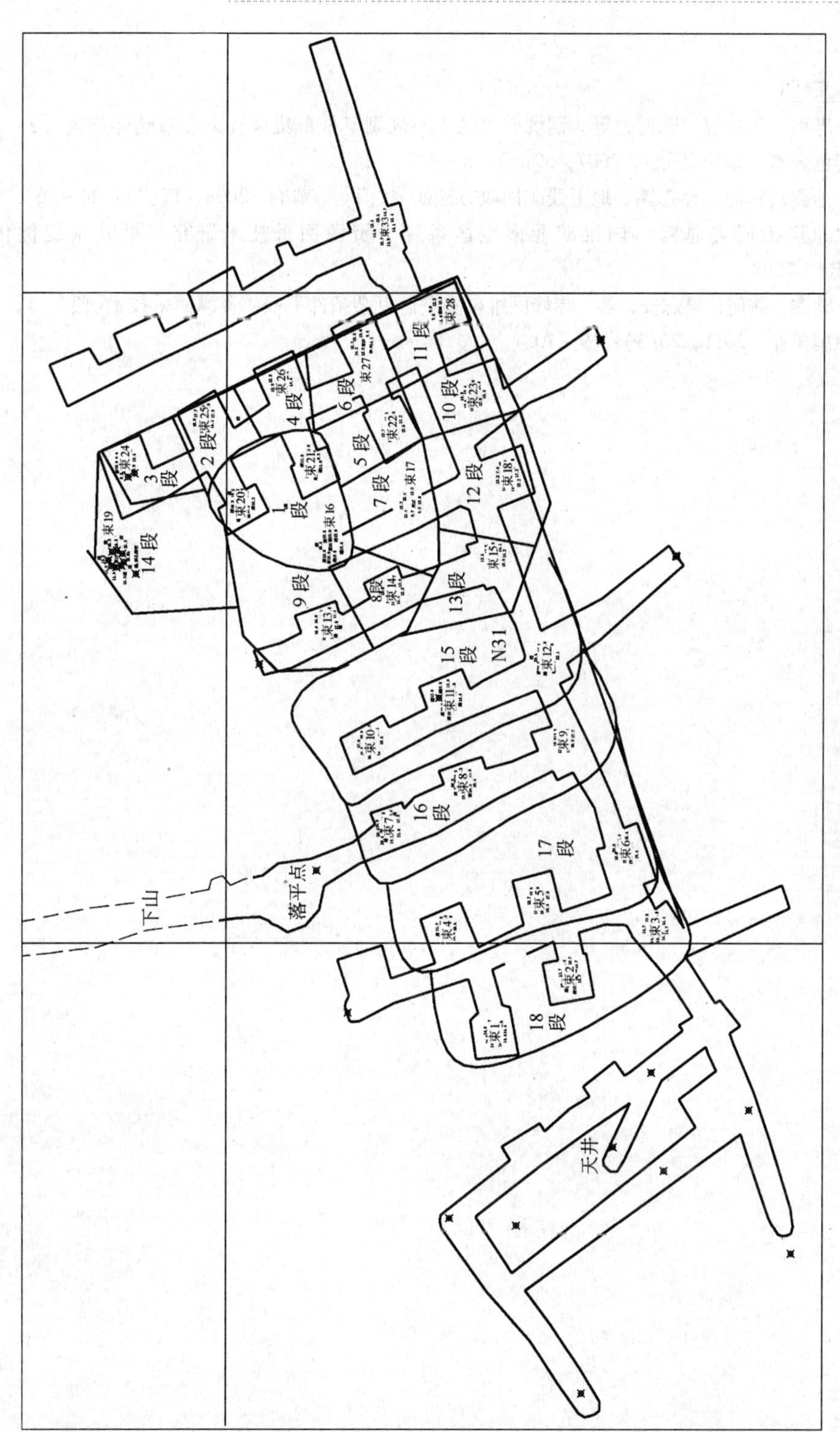

图 5-12 采场布孔及起爆顺序

参考文献

[1] 孙忠铭，张友宝，陈何，等．铜坑矿火区下不规则矿柱群集束孔大参数整体崩落［J］．有色金属（矿山部分），2007，59(4)：5～8.

[2] 王湖鑫，陈何，孙忠铭．地下残矿回收方法研究［J］．矿冶，2008，17(2)：24～26.

[3] 北京矿冶研究总院．国维矿业多空区条件下资源回采技术研究与提升系统优化［R］．2008.

[4] 王湖鑫，陈何，吴志安，等．赤峰国维矿多空区复杂条件下残矿资源回采技术研究［J］．中国矿业，2011，20(3)：69～70.

6 地下大直径深孔大量落矿爆破工艺设计

6.1 地下大量落矿爆破技术条件分析

6.1.1 地下大型矿山合理爆破规模和爆破周期

采场作为矿山矿石的生产单元，其生产能力取决于采矿作业周期，包括凿岩、爆破、通风、支护、出矿、充填等作业工序。由于作业的危险性，矿山爆破时不能同时进行其他工序的作业，爆破后需进行通风、安全检查等作业，每次爆破占用的工时数较多。对于大型矿山而言，频繁的爆破作业将降低采场生产能力，增加回采采场数和安全生产管理的难度。因此，地下大型矿山确定合理的爆破规模和爆破周期显得尤为重要。

根据矿山生产实际，一般5~10d进行一次大爆破落矿较合适，爆破规模与爆破周期内的产量相匹配。以年产300万吨矿石为例，矿山每天出矿能力按1万吨计，则一次爆破规模5万吨左右较为合适。

6.1.2 爆破技术条件及爆破工程地质

6.1.2.1 *岩石的性质及工程分级*

岩石是一种或数种矿物的聚集体，按成因分为岩浆岩、沉积岩和变质岩三大类。

岩浆岩是由埋藏在地壳深处的岩浆上升冷凝或喷出地表形成的，其特性与其产状、结构、构造有密切关系。岩浆岩一般由结晶的矿物颗粒组成，结晶颗粒越细、结构越致密，则其强度越高、坚固性越好。常见的岩浆岩有花岗岩、闪长岩、辉绿岩、玄武岩、流纹岩、火山角砾岩等。

沉积岩是地表母岩经风化剥离或溶解后，再经过搬运和沉积，在常温常压下固结形成的岩石。其坚固性除与矿物颗粒成分、粒度和形状有关以外，还与胶结物成分和颗粒间胶结的强弱有关。常见的石灰岩、砂岩、页岩、砾岩等都是沉积岩。

变质岩是岩浆岩或沉积岩经过强烈变化而形成的。一般来说，它的变质程度越高、重新结晶越好、结构越紧密，坚固性越好。常见的变质岩如花岗片麻岩、大理岩、板岩、石英岩、千枚岩等。

6.1.2.2 岩石的主要物理性质

与爆破有关的岩石物理性质主要包括：容重、相对密度、密度、孔隙度、碎胀性、耐风化侵蚀性等，它们与组成岩石的各种矿物成分的性质及其结构、构造和风化程度等方面有关。岩石的容重就是单位体积的岩石质量，即：

$$\gamma = \frac{W}{V} \tag{6-1}$$

式中 W——岩样的质量，g；

V——岩样的体积，cm^3；

γ——容重，g/cm^3。

岩石中具有不同程度的孔隙和裂隙，岩石具有孔隙和裂隙这种特性称为岩石的空隙性。表 6-1 列出了一些岩石的容重和孔隙度。

表 6-1 一些岩石的容重和孔隙度

岩 石	容重/$g \cdot cm^{-3}$	孔隙度/%	岩 石	容重/$g \cdot cm^{-3}$	孔隙度/%
花岗岩	2.6~2.7	0.5~1.5	页岩	2.0~2.4	10.0~30.0
粗玄岩	3.0~3.05	0.1~0.5	石灰岩	2.2~2.6	5.0~20.0
流纹岩	2.4~2.6	4.0~6.0	白云岩	2.5~2.6	1.0~5.0
安山岩	2.2~2.3	10.0~15.0	片麻岩	2.9~3.0	0.5~1.5
辉长岩	3.0~3.1	0.1~0.2	大理岩	2.6~2.7	0.5~2.0
玄武岩	2.8~2.9	0.1~1.0	石英岩	2.65	0.1~0.5
砂岩	2.0~2.6	5.0~25.0	板岩	2.6~2.7	0.1~0.5

岩石的波阻抗是指岩石的密度与纵波在岩石中传播速度的乘积。它表征岩石对纵波传播的阻尼作用，与炸药爆炸后传给岩石的总能量及这种能量传给岩石的效率有直接关系，是衡量岩石可爆性的一个重要指标。

岩石的风化程度是指岩石在地质内营力和外营力的作用下发生破坏疏松的程度。一般来说，随着风化程度的增大，岩石的空隙度和变形性增大，强度和弹性性能降低。岩石的风化程度划分见表 6-2。

表 6-2 岩石的风化程度划分

I_m/%	0~10	10~25	25~75	75~100
风化程度	未风化	轻微风化	中等风化	严重风化

6.1.2.3 岩石的力学性质

岩石的力学性质是指岩石抵抗外力作用的性能。岩石开始破坏时的强度称为岩石的极限强度。岩石的力学性质包括弹性、塑性、脆性、韧性、流度、松弛、弹性后效和强化等变形性质。

连续加载条件下岩石的应力—应变关系表明，岩石具有较高的抗压强度而具有较小的抗拉和抗剪强度，一般抗拉强度比抗压强度小90% ~98%，抗剪强度比抗压强度小87.5% ~91.7%。

岩石以脆性破坏为主，岩石的抗拉、抗弯、抗剪强度均远比其抗压强度小（表6－3和表6－4）。

表6－3 某些岩石的力学强度值

岩石名称	抗压强度/MPa	抗拉强度/MPa	弹性模量/GPa	泊松比	内摩擦角/(°)	内聚力/MPa
花岗岩	100~250	7~25	50~100	0.2~0.3	45~60	14~50
流纹岩	180~300	15~30	50~100	0.1~0.25	45~60	10~50
安山岩	100~250	10~20	50~120	0.2~0.3	45~50	10~40
辉长岩	180~300	15~35	70~150	0.1~0.2	50~55	10~50
玄武岩	150~300	10~30	60~120	0.1~0.35	48~55	20~60
砂岩	20~200	4~25	10~100	0.2~0.3	35~50	8~40
页岩	10~100	2~10	20~80	0.2~0.4	15~30	3~20
石灰岩	50~200	5~20	50~100	0.2~0.35	35~50	10~50
白云岩	80~250	15~25	40~80	0.2~0.35	35~50	20~50
片麻岩	50~200	5~20	10~100	0.2~0.35	35~50	3~5
大理岩	100~250	7~20	10~90	0.2~0.35	35~50	15~30
石英岩	150~350	10~30	60~200	0.1~0.25	50~60	20~60
板岩	60~200	7~15	20~80	0.2~0.3	45~60	2~20

表6－4 岩石强度的相对值

岩 石	相对于单轴抗压强度值		
	抗拉强度	抗弯强度	抗剪强度
花岗岩	0.02~0.04	0.08	0.09
砂岩	0.02~0.05	0.06~0.2	0.10~0.12
石灰岩	0.04~0.10	0.08~0.10	0.15

6.1.2.4 *岩石的动力学性质*

A 岩石的动、静抗压及抗拉强度值

岩石的动、静抗压及抗拉强度值见表6－5。

表 6-5 岩石的动、静抗压及抗拉强度值（日本资料）

岩石名称	容重 /g·cm^{-3}	应力波速度 /m·s^{-1}	抗压强度/MPa		抗拉强度/MPa		加载速度 /MPa·s^{-1}	加载持续时间 /ms
			静载	动载	静载	动载		
大理石	2.7	4500~6000	90~110	120~200	5~9	20~40	10^7~10^8	10~30
砂岩Ⅰ	2.6	3700~4300	100~140	120~200	8~9	50~70	10^7~10^8	20~30
砂岩Ⅱ	2.0	1800~3500	15~25	20~50	2~3	10~20	10^6~10^7	50~100
砂岩Ⅲ	2.7	4100~5100	200~240	350~500	16~23	20~30	10^7~10^8	10~20
辉绿岩	2.8	5300~6000	320~350	700~800	22~32	50~60	10^7~10^8	20~50
石英闪长岩	2.6	3700~5900	240~300	300~400	11~19	20~30	10^7~10^8	30~60

B 爆炸冲击载荷作用下岩体的应力特征

炸药爆炸时的载荷是一个突变的变速载荷，最初是对岩体产生冲击载荷，压力在极短时间内上升到峰值，其后迅速下降，后期形成似静态压力。冲击载荷在岩体中形成了应力波，并迅速向外传播。

冲击荷载对岩体的作用主要特点有：

（1）冲击荷载作用下，形成的应力场（应力分布及大小）与岩石性质有关（静载则与岩性无关）。

（2）冲击荷载作用下，岩石内质点将产生运动，岩体内发生的各种现象都带有动态特点。

（3）冲击荷载在岩体内所引起的应力、应变和位移都是以波动形式传播的，空间内应力分布随时间而变化，而且分布非常不均。

炸药在岩体内爆炸时，若作用在岩体上的冲击荷载超过临界应力，首先形成的就是冲击波，尔后随距离衰减为非稳态冲击波、弹塑性波、弹性应力波和爆炸地震波。

岩石的破裂是在爆炸应力波的拉伸作用下，而不是在压缩作用下产生的。表 6-6 列出了一些岩石的动态特性参数。

表 6-6 一些岩石的动态特性参数

岩　石	容重 /g·cm^{-3}	岩体纵波速 /km·s^{-1}	岩石杆件纵波速 /km·s^{-1}	泊松比	弹性模量 /GPa	剪切模量 /GPa	体积压缩模量 /GPa	拉梅常数 /GPa	横波速 /km·s^{-1}	波阻抗 /kg·cm^{-2}·s^{-1}
砂	1.4~2	0.3~1.3			0.03					0.42~2.6
黏土	1.4~2.5	0.8~3.3			0.03					1.12~8.2
石灰岩	2.42	3.43	2.92	0.26	21.7	8.5	17.1	9.1	1.86	8.3
石灰岩	2.7	6.33	5.16	0.33	73.1	27.4	43.6	55.6	3.7	17

续表 6－6

岩　石	容重 /g·cm^{-3}	岩体纵波速 /km·s^{-1}	岩石杆件纵波速 /km·s^{-1}	泊松比	弹性模量 /GPa	剪切模量 /GPa	体积压缩模量 /GPa	拉梅常数 /GPa	横波速 /km·s^{-1}	波阻抗 /kg·cm^{-2}·s^{-1}
白大理石	2.73	4.42	3.73	0.20	38.4	16	33.2	10.6	2.8	12.1
红大理石	2.73	5.47	4.43	0.26	67.5	26.8	47.4	29.4	3.1	14.9
黑大理石	2.82	5.9	4.46	0.32	57.4	21.8	70.9	38.5	3.28	16.6
砂岩	2.45	2.44～4.25		0.23～0.28	44.1	14.7	29.4	24.5	0.95～3.05	5.95～10.41
片岩	2.46	6.92	6.38	0.24	102.2	41.3	65	37.5	4.06	17
片岩	2.71	5.75	5.25	0.25	76	30.4	50.9	30.7	3.32	15.6
花岗岩	2.6	5.2	4.85	0.22	62	25.4	37.7	20.6	3.1	13.5
花岗片麻岩	2.71	6.41	5.23	0.33	75.7	28.4	75.9	57.1	3.2	17.4
白云岩	2.85	6.6	5.81	0.28	98.3	38.3	75.9	50.3	3.63	18.8
辉长-辉绿岩	2.85	5.4	5.0	0.26	74	28.8	55.8	31.2	3.14	15.4
辉长-辉绿岩	3.1	5.64	5.24	0.23	86	35.4	52.8	30.2	3.35	17.5
辉绿岩	2.87	6.34	5.67	0.27	93.8	36.9	67.9	43.3	3.56	18.2
细粒辉绿岩	3.04	7.53	6.73	0.27	140.3	55.1	102.4	64.6	4.22	22.6
辉绿玢岩	2.91	7.14	5.95	0.32	105	39.7	98.4	71.8	3.66	20.8
玢岩	2.93	6.41	5.42	0.31	88.5	33.8	77.8	55.1	3.36	18.8
石英岩	2.65	6.42	5.85	0.25	92.6	37.0	78.9	37.0	3.70	17
石英闪长岩	2.6	3.7～5.9								9.62～15.34
辉长岩	2.98	6.56							3.44	19.55
玄武岩	3.00	5.61							3.05	16.83
橄榄岩	3.28	7.98							4.08	26.17
板岩	2.8	3.66～4.45								10.25～12.46
页岩	2.35	1.83～3.97		0.22～0.40	29.4	9.8	19.6	9.8	1.01～2.28	4.30～9.33
煤	1.25	1.2	0.86	0.36	1.8	0.7	0.9	0.5	0.72	1.5
冲积层	1.54	0.5～1.96								0.77～3.02
土壤	1.15	0.15～0.76								0.17～0.87

6.1.2.5 岩石的工程分级

岩石的工程分级就是要在量上确定岩石破碎时的难易程度。岩石分级不仅能作为正确地采取破碎岩石方法的依据，也可作为爆破设计上合理选择爆破参数的准则，以及生产管理部门制订定额的参数。工程实践中最普遍的是用岩石的坚硬系数f值作为岩石工程分级的依据，它是由苏联 M. M. 普洛托亚可诺夫提出来的，所以叫做岩石的普氏分级法。普氏提出了许多确定f值的方法，目前只保留用下式确定：

$$f = \frac{P}{10} \tag{6-2}$$

式中 P——岩石的极限抗压强度，MPa。

水电、煤矿部门仍采用坚硬系数f分级，而铁路、公路对岩石分级则基本与此相反，为使两者分级对照，确定其爆破的单位炸药消耗量，详见表6－7。

表6－7 各种围岩的单位炸药消耗量及公路分级与水工分级对照表

坚实程度	岩石名称	计算炸药单耗 /kg·cm^{-3} 范围	计算炸药单耗 /kg·cm^{-3} 平均	抗压强度 /Pa	岩石密度 /t·cm^{-3}	公路铁路等级	普氏等级（f值）水工分级
土制	腐殖土、泥炭、软砂土、泥沙						X
松散	砂、砂堆、小砾石、填筑土、挖出的煤						Ⅸ
游动	游动土、沼泽土、稀薄的黄土及其他稀薄土壤						Ⅷ
软	黏土（致密）、黏土类土壤	0.12～0.18	0.15	0.1～0.3	1.4～1.8	Ⅰ	Ⅶ～Ⅵ（1～2）
软a	轻型沙质黏土、黄土、砾石						
尚软	软质页岩、极软石灰岩、白垩、岩盐、石膏、冻土、破碎砂岩、胶结的卵石与砾石、石质土壤						
尚软a	碎石土壤、破碎页岩、卵石与碎石的交互层、硬化黏土						
尚软	软质页岩、极软石灰岩、白垩、岩盐、石膏、冻土、破碎砂岩、胶结的卵石与砾石、石质土壤	0.18～0.27	0.255	0.2～0.45	1.75～2.35	Ⅱ	Ⅵ～Ⅴ（2～4）
尚软a	碎石土壤、破碎页岩、卵石与碎石的交互层、硬化黏土						
中等	坚实的砂质页岩、不坚实的砂岩和石灰岩、软的砾岩						
中等a	各种页岩（不坚实），致密的泥灰岩						

续表 6-7

坚实程度	岩石名称	计算炸药单耗 /kg·cm^{-3}		抗压强度 /Pa	岩石密度 /t·cm^{-3}	公路铁路等级	普氏等级 (*f* 值) 水工分级
		范围	平均				
中等	坚实的砂质页岩、不坚实的砂岩和石灰岩、软的砾岩						
中等 a	各种页岩（不坚实），致密的泥灰岩	0.27 ~ 0.38	0.32	0.3 ~ 0.65	2.20 ~ 2.55	Ⅲ	Ⅴ ~ Ⅳ (4 ~ 6)
尚坚实	普通砂岩、铁矿						
尚坚实 a	砂质页岩、页状砂岩						
尚坚实	普通砂岩、铁矿						
尚坚实 a	砂质页岩、页状砂岩						
坚实	致密的花岗岩和花岗岩类、很坚实的砂岩和石灰岩、石英矿脉、坚实的砾岩、很坚实的铁矿	0.38 ~ 0.52	0.45	0.5 ~ 0.9	2.50 ~ 2.80	Ⅳ	Ⅳ ~ Ⅲ (6 ~ 8)
坚实 a	石灰岩（坚实）、不坚实的花岗岩、坚实的砂岩、坚实的大理岩、白云岩、黄铁矿						
坚实	致密的花岗岩和花岗岩类、很坚实的砂岩和石灰岩、石英矿脉、坚实的砾岩、很坚实的铁矿	0.52 ~ 0.68	0.6	0.7 ~ 1.2	2.75 ~ 2.90	Ⅴ	Ⅲ (8 ~ 10)
坚实 a	石灰岩（坚实）、不坚实的花岗岩、坚实的砂岩、坚实的大理岩、白云岩、黄铁矿						
坚实	致密的花岗岩和花岗岩类、很坚实的砂岩和石灰岩、石英矿脉、坚实的砾岩、很坚实的铁矿						
坚实 a	石灰岩（坚实）、不坚实的花岗岩、坚实的砂岩、坚实的大理岩、白云岩、黄铁矿	0.68 ~ 0.88	0.78	1.1 ~ 1.6	2.85 ~ 3.00	Ⅵ	Ⅲ ~ Ⅱ (10 ~ 15)
很坚实	很坚实的花岩类，石英斑岩，很坚实的花岗岩、硅质页岩、石英岩、最坚实的砂岩、石灰						
很坚实	很坚实的花岩类，石英斑岩，很坚实的花岗岩、硅质页岩、石英岩、最坚实的砂岩、石灰	0.88 ~ 1.10	0.99	1.45 ~ 2.05	2.95 ~ 3.20	Ⅶ	Ⅱ ~ Ⅰ (15 ~ 20)
非常坚实	最坚实、致密、强韧的石英岩及玄武岩，非常坚实的其他岩层						

续表 6－7

坚实程度	岩 石 名 称	计算炸药单耗 /kg·cm^{-3}		抗压强度 /Pa	岩石密度 /t·cm^{-3}	公路铁路等级	普氏等级 (f值)水工分级
		范围	平均				
非常坚实	最坚实、致密、强韧的石英岩及玄武岩，非常坚实的其他岩层	1.10～1.37	1.285	1.95～2.5	3.15～3.40		Ⅰ(20)
非常坚实	最坚实、致密、强韧的石英岩及玄武岩，非常坚实的其他岩层	1.37～1.68	1.525	2.35～3.00	3.35～3.60		Ⅰ(20)
非常坚实	最坚实、致密、强韧的石英岩及玄武岩，非常坚实的其他岩层	1.68～2.03	1.855	≥2.85	≥3.55		Ⅰ(20)

6.1.2.6 地质条件对爆破作用的影响

对爆破作用影响的地质条件是指有关组成地壳岩体的各种构造形体及它们之间的接触面（即岩体结构面）的类型和空间分布特征，包括岩层层理、褶皱、断层、节理裂隙及相互之间的空间关系。

表示岩体结构面在空间的位置状态，称为岩体结构面的产状。岩层是由同一岩性组成的有两个平行界面所限制的层状岩体。层理是一组互相平行岩层的层间分界面。岩层厚度与岩体的工程力学性质有很大关系，在同一种岩石中，厚的岩层比薄的岩层工程力学性质要好。岩层厚度对岩体的可爆性和爆破后块度大小的影响十分明显。褶皱岩层受构造影响较大，岩体的工程力学性质较差，对爆破的影响也较大。节理、裂隙就是自然岩体的开裂或断裂。节理裂隙越发育，岩体的工程力学性越差。岩体发生断裂且两侧岩石沿断裂面发生较大移动的构造称为断层。片理是指岩石可沿片状矿物揭开的性质，其延伸不长；劈理则是一些平行排列的密集的裂隙面，它与片理共同的特点都是细小又密集地将岩石切成小薄片。

岩体构造特性常常影响到漏斗形状、破碎质量、抛掷方向以及炸药能量的分布，从而导致不同爆破效果。明显的裂隙能阻止应力波的传播而使破坏区范围受到限制，临近药包的裂隙能使爆轰气体过早外泄，使气体压力过早下降从而影响岩石的破碎和移动，还导致局部产生飞石的危险[1]。

6.1.3 爆破方案与爆破方法选择

地下大直径深孔大量落矿方法一般有水平分层落矿爆破及阶段深孔台阶爆破方法等。VCR（vertical crater retreat mining）是垂直深孔球状药包后退式崩矿方法的简称，它是在利文斯顿爆破漏斗理论基础上研究创造的、以球状药包爆破方式为特征的新的采矿方法。水平分层落矿以 VCR 方法及当量球形药包束状深孔分层爆破方法为主要方案，阶段深孔台阶爆破方法以阶段深孔侧向崩落及束状孔深孔爆破方法为主要方案。

6.1.3.1 垂直深孔球状药包后退式崩矿（VCR）方法

VCR 法的实质和特点是，在上部切割巷道内按一定孔距和排距钻凿大直径深孔到下部切割巷道，崩矿时自顶部平台装入长度不大于直径 6 倍的药包，然后沿采场全长和全宽按分层自下而上崩落一定厚度矿石，逐层将整个采高采完，下部切割巷道成为出矿巷道，其典型矿块回采如图 6－1 所示。

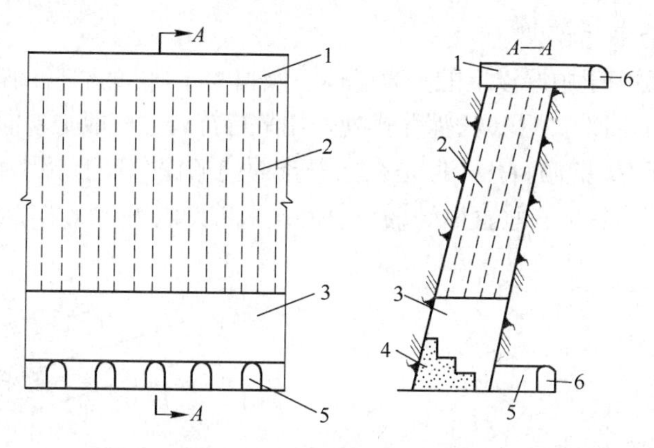

图 6－1 VCR 法采矿示意图

1—凿岩巷道；2—大直径深孔；3—拉底空间；
4—充填台阶；5—装矿巷道；6—运输巷道

VCR 法爆破的主要特点是：炮孔两端是敞开的，要求采用特殊装置，将药包停留在预定的位置上，所以装药是这种爆破方法非常关键的作业。当球状药包埋置在采场顶底板之间向下部自由空间爆破，即倒置漏斗爆破，就成为 VCR 法球状药包爆破技术的主要特点。

根据理论研究，各种形状的药包，如球状、柱状和平面药包在岩体中爆炸产生的球面波、圆柱状和平面波对炮孔壁的作用及其效应是不同的。一般认为球状药包爆破时爆破效果好的原因是：

（1）爆炸作用增大。根据爆轰理论，炮孔中药包爆炸，在同样装药密度情况下，药包直径、形状和起爆方式等条件不同时，孔壁受力状态和吸收的爆炸能量等有较大的差异。地下 VCR 法球状装药一般直径为 165mm，构成一球状药包。当装有雷管的药包或起爆弹起爆时，球状药包所产生的爆轰压力正面冲击孔壁，以同心球状应力波集中向四周岩体作用。这一集中作用的冲击压力，导致在矿岩内形成以同心球状向四周岩体作用的强应力波，它在自由面、弱面处反射成强拉伸波，对破碎临近自由面的矿岩十分有利，可增加破岩效果。

（2）从临近起爆孔传来比柱状药包强的应力波，先起爆的炮孔药包爆炸产生的应力场对后爆矿岩所起的预应力作用，以及破碎矿石在移动过程中相互碰撞、挤压作用等，都会使矿石更好的破碎。

(3) 倒置漏斗爆破，对矿石的破碎较好，崩下的矿石量较大。这是在倒置漏斗爆破条件下，破碎带内的矿石因重力作用全部崩落下来；而应力带内的矿石，当相邻漏斗爆破时，受到进一步破坏，并随之崩落，结果漏斗扩大尺寸扩大了。漏斗崩落的总高度可超过药包最佳埋深的几倍，如图 6－2 所示。球状药包爆破，因炸药能量利用率高，和柱状药包爆破比较，对矿石的破碎效果较好，崩矿量较大，炸药单耗较少。

VCR 法主要用于中厚以上的垂直矿体、倾角大于 60°的急倾斜矿体和倾角大于 60°的小矿块等的回采。VCR 法深孔排列采用平行排列，一般垂直向下如图 6－3 所示，也可钻大于 60°的倾斜孔，但是在同一排面内的深孔应互相平行，深孔间距在孔的全长上相等。目前在垂直爆破漏斗后退式采矿方法中广泛采用这种排列。

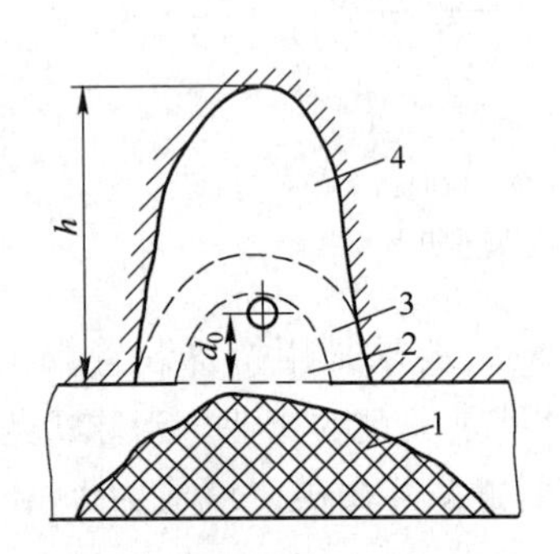

图 6－2　球状药包倒爆破漏斗
1—崩落矿石堆；2—真漏斗；
3—破碎带；4—应力带；
d_0—最佳埋深；h—冒落高度

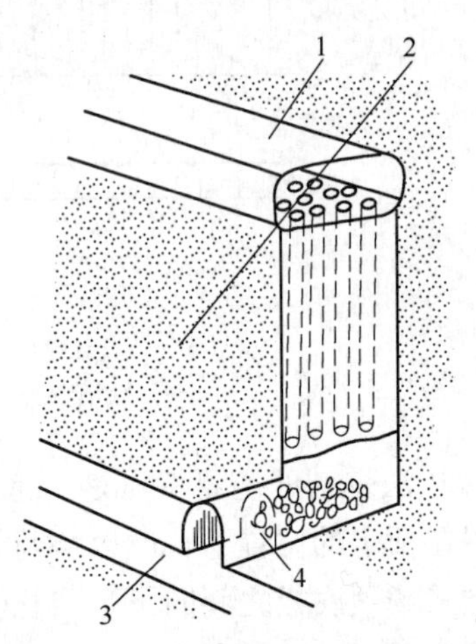

图 6－3　VCR 法分段爆破崩矿示意图
1—顶部平台；2—矿柱；
3—运输巷道；4—出矿巷道

VCR 法爆破方法的优缺点如下：

(1) 优点。在采准巷道中作业，工作条件好，安全程度高；应用球形药包爆破，充分利用炸药能量，破碎块度均匀，爆破效果好；矿块结构简单，不用掘进切割天井和开挖切割槽，切割工程量小；如果采用高效率凿岩和出矿设备，因爆破矿石块度均匀，可提高装运效率和降低凿岩、爆破和装运成本。

(2) 缺点。装药爆破作业工序复杂，难以实现机械设备装药，工人体力劳动强度大；使用的炸药成本高；爆破易堵孔，难以处理。

VCR 法的基本原理：是从待采矿块上部的切顶层向矿块下部的拉底层钻凿若干大直径垂直深孔，用高威力炸药进行漏斗爆破，以水平分层依次后退向上回采。

正确的球状药包爆破是把球状药包装入垂直于自由面钻凿的炮孔内，并进行爆破。球状药包埋入炮孔的最佳深度（距自由面的距离）是要求爆破后能产生最大的爆破漏斗。实际上当药包直径和长度之比大于1∶8时，其作用就相当于球状药包（Livinstone，1956）。1977年，Anderson对漏斗爆破为什么是一种颇有发展前途的采矿技术做出过解释。过去由于炮孔直径受地下凿岩设备的限制，只能达50mm，而所用的炸药一直是爆破威力较低的炸药。在这些条件下，用球状药包爆成的漏斗就显得太小而无实用价值。20世纪70年代初期，由于大直径深孔凿岩设备和高威力炸药引用于地下采矿，从而有可能利用威力较大的短药柱来爆出大的爆破漏斗，而得以应用于采矿生产。

6.1.3.2 阶段深孔台阶爆破采矿法

阶段深孔台阶爆破采矿法是大直径深孔采矿技术另一具有代表性的技术方案，该方案的试验和应用对发展我国高强度、高效率采矿技术系统具有重要意义。

A 阶段深孔台阶爆破方案

这一采矿技术方案的实质是露天矿的台阶崩矿技术在地下开采中的应用，即采用大直径阶段深孔装药向采场中事先形成的竖向切割槽实行全段高或台阶状崩矿，崩落的矿石由采场下部的出矿系统运出。与VCR采矿法比较，这一采矿技术具有更高的作业效率和采场生产能力，大幅度降低回采作业成本和进一步简化回采工艺，是地下开采大型化发展趋势的重要方面。

凡口铅锌矿是我国目前最大的铅锌生产基地，为适应年产15万吨铅锌金属生产能力发展的需要，该矿与北京矿冶研究总院共同承担了阶段深孔台阶爆破的相关研究。

B 束状深孔爆破方案

束状孔是指一组相互平行的密集炮孔，其特点是：（1）炮孔在空间位置是相互平行的。国内有些矿山将在空间位置上呈放射状的中深孔也称为束孔，英文bunch含有“束”和“簇”两层意思，这是需要加以区别的。（2）束状孔中各炮孔的孔间距较小，一般为4~6倍孔径。（3）每束炮孔数2~10个，炮孔的平面布置有多种形式，通常是圆形、半圆形、平行直线形及各种组合。（4）进行布孔和爆破设计时，一般将每束炮孔作为一个等效单孔考虑。

“七五”期间，北京矿冶研究总院在狮子山铜矿进行了大直径束状深孔盘区崩落采矿法的试验研究和应用试验。实践证明，大直径束状深孔爆破技术具有作业效率高、改善作业环境、采场结构简单、便于地压控制等显著优点，是开采稳固性较差的地下厚大矿体的有效的落矿技术，在挤压爆破条件下，可以获得更好的爆破效果。

C 当量球形药包束状深孔分层爆破方案

当量球形药包束状深孔爆破是以数个密集平行深孔共同应力场的作用机理为基础的深孔爆破技术，综合了单孔球形药包爆破和深孔阶段爆破的优点。该方法

由 N 个间距为 3～9 倍孔径的密集平行深孔组成一束孔装药同时起爆，对周围岩体的作用视同一个更大直径炮孔的装药爆破作用。该项技术综合利用增强装药中远区爆破作用的束状效应和最优埋深条件下的球形药包漏斗爆破，具有综合利用炸药能量的最优条件，既能发挥垂直深孔球形药包能量利用率高、破岩效果好的优点，又能克服其成本高、采准量大和采场地压管理复杂的缺点，具有良好的安全性、经济性和高效性，是地下大直径深孔爆破采矿领域颇具竞争力的一项新技术。

基于束状孔当量球形药包组合漏斗爆破技术，大量落矿采矿技术方案参见图 4－8。

冬瓜山铜矿是我国首次开采千米、日产万吨的特大型金属矿床。根据冬瓜山矿床的特点与开采的技术条件，采用阶段空场嗣后充填采矿方法。为满足日产 1 万吨持续稳定的生产能力，采取强化开采措施。采场爆破采用当量球形药包束状深孔分层爆破工艺。

束状孔当量球形药包落矿试验采场为 52－2 号采场。位于矿体中部最最厚大部分，该采场根据矿体顶板变化，凿岩硐室分别布置于－687m 水平和－714m 水平，以及－730m 水平，采场最深孔深 37.7m，最浅孔 18.4m。

采场总的落矿顺序依次为－730m 硐室（二次）、－687m 硐室（四次）、－714m硐室（四次），共十次爆破。

6.2 基于矿岩可爆性爆破参数设计

6.2.1 波阻抗匹配与炸药类型选择

实际工作中，炸药和岩石破碎的匹配问题首先考虑的是炸药的来源与价格。各种岩石的爆破作用参数见表 6－8❶。

在影响爆破作用的三类因素中，待爆岩石的特性相对来说是不可控的因素。爆破工程师必须根据岩石特性以及爆破工程的综合要求选择最合适的炸药品种。在选用时应遵循几个基本原则[2]：

（1）炸药性能必须与被爆矿岩的特性相匹配，并能满足爆破工艺的要求。炸药的波阻率应与岩石的波阻率相匹配。炸药与岩石的波阻率与炸药能量传递给岩石的效率有直接关系，炸药的波阻率越接近于岩石的波阻率，则炸药能量的传输率越高。一般对于难爆的坚韧密实岩石，宜选用高密度、高爆速、高威力炸药；而对于易爆矿岩，则选用低密度、低爆速且爆容较大的炸药。以便保持较长的气体作用时间，减少过粉碎，提高爆破效果。

所选炸药在给定的爆破条件下，应能完全爆轰，充分释放出潜能。如炮孔有水时，所选炸药应具有抗水性，炸药的临界直径应小于炮孔直径等。

---

❶ 摘自前苏联《爆破工程师手册》。

表 6－8 各种岩石的爆破作用参数

岩石类别	破碎特性	岩石级别	初始裂隙长度/cm	介质声速/$km \cdot s^{-1}$	岩石的声学刚度/$kg \cdot m \cdot s^{-1}$	普氏系数	三轴压缩模数/GPa	推荐炸药的有关参数				推荐的产品型号
								初始应力/GPa	爆速/$km \cdot s^{-1}$	炸药密度/$kg \cdot m^{-3}$	炸药位能/$kJ \cdot kg^{-1}$	
Ⅰ	从自由面至药包方向上的介质，在拉应力作用下呈脆性破坏	1	4～8	6～7	(16～20)×10^6	14～20	80～120	20	6.3	1200～1400	5000～5500	捷托尼特 M，200 硝铵炸药耐水格拉尼托乌、格拉努利特 AC－8，AC－8BM－10 硝铵炸药（阿芒拿 M－10） No.3 岩石硝铵炸药（岩石阿芒拿 No.3）
		2	8～16	5～6	(14～16)×10^6	9～14	60～80	16.5	5.6	1200～1400	4700～5000	
Ⅱ	无论从药包至自由面，还是从自由面到药包，其中间的介质是在压缩波和拉伸波作用下呈准脆性破坏	3	16～32	4～5	(10～14)×10^6	5～9	40～60	12.5	4.8	1020～1200	4000～4700	AC－4 格拉努利特、79/21 粒状硝铵炸药（格拉芒奈特 79/21） AC－4B 格拉努利特、6＊B 硝铵炸药 79/21 粒状硝铵炸药（格拉芒奈特 79/21）
		4	32～64	3～4	(8～10)×10^6	3～5	20～40	8.5	4	1000～1200	4000～4400	
		5	64～128	2～3	(4～8)×10^6	1～3	10～20	4.8	3	1000～1200	3500～4000	
Ⅲ	从药包到自由面方向上的介质，在强大入射波波头压力作用下呈塑性破坏	6	128～256	1～2	(2～4)×10^6	0.5～1	5～10	2.0	2.5	800～1000	3000～3400	含水炸药： M 格拉努利特 AP38H 阿克瓦尼特依格达尼梯（铵油）

所选炸药应满足安全性的要求。如能可靠地起爆传播；产生的有毒气体量必须在允许的范围之内；较低的机械感度；在含沼气、煤尘或其他爆炸性粉尘的矿井中使用的炸药还必须满足安全条件。

所选炸药必须便于使用，易于装药。

(2) 最低的综合成本，应尽可能选用廉价质优的炸药品种。对于矿山爆破，在能满足爆破工艺要求的情况下，应尽可能多用最便宜的铵油炸药。

(3) 所选用的炸药应与合理的起爆系统相匹配，使之能充分释放炸药的潜能。

6.2.2 爆破漏斗试验与最优爆破漏斗

6.2.2.1 爆破漏斗和爆破作用指数

靠近地表埋置的集中药包爆破后产生的倒圆锥形爆坑，称为爆破漏斗。倒圆锥上口的半径称为爆破漏斗半径 R，药包埋深以 W 表示，R 与 W 之比称为爆破作用指数 n，$n=R/W$；$n=1$ 时爆破漏斗称为标准爆破漏斗，$n>1$ 称为抛掷爆破，$0.75<n<1$ 称为加强松动爆破，$n<0.75$ 称为弱松动爆破。

6.2.2.2 临界埋深和最佳埋深

药包大小一定，在一定埋深范围内，随着埋置深度的增加，爆破漏斗的体积也有所增加，当深度达到一定值时，再增加埋置深度，漏斗体积反而减小，到达某一个深度时，不再出现爆破漏斗。把爆破漏斗体积最大的埋深称为最佳埋深，把不出现爆破漏斗的最小埋深称为临界埋深。利文斯顿经长期研究，发现临界埋深和最佳埋深均与炸药量的三分之一次方成正比。对特定炸药和特定岩石，其比例系数是个常数。

$$N=EW^{1/3} \tag{6-3}$$

式中 N——球形药包之上的介质表面破碎不超过规定界限的临界埋深；

E——应变能系数，对于给定的岩石和炸药的配合是一个常数；

W——药包质量。

式（6-3）也可写成下面的形式：

$$L_d = \Delta EW^{1/3} \tag{6-4}$$

$$\Delta = L_d/N$$

式中 Δ——药包埋深与临界埋深之比，是一个无因次的量。

当 L_d 达到破岩量最大而破碎块度又最好的数值时，就称这时的埋深为最佳埋深（L_0）。

利文斯顿阐明了药包形状的重要性，并在其破碎过程方程：$V/W=E^{1/3}ABC$ 中，规定 C 为应力分布系数，它表达了药包形状影响；A 是能量利用系数，与有效能量的损失或无效利用有关，$A=V/V_0$，V 漏斗体积，V_0 最佳埋深时的漏斗体积；B 是材料特征指数，与加载或卸载过程条件的变化有关。

药包形状对爆破效果的影响：球形药包的几何形状与破碎过程截然不同，因而爆破效果也不相同。柱状药包爆破时，爆炸气体压力产生的能量几乎都垂直于炮孔轴线方向沿横向作用。只有一小部分能量作用于柱状药包的两端。然而，球形药包起爆时，膨胀气体产生的能量自药包中心沿越过药包中心的各个平面以径向方向作用，呈整体球形均匀辐射。

试验发现，与真正的球状药包（直径 = 长度）相比，只要直径与长度比不小于1:6，则这种药包的破碎机理和爆破效果几乎与真正的球状药包相同。

正漏斗的破碎带剖面图如图 6 - 4 所示。

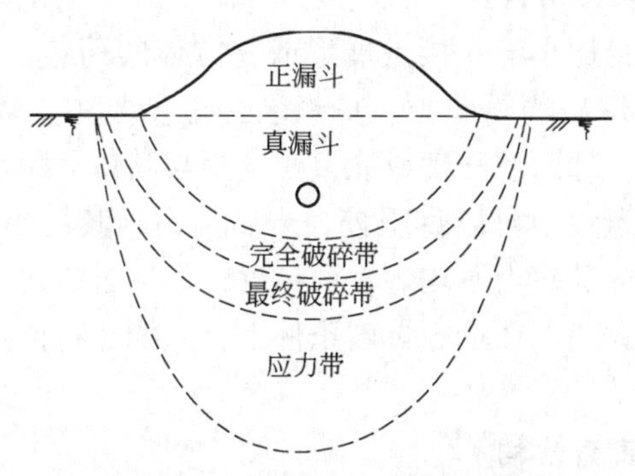

图 6 - 4 正漏斗的破碎带剖面图

岩石爆破破碎时 V/W 与 Δ 的关系曲线如图 6 - 5 所示。

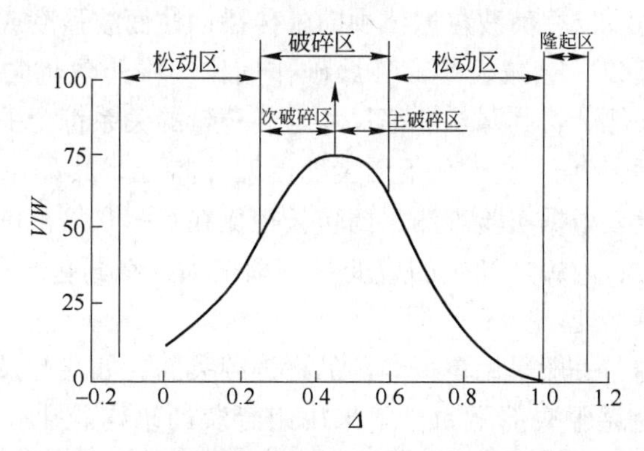

图 6 - 5 岩石爆破破碎时 V/W 与 Δ 的关系曲线

6.3 装药结构

6.3.1 装药几何概念的再定义

炮孔中药包几何形状不同，爆炸后在岩石中所形成的应力波及能量释放的形式亦不相同。按药包几何形状可分为球形药包、短柱状药包、柱状药包等。药包几何形状的分类按药包长径比（l/a）来划分：球形药包 $l/a<6$，短柱状药包

$l/a=6\sim10$，柱状药包 $l/a>10$。

6.3.2 装药参数对炸药能量利用率的影响

装药参数包括装药结构及装药量。装药结构按不同的分类方法可分为球形装药和条形装药，平面装药和聚能穴装药，耦合装药和不耦合装药，连续装药和分段装药等。不同装药结构具有不同的能量分布特征，采用合理的装药结构可以改善爆破效果。

6.3.2.1 球形装药结构

球形装药是指长径比小于6 接近球形或立方体的药包，通常称为集中药包。如硐室爆破、VCR 法爆破均属此类。球形装药能量集中，爆炸冲击波以球面波在岩体中向四周扩散，球面波强度或能量密度则与其传播距离的平方成反比，衰减较快。由于药包能量集中可以克服较大岩石阻力，其最小抵抗线可达几十米，甚至百米，但对岩体的破碎很不均匀，药包近区产生过粉碎，稍远处由于应力衰减或结构影响而产生大块。在一定爆破条件下，其漏斗特征尺寸与装药量的关系符合立方根相似律。

6.3.2.2 条形装药结构

条形装药是指长径比大于6 的药包，通常也称为柱状或条状药包。浅孔爆破、深孔爆破、条形硐室爆破均属此类。条形装药能量分布均匀，一定长度的条形药包爆破后冲击波以柱面波在岩体中向外传播，柱面波强度或能量密度随传播距离的一次方成反比，衰减较慢，其爆破作用比集中药包均匀，因而破碎度良好，在一定爆破条件下，其漏斗特征尺寸与装药量的关系符合平方根相似律。

一般长径比大于20，才具有条形装药的漏斗特征，其漏斗形状与爆堆分布具有轴对称的特点。根据实验观测，药包长径比在6～20 倍范围内。增大长径比时，沿药包周围岩石内爆炸产生的应变量逐渐增大，在药包长径比大于20 倍以后，其应变量保持不变。

条形装药结构，一般采用单一炸药品种连续装药，如浅孔及深孔爆破。在台阶深孔爆破中，为克服底部阻力，常采用组合装药结构。孔底部装入高威力炸药，孔上部装入低威力炸药。在高台阶爆破中有时采用分段装药，如炮孔穿过软硬岩石互层或有弱的构造面时，采用这种方法，药包要装入硬岩部位，构造面和软岩部位则进行填塞。

6.3.2.3 不耦合装药结构

一般耦合装药引起的冲击压力过高，大量能量浪费在粉碎区，并在一定条件下影响工程质量。在许多情况下。为了维护围岩稳定，保持轮廓完整，控制爆破需采用不耦合装药结构。

不耦合装药是指炮孔或药室留有空气间隙的装药方法，不耦合程度以不耦合系数表示，即炮孔直径与药包直径之比或药室体积与药包体积之比。使用不耦合装药可以降低孔壁的冲击压力，增加膨胀气体的作用时间。在炮孔爆破法中不耦合装药多应用于预裂爆破、光面爆破、采石切割爆破等控制爆破中。

不耦合装药结构有几种形式：

（1）沿炮孔轴向留空气间隙，在阶段深孔爆破中常被采用，它可以改善破碎质量和降低炸药单耗以及控制后冲。

（2）径向间隙装药，可以较均匀地降低孔壁所受的峰值压力，保护孔壁不受粉碎性破坏，是光面、预裂爆破常用的形式。

（3）轴心间隙装药，是将药包做成空心结构。爆轰时可以产生次生冲击波，延长爆破作用时间，适用于大孔径和坚硬岩石的爆破。

在不耦合装药中，也可采用水耦合，以改善破碎效果。

6.3.3 不同装药条件下合理充填长度

炮孔堵塞是爆破施工中的一个重要环节，炮孔堵塞与不堵塞对爆炸冲击波的波峰值影响并不明显，但其后压力的降低，特别是爆生气体压力的降低及其对岩石产生破裂作用的时间，都与是否堵塞有关。

因炮孔堵塞物具有一定的质量，炸药爆炸后产生的气体在瞬间将加速到很高的速度，气体想要冲出炮孔口，必须克服堵塞物的惯性阻力及其与炮孔壁之间的黏结力和摩擦阻力。正是由于堵塞物阻力使炮孔内高温高压状态的维持时间相对延长，增加炸药化学反应的完全程度，可得到更充分的爆炸能。同时，堵塞物阻力延长了孔内高压气体的作用时间，使得先前由应力波作用生成的裂隙在受到高压气体的气楔作用后加速发展，高压气体向裂隙中楔入，不仅提高了破岩效果，而且减小了岩石的抛掷距离，降低了空气冲击波强度。

炮孔爆破时，炮孔口填塞可以阻止爆轰气体过早泄出，增加气体压力作用时间，提高炸药的有效破碎能，还可以保证炸药反应完全，释放最大热能，减少有毒气体生成量。填塞不佳常是发生冲天炮及孔口飞石和空气冲击波的重要原因，因此必须保证有足够的填塞长度和良好的填塞质量。

填塞长度：扇形深孔填塞长度一般在（0.4～0.8）W 范围内，相邻深孔采用交错不同的填塞长度，以避免孔口附近炸药过分集中的状况。

大直径深孔爆破时，炮孔充填作用机制与所采用爆破方法有关，当采用球形药包分层爆破时，可以理解为以孔端单一自由面条件下短柱状药包群的爆破，爆破体的位移场与常规炮孔爆破的不同，炮孔孔端下部岩体在爆破体推动下，将以张应力破坏为主并呈整体位移，炮孔下端的充填长度对分层爆破总体爆破效果影响不大，一般应不大于10倍孔径，过度充填或将恶化爆破效果。阶段深孔爆破，因多采用长药包装药，爆破体位移一般首先发生在装药长度的中间部位，孔下端充填物对总体爆破效果影响不大，孔上端充填应重点考虑不使后排未爆破孔口受到破坏或采取本书4.5.2.4节曾提及的充填药包措施。

6.4 合理爆破顺序微差时间[3]

微差爆破机理是：毫秒延时爆破是群药包爆破时，以毫秒级时间间隔，严格控制一定顺序先后起爆的爆破技术。

由于群药包先后起爆时间只差几毫秒至几十毫秒，而炸药能、岩石性质又是复杂的，所以微差爆破机理尚无定论，大多数只是假设或定性的推断。

菲斯（Fish B.）（美）指出，应用微差爆破的目的是，基于推测两个相差半周期的爆破波可能叠加，并降低爆破地震的振幅，从而降低爆破振动对周围建筑物的影响。

怀特（White H. H.）（美）认为，在微差爆破条件下先爆药包在岩体内形成了应力状态，它保持到后爆药包爆破，犹如一个充满气体有内压的瓶子，在外力不大的作用下就炸得粉碎一样，从而改善了爆破块度。推荐微差时间是：5 ~ 35ms。此为残余应力作用的基本观点。

库塔（Kota）（匈）基于振动破坏理论认为，岩石破坏是爆破波干扰叠加的结果，强化和加长了岩石振动延续时间，从而改善了破碎效果。他考虑到波长及波在岩体内通过的时间，计算恰当的微差时间是20ms。

丹塞兰（Danselm）（法）认为，延迟时间应该足够长，以便使每一个后爆药包的爆破发生在岩石还处于先爆药包所产生的应力和震动的影响下，后爆岩石运动的速度大于先爆的，于是飞在空中的岩块互相碰撞而补充破碎。他建议微差时间为25 ~ 50ms。

日野（日）认为，一方面先爆药包形成了补充自由面，另一方面后爆药包的岩体处于很大的侧边横压力条件下，这样将使爆破效果得到改善。他认为爆生气体持续时间为10 ~ 100ms，此即适宜的微差时间。

波克罗夫斯基（前苏联）认为，后爆药包的起爆时间应该是先爆药包爆炸产生的冲击压缩波第一次从自由面反射成为拉伸波到达后爆药包的时间。这样，两个爆破波的干扰叠加，强化岩石中的应力状态，从而可改善爆破破碎效果。据此、微差时间不应大于岩体弹性震动的间隔时间，即4 ~ 5ms。显然，此时间太短，只考虑应力波的作用是不够的。

哈努卜耶夫（前苏联）认为，对于波阻抗大的岩石，反射拉伸波是破坏的主要因素，所以，先爆药包形成补充的自由面，后爆药包的反射拉伸波作用导致附加破碎，改善了破碎效果。他指出，为了形成补充自由面，微差时间不应小于20ms，一般应为25 ~ 70ms。

鲍尔（加）认为，岩体开始位移与抵抗线成函数关系，建议每米抵抗线需

5～7ms 或 10ms。

以上学者从不同的侧面论述了微差爆破机理，本书作者通过综合归纳出如下四点：

（1）自由面和最小抵抗线原理与岩石相互碰撞作用。在第一炮（先爆）产生的应力波和爆生气体作用下，自由面处的岩石夹制性和阻力最小，形成径向裂隙和环向裂隙都比其他位置密集，裂隙较长、较宽，以致最小抵抗线方向的破碎范围最大，块度最小，岩块获得的动能最大。所以，在自由面条件下，最小抵抗线方向是岩石易于破坏和发生运动的主要方向。根据这一原理，可以认为：第一，微差爆破的先后间隔时间非常短促（一般只数十毫秒），在第一炮的裂隙或破裂漏斗刚刚形成的瞬间，第二炮（后爆药包）立即起爆，充分利用第一炮（先爆）所形成的裂隙或破裂漏斗构成的新自由面（自由面扩大、自由面数增多），有利于后炮的应力波的反射拉碎作用；第二，相应缩短了最小抵抗线，随之减弱了岩石的夹制性和对爆破的阻力，分离出来的岩块获得的初速度比先爆的大，变动能为机械功；第三，由于最小抵抗线方向的改变，使分离的岩块在运动中剧烈碰撞的机会增多，岩块继续破碎。这一机理既不同于瞬发爆破（齐发爆破），也不同于秒差级的段发爆破，所以，能得到比较好的效果。

（2）爆生气体的预应力作用。先爆药包的爆生气体使岩石处于准静压应力状态，并对应力波所形成的裂隙起着膨胀和气刃作用，后爆药包起爆，利用了岩体内较大的预应力场以及爆生气体尚未消失前（裂隙尚未达到自由面）在岩体内的准静压应力场来加强岩石的破碎作用。

（3）应力波的叠加作用。先爆药包在岩体内形成应力场，在其应力作用尚未消失之前，第二炮立即起爆，造成应力波叠加，有利于岩石的破碎；而且，在先爆药包的应力场作用下岩体内原生裂隙及孔隙缩小，密度增入，加快应力波的传播速度，岩石质点位移速度的增加，又导致岩石处于应力状态的时间延长，应力波的相互作用加强，改善爆破效果。

（4）地震波主震相的错开和地震波的干扰作用。合理的微差间隔时间，使先后起爆所产生的地震能量在时间和空间上错开，特别是错开地震波的主震相，从而大大降低了地震效应。此外，先后两组地震波的干扰作用，也会降低地震效应。虽然也有人认为，如果主震相重叠和干扰作用的叠加，也会加剧地震效应，实际上只要选取合理的微差间隔时间即可使地震效应有不同程度的降低。据长沙矿冶研究院在实验室和大冶铁矿所做的工业试验，认为最佳的降震时间与形成新自由面所需时间一致。总的来说，微差爆破比普通爆破可降震 30%～70%。

必须指出，地震效应的降低很大程度上与整个爆破区的总药量分散为多段起爆（化多为少）有关。微差爆破控制每一段最大药量所产生的爆炸能，从而降低了爆破地震效应。

微差爆破的关键是微差起爆时间的合理确定。由于该机理尚未能定量的描述，很多计算微差时间的公式也只能参考使用，通常是依据生产爆破积累的经验来合理选择。高速摄影技术的发展为微差爆破提供了许多有益的依据。例如我国某露天铁矿深孔爆破测得，孔内装药的爆炸反应时间一般不超过2ms，全部药柱反应完了到爆生气体尚未逸出之前这段时间持续20～120ms。易爆岩石比难爆岩石的持续时间长。在难爆岩石中，当底盘抵抗线小于10m时，从起爆到台阶坡面出现裂隙历时1.0～2.5ms。在一般情况下，台阶顶部鼓起、出现大裂隙历时80～150ms，露天深孔爆破总历时约为1.8～2.5s。因此，常用微差时间为25～50ms。

通常，难爆岩石所需微差时间比易爆岩石所需的短。例如，难爆岩石采用微差时间为15～25ms，而易爆岩石采用40～50ms或更长。

在煤矿中，根据国外用高速摄影方法对硝铵类炸药在页岩、砂岩、煤层的爆破过程的拍摄结果可知，药包爆炸后岩石中弹性震动、应力波作用的持续时间为1.5～11ms，一般为4～6ms。从炮孔中药包起爆到岩石开始移动的时间为4.3～5.8ms（一个自由面）或0.4～7ms（两个自由面）。从岩石开始移动到岩块抛出形成爆破漏斗的时间为4～21.6ms。总共历时8.3～79.6ms。煤矿井巷掘进常用的微差时间为50～100ms。

对于有瓦斯煤尘爆炸危险的矿井，为了防止因延迟间隔起爆时间过长，后爆药包引起先爆煤岩涌出、积聚的煤尘和瓦斯超过允许浓度而导致爆炸事故的发生，除了严禁秒差起爆外，严禁微差时间大于130ms。

微差爆破有排间微差、孔间微差和孔内微差之分，合理选择使用，可以充分利用炸药能量以收到更好的效果。

束状孔束内孔应同时起爆，束状孔束内孔微差爆破时，束内孔每一分层应同时起爆，分层之间微差爆破。束状孔束间（排间）微差时间25～75ms。

6.5 起爆方法与起爆系统[4]

利用起爆器材和一定的工艺方法去引爆工业炸药的过程，称为起爆。起爆的目的是使炸药按顺序准确可靠地发生爆轰反应，合理有效地利用炸药爆能。起爆工艺与技术的总和称为起爆方法。起爆器材是起爆方法的基础。在工程爆破中，最重要、最常见的起爆材料是引爆炸药的雷管和导爆索，以及引爆雷管的导爆管等。

在工程爆破中，为了使炸药起爆，必须由外界给炸药局部施加一定的能量。根据施加能量方法的不同，起爆方法大致可分为三类：非电起爆法、电力起爆法和其他起爆法。

导爆索起爆网路和连接方法：导爆索的起爆网路包括主干索、支干索和引入每个深孔和药室中的引导索。导爆索起爆网路的连接方法有开口网路和环行网路两种。

（1）开口网路，又叫分段并联网路。开口网路由一根主干索、若干根并联的支干索以及各深孔中的引导索组成，整个网路是开口的，如图 6－6 所示。

（2）环行网路，又叫双向并联网路。环行网路的特点是各个深孔或药包中的引爆索可以接受从两个方向传来的爆轰波，起爆的可靠性比开口网路要可靠得多，但导爆索消耗增大，为了使引爆索能接受两个方向的爆轰波，引爆索与支干索和支干索与主干索之间必须采用三角连接法，如图 6－7 所示。

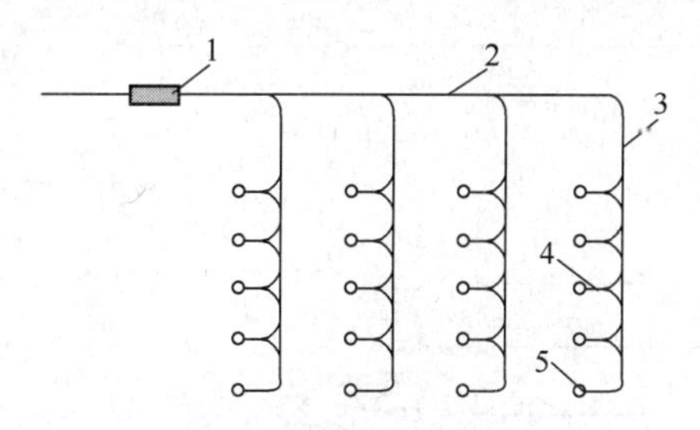

图 6－6　分段并联网路

1—引爆雷管；2—主干索；3—支干索；
4—引爆索；5—炮孔

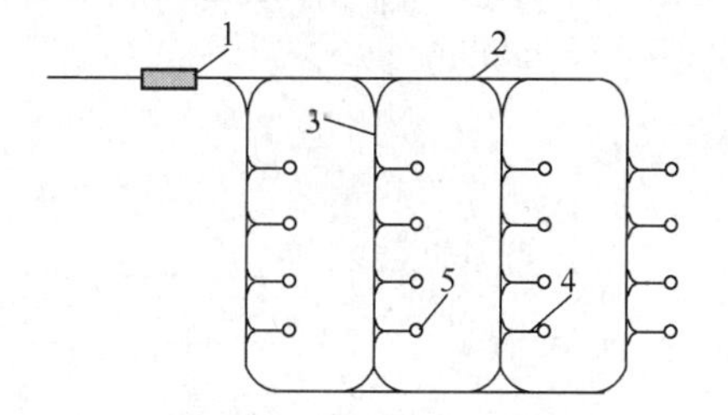

图 6－7　双向并联网路

1—引爆雷管；2—主干索；3—支干索；
4—引爆索；5—炮孔

在使用导爆索起爆法时，为了实现微差起爆，可在起爆网路中的适当位置连接继爆管，组成微差起爆网路，如图 6－8 所示。

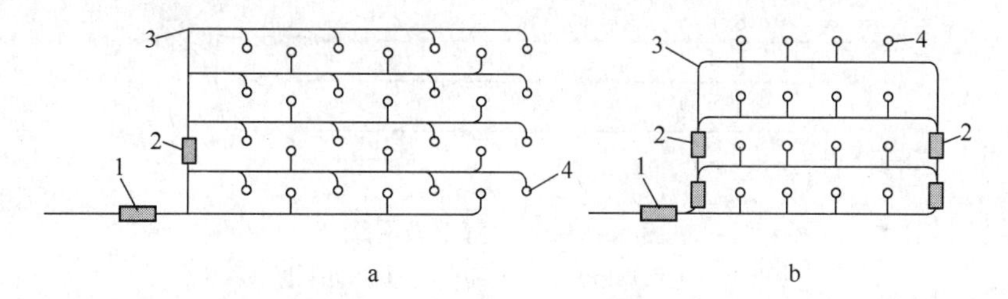

图 6－8　导爆索起爆网路

a—开口网络的微差起爆；b—环形网络的微差起爆
1—起爆雷管；2—继爆管；3—导爆索；4—炮孔

导爆管爆破网路的簇连方法是在串联和并联基础上的混合联，如并并联、并串并联等，如图 6－9 所示。

6.6　大直径深孔爆破工艺参数[5]

地下深孔采矿技术是以大直径深孔爆破为特征，开采强度大，生产能力高，是大型地下矿山广泛应用的一种大规模高效采矿技术。在适宜的条件下，采用大直径深孔采矿技术，是提高作业效率、改善作业环境、扩大矿山生产规模的有效技术途径。针对不同的应用条件，我国先后进行了 VCR 爆破采矿法、阶段深孔台阶爆破采矿法、束状深孔爆破采矿法和当量球形药包束状深孔分层爆破采矿法

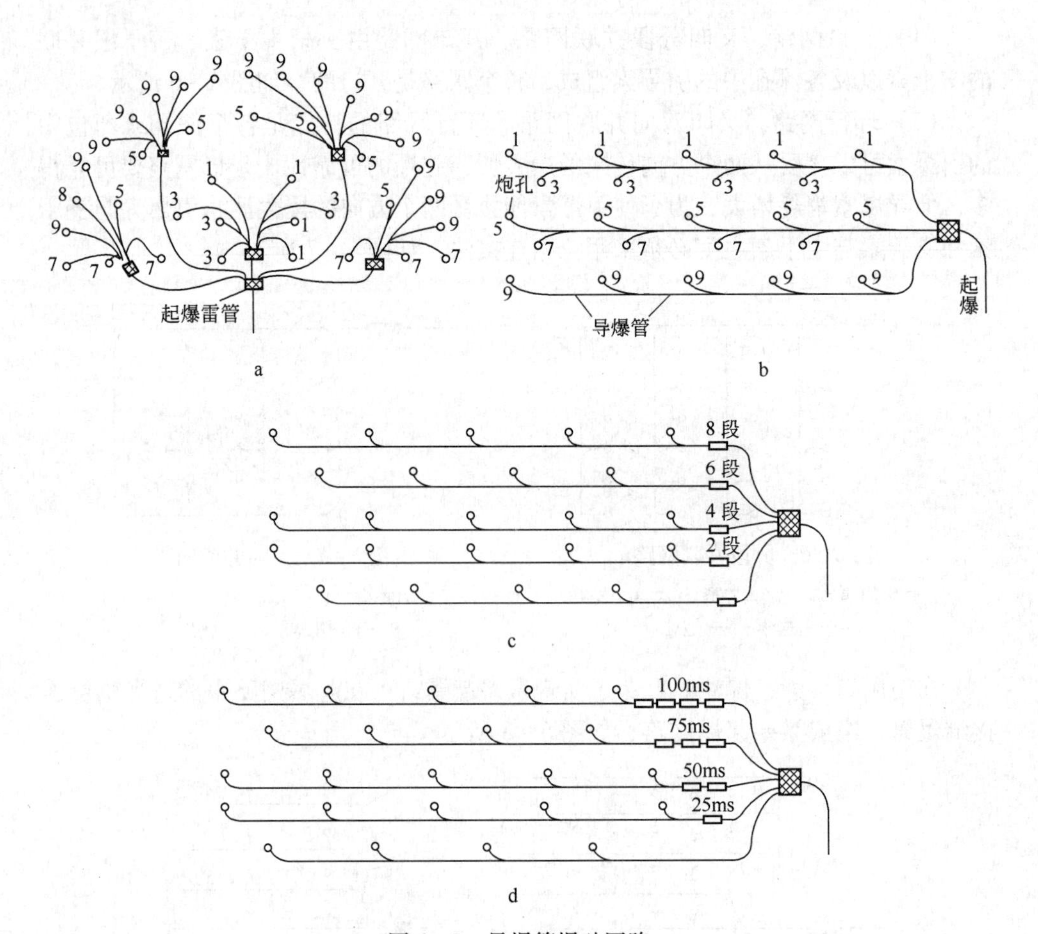

图 6-9 导爆管爆破网路

a—弧形导坑光面爆破并并联网路；b—并串并联爆破网路；
c—隔段孔外控制微差爆破网路；d—孔外等间隔微差爆破网路

等不同形式深孔采矿技术的试验研究和应用试验，基本形成了适用于各种开采条件比较完整的方案类型和相应的回采工艺。

6.6.1 VCR 法爆破

6.6.1.1 炸药选择

最初在 VCR 法中，均选用高爆速、高密度、高比能的炸药，后来有些矿山采用铵油炸药进行爆破，也取得良好效果。

所选用的炸药，应具有适当的摩擦和冲击敏度，接近零氧平衡，便于装药并能充满炮孔等条件。选用炸药的最好方法是用不同品种的炸药做小型漏斗试验进行比较，选取在最佳埋深时（单位质量或体积的炸药）崩矿量多而且经济的炸药品种。

部分矿山应用 VCR 法实例及参数见表 6－9。

表 6－9 部分矿山应用 VCR 法实例及参数

矿山名称	孔径/mm	埋置深度/m	布孔方式	孔网尺寸/m×m	柱状药包质量/kg	爆破层厚度/m	堵塞高度/m	采场规格（长×宽×高）/m×m×m	孔深/m	每米孔爆破量/t·m^{-1}	单位耗药量/g·t^{-1}
Levack（加拿大）	165	1.8	垂直孔	4.6×3	34	3.9～4.2		6×49×（20～26）			
Lerack West（加拿大）	165			3.33×3.33	34	3.33					
Birchtree（加拿大）	152	－2.5	扇形孔	3×3	23	3.60		（3～9、8～15）×38×34	32		140
Centennial（加拿大）	165	1.75	倾斜孔	3×3～4.2×4.2	34			6×－×43		38.8	300
Strathcona（加拿大）	165	1.80	垂直孔	3×3	37.6	3～3.6	1.8～2.0	67×107/122×61	58		
Rabiales（西班牙）	165	－2.6	扇形孔	3×3	25	3.0	1.0	15×25×70	55	33.0	340
White horse（加拿大）	165			4.2×4.2		2.4		24	50	38.7	350
Carr Fort（美国）	156	2.0	扇形孔	2.5×2.5～3×3	34	3.0	8.0	16×－×45	40～45	18.6～21.6	210～330
Homesike（美国）	165	2.06	倾斜孔	2.4×2.4～3×3	2.72～31.3	4.27	1.5～2.4				750
Almaden（西班牙）	165	1.79		2×2	18	2.46	2.0	（4.5～6）×30×44	40	13	650
Fobjan（瑞典）		1.80		2×2							
Clese land（澳大利亚）	168	2.4～2.8	垂直孔	3.7×3	37.5或12.5	3.0		6.1×40×45	35		
凡口铅锌矿（中国）	165	2.25	垂直孔	2.7×2.7	25	3.85	1.75～2.5	8×38×32.8	32	24.8	280
金川二矿（中国）	165	2.21～2.45	垂直孔	排距≥6 孔距 2.6～3.0	20～25	2.8～3.7	2.0	6×22.5	50	14.7	468

钻机偏斜率应控制在1.5%之内，孔径多用165mm，炮孔间距参照试验的爆破漏斗开度，最佳埋深定一个初始值，再经工业试验逐步进行调整。

边界炮孔的布置应特别注意，当矿体与围岩比较稳固，炮孔应靠近矿体边缘线；矿、围岩稳固性较差，边界炮孔在距边界线1~1.5m处布置，以防止上下盘脱落。如回采矿柱，边界孔应距充填体1~1.5m，防止充填体脱落。

6.6.1.2 爆破参数

（1）炮孔直径。炮孔直径一般采用160~165mm，个别为110~150mm；采用ROC-306型钻机、CMM型钻机和国产YQ-150J型钻机，孔径均为165mm。

（2）炮孔深度。炮孔深度为一个台阶的高度，一般为20~50m，有的达到70m。钻孔偏差必须控制在1%左右。

（3）孔网参数。排距一般采用2~4m，孔距2~3m。

（4）最小抵抗线和崩落高度。最小抵抗线即药包最佳埋深，一般为1.8~2.8m，崩落高度2.4~4.2m。

（5）单药包质量。要求药包长径比不超过6（认为是集中药包），药包质量20~37kg，一般要求用高密度、高爆速、高爆热的炸药。

（6）爆破分层。每次爆破分层的高度一般为3~4m。爆破时为装药方便，提高装药效率可采用单分层或多分层爆破，最后一组爆破高度为一般分层的2~3倍，采用自下而上的起爆顺序。

（7）单位炸药消耗量。在中硬矿石条件下，即$f=8\sim12$，一般平均为0.34~0.5kg/t。

（8）起爆。

1）同层药包可同时起爆，分层之间用50~100ms延迟时间起爆。

2）为降低地震效应，同层微差起爆，先起爆中部，再顺序起爆边角炮孔，延迟时间25~50ms。

3）一般用非电微差雷管配合导爆索起爆。

6.6.1.3 施工工艺

（1）在矿块中钻凿一个或多个大直径炮孔。

（2）在每个炮孔中装入一个大球状药包或近似球体的药包并堵塞。

1）用绳将孔塞放入孔内，按设计位置吊装好。

2）在孔塞上按设计长度装填一段砂或岩屑（如孔塞到位亦可不填）。

3）装下半部药包。

4）装起爆药包。

5）装上半部药包。

6）按设计长度进行上部堵塞。

7）联网起爆。

8）多层同时爆破时，上部堵塞到位后重复装药、堵塞。

（3）药包爆炸时，借助于气体压力破碎岩石，在矿体中形成倒置漏斗。

（4）从矿房运出漏斗中的破碎矿石。

6.6.2 阶段深孔台阶爆破

6.6.2.1 爆破参数

某采场位于 -200 ~ -160m，长 54m，宽 8m，阶段深孔台阶崩矿高度 35m，深孔崩矿回采矿量 49609t。

该采场宽 8m，在保持相应的每米崩矿量和炸药单耗的同时，布孔参数还必须考虑孔内分段装药合理间隔层的高度，以及在随着爆破的推进、侧帮暴露高度的加大，需要尽可能减少中间双密孔的爆破阻抗以便降低对边帮的扰动等因素，遂将该采场排间距降为 4.5m，设计每米崩矿量为 36.8t。显然在采幅增加和减少抵抗线情况下，对改善爆破效果和维护边帮的稳定都有好处。

该采场按所确定 4.5m 抵抗线共布置 14 排孔，计 56 个孔，底盘侧面两排孔控制矿体的底盘边界、顶盘侧面设计 3 排斜孔，以降低废孔率，采场设计总孔深 2218.6m（包括切割井 8 个孔 284m）。

采用 ROC -306 高风压潜孔钻机，实际凿岩 2382.3m，凿岩作业 73 台班，台班效率 32.64m。采场的 54 个垂直孔，偏斜率 1% 以下占 57.7%，2% 以上占 5.7%，按下孔口的实际分布，补打 3 个孔。

6.6.2.2 施工工艺

A 布孔及阶段深孔凿岩

在采幅较小的情况下采用双密集孔大抵抗线布孔方案是提高崩矿技术经济指标的有效手段，获得了较好的爆破效果和维护边帮稳定。

B 采场切割天井及扩切割槽爆破

切割天井布置在矿体与顶盘围岩在硐室的底板交界线附近，这样可增加采场阶段崩矿数量，避免切割槽破顶爆破对采场西部的影响，从而有利于缩短采场回采周期。

在沿着天井向采场全宽扩槽爆破时，因为夹制作用较大，采用柱状间隔装药分次爆破形成 8m 宽的切割槽，平均炸药单耗 0.748kg/t。

C 顶盘侧矿体部分阶段崩矿

该部分矿体的崩矿要求以矿体与顶盘灰岩交界面为爆破顶板控制线。在大直径深孔及倒台阶爆破的崩矿条件下，可将药面设计在交界面处，无需超深。

切割顶盘侧矿量计 21062t，分 3 次爆破。

D 切割坡顶爆破及阶段深孔崩矿

在此之前的爆破已将顶盘的矿体全部崩落，为破顶爆破创造了条件。破顶爆破的空气冲击波较大，在硐室进路设置了木板横撑－沙袋结构的阻波墙。爆区总长22m，共5排20个深孔。

设计崩矿量20472t，废石混入量355t，各排单耗自5排至1排依次为0.401kg/t、0.421kg/t、0.421kg/t、0.36kg/t、0.36kg/t，总装药量8130kg。

中部双密集孔采用分段装药实行孔内微差起爆，边孔仍采用空气间隔装药，因为只有11段微差雷管可用，为增加分段，采用分区中继起爆网路，使爆破共分为21段起爆，总延时1100ms，最大分段药量控制在500kg，余下孔内用3段导爆管雷管——导爆索非电起爆系统。爆区主运输平巷附近，为防止空气冲击波进入平巷的破坏作用，在进路口设置了阻波墙。

阶段深孔台阶爆破崩矿如图4－16所示。采场装药结构图如图4－17所示。

6.6.3 束状深孔爆破

6.6.3.1 爆破参数

（1）炸药单耗q的确定。炸药单耗是影响爆破效果的重要参数之一，根据公式（6－5）计算束状孔炸药单耗：

$$q = q_0 K_1 K_2 K_3 K_4 K_5 K_6 \tag{6-5}$$

式中 q_0——标准炸药单耗，kg/m^3，根据岩石的普氏系数按表6－10选取；

K_1——炸药相对爆破做功能力系数，以6号阿莫尼特炸药为标准，在理想条件下爆破功之比：$K_1 = A_6/A_B$，A_6为6号阿莫尼特炸药爆破功，A_B为所选炸药爆破功；

K_2——岩石裂隙度和爆破质量影响系数，$K_2 = (L/a_K)^n$，a_K是合格块度尺寸，m；n为影响系数，取0.5～0.6；L为裂隙平均间距，m，按表6－11选取；

K_3——爆破条件系数，挤压爆破时$K_3 = 1.2 \sim 1.3$；1个自由面时$K_3 = 1$；两个自由面时，$K_3 = 0.7 \sim 0.9$；

K_4——装药影响系数，人工装药时$K_4 = 1$；气动装药时$K_4 = 0.9 \sim 0.95$；含水炸药时$K_4 = 0.85 \sim 0.90$；

K_5——药包直径影响系数，一般条件下$K_5 = (d/0.105)^n$，$n = 0.5 \sim 1$，坚硬岩石条件下$K_5 = 1$；

K_6——深孔布置影响系数，束状孔时$K_6 = 1.3 \sim 1.5$。

表6－10 标准炸药单耗的选取

普氏系数f	6～8	8～10	10～12	12～14	14～16	16～18	18～20	>20
$q_0/kg \cdot m^{-3}$	0.4～0.5	0.5～0.6	0.6～0.7	0.7～0.9	0.9～1.0	1.0～1.2	1.2～1.3	1.3～1.5

表 6－11 裂隙平均间距的选取

裂隙度	每米裂隙数/条	裂隙平均间距 L/m
Ⅰ	>10	<0.1
Ⅱ	2～10	0.1～0.5
Ⅲ	1～2	0.5～1.0
Ⅳ	0.65～1	1.0～1.5
Ⅴ	<0.5	>1.5

根据狮子山铜矿具体条件，选取：$q_0 = 1.3\mathrm{kg/m^3}$，$K_1 = 0.9$，$K_2 = 1.46$（$L = 1.5$，$a_K = 0.7$，$n = 0.5$），$K_3 = 0.8$，$K_4 = 0.95$，$K_5 = 1$，$K_6 = 1$。由式（6－5）得 $q = 1.28\mathrm{kg/m^3} = 0.39\mathrm{kg/t}$。

（2）束状孔邻近系数 m 的确定。选取 m 值要考虑以下几个因素：

1）参考露天矿大直径炮孔爆破时，$m = 0.7 \sim 1.4$。

2）根据采场长度上允许布置的束孔数：

$$L = \sum mW = m\sum W,\ m = L/\sum W \tag{6-6}$$

式中 L——采场长度，m；

W——最小抵抗线，m。

3）根据束状孔试验：$m = 0.8 \sim 1.1$。

4）考虑挤压爆破条件和每次爆破排数。

综合考虑上述因素，取 $m = 1$。

（3）最小抵抗线 W 和每束孔数 N_k 的确定。

球形药包爆破时，根据利文斯顿球形药包理论进行爆破漏斗试验，确定最佳埋深，即最佳抵抗线。

柱状药包爆破时，根据 O.B. 萨莫伊诺夫的柱状药包漏斗试验确定最小抵抗线 W，当单孔爆破时，最小抵抗线 W 与炮孔直径 d 相关；当束状孔爆破时，最小抵抗线 W 与炮孔直径 d、每束炮孔数 N_k 相关。

在束状孔爆破条件下，按式（6－7）确定 W 和 N_k 值。

$$W = 14.8d\sqrt{2.17N_k - 1} \tag{6-7}$$

式中 d——炮孔直径，m；

N_k——每束孔数，当 $N_k = 4$ 时，$W = 7\mathrm{m}$（$d = 0.170\mathrm{m}$）。

（4）校核 W 和 N_k 是否合理。按照炸药单耗 q 和由邻近系数 m、最小抵抗线 W 确定的每束孔所负担的爆破体积计算的炸药量应少于或等于每束炮孔可能装填的最大药量的原则，校核所选取的 W 和 N_k 是否合理。

$$W \leqslant D\sqrt{\frac{7.85\Delta\tau}{mq}} \tag{6-8}$$

式中 Δ——装药密度，$\mathrm{t/m^3}$；

τ——装药系数，取 $\tau=0.6\sim0.8$；

D——炮孔直径，dm，在束状孔条件下，D 为等价单位直径。

根据面积相等关系：$\pi/4\cdot D^2=N_k\cdot\pi/4\cdot d^2$，$D=d\sqrt{N_k}$，代入式（6－8）：

$$W\leqslant d\sqrt{N_k}\sqrt{\frac{7.85\Delta\tau}{mq}} \tag{6-9}$$

将 $N_k=4$，$d=1.7\text{dm}$，$\Delta=1.0$，$m=1$，$q=1.28\text{kg/m}^3$，$\tau=0.8$ 代入式（6－9），所选择各参数值满足式（6－9）。

（5）束状孔间距 r 的确定。

$$r=0.3d(\sigma^2\cdot c_p\cdot\gamma)^{0.1} \tag{6-10}$$

式中 r——束状孔间距，m；

d——束状孔内孔直径，m；

σ——岩石抗压强度，MPa；

c_p——岩石纵波速度，m/s；

γ——岩石容重，kg/m³。

在坚硬岩石条件下，r 的最优值 $r_{opt}=(3\sim5)d$，当 $d=0.17\text{m}$ 时，$r_{opt}=0.5\sim0.85\text{m}$，将狮子山铜矿有关数据代入式（6－10），$r=0.72\text{m}$，在 r_{opt} 范围内，实际取值 $r=0.8\text{m}$。

6.6.3.2 施工工艺

采用 KY－170A 型地下牙轮钻机钻凿下向炮孔，孔径 170mm，孔深 26m，沿采场长度方向共布置 5 束炮孔，每束 4 孔，沿宽度方向布置 3 排炮孔，第 1 排为 4 个孔的束孔，呈正方形布置；第 2 排为双孔束孔，直线型布置；第 3 排为斜孔，控制矿体边界，如图 6－10 所示。孔网参数按前面计算结果。按照炸药和岩石性

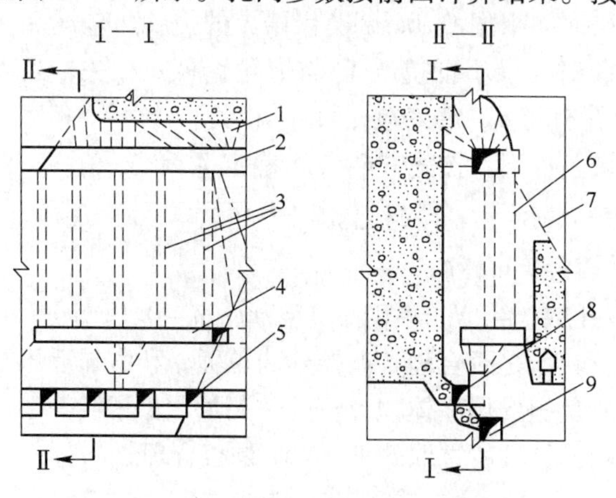

图 6－10 束状深孔爆破的回采方案

1—上向落顶深孔；2—凿岩硐室；3—束状深孔；4—拉底层；5—振动出矿口；6—双孔；7—斜孔；8—二次破碎巷道；9—皮带运输巷

能尽可能匹配的要求，选用 CLH－3 型和 EL－102 型乳化炸药，柱状连续装药，用250g 的 50/50 黑索今－TNT 起爆弹强力起爆，每束孔同段起爆，束孔组和前后排之间微差间隔起爆，间隔延时 25～75ms。

6.6.4 当量球形药包束状深孔分层爆破

6.6.4.1 爆破参数

采场中间部位布置束状深孔，束孔由 5 个孔径为 165mm、间距为 0.825m 的垂直平行孔组成，贯通凿岩硐室底板和拉底层顶板之间，束间距为 7.0m。侧帮边孔为双密集孔，间距为 7.0m，端帮为单孔垂直平行孔，间距取孔径的 21 倍，为 3.6m。下向垂直深孔按布孔设计定位误差不大于 5cm，偏斜率不大于 1%。分层爆破高度为 7m，破顶爆破高度为 12～14m。采场共布孔 262 个，总孔深 7995m，布孔范围的矿石量 246792t，每米崩矿量 30.87t，炸药单耗 0.316kg/t，爆破补偿系数大于 30%，矿石损失率 6%，矿石贫化率 4.5%，大块率 3%～5%，采场生产能力 2300～2500t/d。

6.6.4.2 施工工艺

首先起爆采场中部束状深孔，然后起爆采场两侧及两端深孔。束孔内各孔同时起爆。束孔、边孔间采用孔口微差起爆。爆破作业微差起爆间隔为 1 段。孔内采用双导爆索起爆，主起爆网络采用导爆索双回路环形起爆系统。

6.6.5 爆破施工机械

6.6.5.1 井下潜孔钻机

井下潜孔钻机主要用于矿山大直径深孔采矿，分段爆破法掘进天井及地下工程的隧道、硐室的开挖，其凿岩工作原理同露天潜孔钻机相同，主要外形尺寸、工作支架等方面有所区别。国内生产的地下潜孔钻机技术性能见表 6－12。

表 6－12 国产地下潜孔钻机主要技术性能

型号	钻孔直径 /mm	钻孔深度 /m	适应岩种 (f系数)	回转速度 /r·min^{-1}	推进长度 /m	使用风压 /MPa
KQJ－100	80～130	60	8～16	90	1	0.5～0.7

型号	使用水压 /MPa	耗水量 /L·min^{-1}	耗气量 /m^3·min^{-1}	外形尺寸 (长×宽×高) /m×m×m	质量/t	生产厂
KQJ－100	0.8	8～12	12	0.45×0.6×2.65	0.293	宣化采掘机械厂

6.6.5.2 井下装药车

井下装药车有两种类型，一种是将装药器布置在汽车底盘上，另一种是现场混装车。前者一次装药量大，机动性好，效率高，省人工；后者能自动混制输送以及填装各种配方的铵油炸药、乳化炸药、重铵油炸药以及混合乳胶、水胶等浆状炸药。国产井下装药车主要技术性能指标见表6－13。

表6－13 国产井下装药车主要技术性能

型 号	药箱装药量 /kg	装药速度 /kg·min^{-1}	综合装药能力 /kg·h^{-1}	工作风压 /MPa	返粉率 /%	装药密度 /g·cm^{-3}
BC－2	790	50～60	650	0.3～0.4	8～10	0.9～1.1
BCJH－0.5	500	40～50	500	0.2～0.4	0.2	1.1～1.2

型 号	升降平台尺寸 /mm×mm×mm	底盘	自重/t	外形尺寸（长×宽×高）/m×m×m	生产厂
BC－2	980×610×520	DYC－1	6.36	6.13×1.785×2.245	长治矿山机械厂
BCJH－0.5		ZL101WE	3.4	4.252×1.66×1.8	

参考文献

[1] 刘殿中，杨仕春. 工程爆破实用手册［M］. 第2版. 北京：冶金工业出版社，2003.
[2]《采矿手册》编辑委员会. 采矿手册(第2卷)［M］. 北京：冶金工业出版社，1990.
[3] 纽强. 岩石爆破机理［M］. 沈阳：东北工学院出版社，1990.
[4] 吴立，闫天俊，周传波. 凿岩爆破工程［M］. 武汉：中国地质大学出版社，2005.
[5] 汪旭光. 爆破手册［M］. 北京：冶金工业出版社，2010.

7 崩矿界面的类型与稳定性影响因素

7.1 原岩帮壁及其稳定性的影响因素

原岩帮壁是指采用大直径深孔回采完矿房采场以后形成采场空间的竖直面，可以是未采动相邻采场或矿体的顶底盘。

采矿设计时，通常根据矿岩条件、应力环境分析计算采场的合理结构参数和回采结束后空场帮壁的稳定性，实践中，除上述常规因素外，影响原岩帮壁的稳定性还有一些不应忽略的因素。

(1) 原岩帮壁形成方法。采用大直径深孔采矿技术采矿，通常采用球形药包分层爆破和连续柱状药包阶段爆破两种落矿方法。

球形药包是一种长度不大于孔径6倍的短柱状装药，基本限定了单一药包的装药量和相应的阻抗匹配，边孔爆破基本是药包群微差顺序爆破的最后一段，有较好的卸载条件，可以认为，采用球形药包分层落矿易形成基本“无伤害”的平整的原岩帮壁。

大直径深孔阶段崩矿多采用连续柱状装药，由于单元装药的应力波的叠加作用，距炮孔一定距离的应力波参数不仅与炸药性能和孔径有关，还与装药长度有关。试验表明，当柱状药包爆破时，在距装药中心（轴心）同样的距离上，应力波的参数随装药相对长度（装药长度与装药直径之比）的增加而增加，但装药相对长度超过20时，再增加装药长度，应力波参数的峰值不再增加，也就是说，同样孔径条件下，柱状装药比球形药包爆破对帮壁的破坏作用要大。按通常的概念，阶段深孔崩矿的边孔采用空气间隔装药，或者采场边界孔采用较小的炮孔直径的密集布孔，能达到降低对边帮破坏作用比较明显效果，但在实践中上述措施将往往增加施工作业的复杂性和成本。在安庆铜矿7号采场，沿采场长度方向分段选取2.8m、3.1m及3.5m等不同排距的布孔方案[1]，以期在采场崩矿总体炸药能量平衡条件下，将炸药能量适当集中于采场中部，既保证采场崩矿的总体破碎效果，也有利于降低爆破作用对边帮的动应力扰动。爆破结果表明，边帮界面完整，并取得了大块率1.9%、二次破碎炸药单耗0.064kg/t的爆破指标[2]。

(2) 减少全面积边帮暴露时间。采用球形药包分层爆破或柱状装药阶段爆破回采矿房采场，通过采场回采顺序的设计，尽量减小采场最后一次爆破以前边帮暴露的面积；采场顶板在暴露以前，应留有1~2倍爆破抵抗线的矿石护层，在采场回采顺序的设计上，应最后形成采场顶板边帮，邻近边帮炮孔的装药爆破参数应根据采场矿岩条件适当修正。

（3）“充填药包”在阶段崩矿中的应用。阶段分次崩矿，每次爆破都形成新的临时边帮，这一临时边帮形成的质量，关系到下一爆破作业的安全和装药条件。因为阶段崩矿炮孔的上端装药为双自由面爆破，如果装药设计不当，不仅难以形成规整的台阶，还可能损坏邻近的炮孔的端口部分。采取加长阶段爆破最后一排炮孔的充填长度是实践中通常采用的有效技术措施，但人为加长充填长度，易导致局部破碎不均匀。

所谓“充填药包”，即为在后排炮孔或可能导致硐室底板爆后矿石抛掷堆积的炮孔中，适当调低最上层大药包的位置，并在原孔中河砂充填段中合适位置（离孔口1.2m左右处）再设置一个5kg小药包（图4－26所示）。爆破后靠近临空面部分的硐室底板几乎没有矿石堆积，对相邻炮孔无后冲破坏。

7.2 充填体帮壁在爆破载荷作用下的动力响应与稳定性

采用大直径深孔阶段崩矿二步回采时，采场侧帮通常为胶结充填体，虽然采矿设计已根据采场尺寸、侧帮暴露面积对充填体相关参数和稳定性进行了详细技术设计，但是难以避免的存在充填体强度的不均衡性和受阶段深孔爆破的动应力扰动，在采场回采过程中仍然有必要采取有效技术措施，既要保证爆破效果，又要确保充填体的稳定性。

矿石与充填体的交界面因为两种介质波阻抗的差异，是一非完全自由面，应力波传播到这一界面时，一部分反射回来，形成拉伸应力波破碎矿石，一部分透过界面传播到充填体中，在充填体中产生应力扰动和传播，相应的动应力直接影响充填体，特别是临近爆源的充填体的稳定性。协调的解决爆破作用控制和充填体的稳定对降低采矿成本和采矿贫化率都有重要意义。

实际上，应力波引起的破坏不是瞬时发生的，而是一个在一定时限内完成的动应力作用的完整过程，在爆破载荷作用下，介质的破坏不仅与作用力的数值有关，还与该应力作用的时间有关，同时，考虑充填体距离爆源比较近，爆破载荷对充填体的作用，不是通常的振动问题，而是应力波问题，因此，在这一特殊的应力环境下，采用冲量密度作为充填体的破坏准则，这一参量不仅考虑了运动量，也考虑了介质中的应力值、应力作用时间。

基于上述基本分析，结合凡口铅锌矿[3] Jb－160m 4号间柱采场条件，进行了大直径深孔采矿过程爆破荷载作用下的动力响应、破坏规律的研究。通过理论分析、模拟研究和现场测试，具体研究结果有：充填体破坏时的冲量密度临界值为150.485N·s/m^2，临近界面处充填体中的冲量密度I衰减规律为

$$I = 237.859e - 1.485\overline{R}$$

据此所确定的边孔距离充填体为2m时，最大分段药量应不大于200kg。研究还表明，采取空气间隔装药结构，有利于降低临近充填体中的应力波冲量密度。空气间隔长度与药柱长度比应为0.45～0.55。

因为各个矿山的矿石和充填体的力学性质和强度参数各不相同，上述研究结果可以作为回采两侧为充填体的矿柱时选取爆破参数和控制爆破作用技术措施的参考。

大直径深孔采矿崩矿界面的稳定性是一项比较复杂和综合性很强的工作。

7.3 安庆铜矿深部厚大矿体二步回采应用案例[4]

安庆铜矿是铜陵有色金属集团控股有限公司“八五”期间建设的一座大型坑下铜矿，1号矿体是其主采矿体，－400～－640m中段2号矿房以西是该矿体的厚大区域，随着－385m以上采场回采结束，矿山迫切需要一种针对深部厚大矿体的连续、高效、安全的开采技术，实现矿山持续的高产、稳产。

1号矿体资源储量占矿山总储量的85%，为一隐伏接触交代矽卡岩型铁铜矿床。1号矿体走向125°～305°，倾向总体上为SW，部分倾向NE，主体部分为急倾斜矿体。已控制矿体长度约760m，平均厚度40～50m。

1号矿体深部厚大区域主要采用高阶段大直径深孔嗣后充填采矿法回采，采场主要垂直矿体走向布置，分矿房、矿柱二步骤回采，采场长度为矿体水平厚度，－400m以下矿房、矿柱宽度均为15m，采场高为阶段高度。先采矿房后采矿柱，实行“隔一采一”回采顺序，采用VCR法拉槽—倒梯段侧向崩矿回采工艺。现有凿岩设备为阿特拉斯公司生产的Simba－261型潜孔凿岩台车，孔径165mm；实行空气间隔装药结构，毫秒微差雷管起爆；出矿使用ST1030柴油铲运机。矿房回采完毕用尾砂胶结充填，矿柱采用尾砂或废石非胶结充填。

7.3.1 深井厚大矿体高阶段分单元区域整体上行连续开采技术

如图7－1所示，将矿床划分为若干个中段，各中段间隔式划分为矿房（R表示）和矿柱（P表示），并对矿房和矿柱进行连续编号，编号为1～13。以三个中段为例，R12、P23为采用大直径深孔采矿方法回采的双阶段矿房、矿柱采场，R3、P1为采用大直径深孔采矿方法回采的单阶段矿房、矿柱采场。

如图7－2和图7－3所示，对编号为奇数的R12进行开采，采完后采用胶结充填，底部采用一定厚度高强度胶结充填；对编号为偶数的P23进行开采，采完后对P23中间采用一定厚度高强度胶结充填，下中段其余部分采用胶结充填，上部中段其余部分采用非胶结充填；对编号为偶数的P1进行开采，采完后采用非胶结充填；对编号为奇数的R3进行开采，采完后对R3底部采用高强度胶结充填，

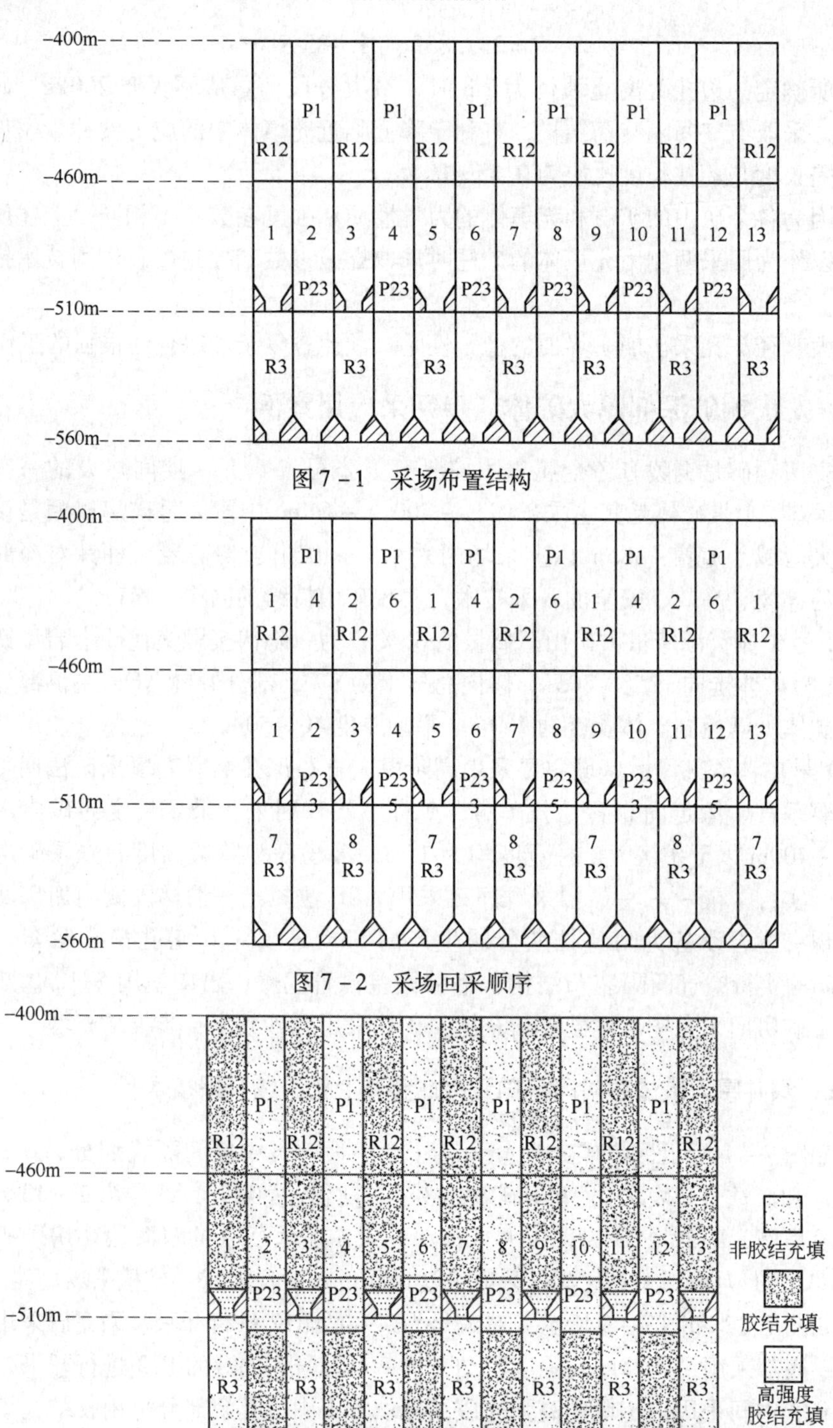

图 7－1　采场布置结构

图 7－2　采场回采顺序

图 7－3　采场充填方案

其余部分采用胶结充填。底部结构的三角矿柱和高强度胶结充填体构成隔离层，隔离层取代 -510m 原岩水平矿柱。实现矿体自上而下连续开采。

当上中段两相邻的一步骤矿块回采及充填完毕后，它们中间的二步骤矿块是从下中段开始回采，下部矿块回采完后再采上部矿块。事实上，其下部矿块为下部中段的一步骤矿块，上部矿块才是二步骤回采矿块。通常称一步骤矿块为矿房，二步骤矿块为矿柱，则可将这一布置方式称为“矿房矿柱上下交错布置”。

充填方式是：上部中段的矿房采用胶结充填并在底部充填一定厚度的高强度胶结充填体作为假底，下部中段的矿房也采用胶结充填，该矿房的上部矿块为矿柱，采用非胶结充填。如图 7-3 所示，R3 标识为矿房采场，实际回采过程中作为矿柱采场，P23 虽然标识为矿柱采场，回采过程中上部矿块为矿柱采场，下部矿块为矿房采场。“R”、“P”只表示矿房、矿柱的对应位置。这种充填方式也使上、下中段间不存在胶结充填接顶问题，能从根本上解决世界性的充填接顶难题。

7.3.2 充填体包裹条件下厚大矿柱的安全高效回采技术

根据连续开采方案整体规划，R3 处于 R12 与 P23 充填体包裹下，回采难度和风险极大。针对 R3 采场开采，形成一整套充填体包裹条件下厚大矿柱安全高效回采技术。

7.3.2.1 异质界面爆破监测技术

矿柱采场回采爆破时，边孔一侧为高强度矿石，另一侧为低强度尾砂胶结充填体。为了避免矿柱采场爆破对充填体产生破坏作用，需开展异质界面控制爆破与爆破有害效应监测技术研究。通过对矿岩-胶结充填体界面上的爆破振动进行监测，为异质界面控制爆破技术提供依据。

7.3.2.2 充填体包裹下采场稳定性监测与地压控制技术

充填体包裹条件下深井厚大矿柱的安全回采涉及充填体、矿柱本身以及采准工程的稳定性问题，在回采过程中是否存在由于小小的回采扰动发生灾变的可能性，即充填体或矿柱的突然失稳，是关系到矿体开采的全局性问题，因此不仅要在生产过程中观察井下各种地压显现现象，更为重要的是获取现场围岩以及充填体的变化数据，利用现代化采场稳定性监测与地压控制信息技术，判断其稳定性，为合理的回采方案提供科学依据。

7.3.2.3 非接触式激光精准扫描与数字建模三维可视化开采技术

利用现代化信息技术升级传统采矿方式，实现矿山数字化、智能化。采用三维激光精密探测系统 MDL 精确获取采空区三维形态，并结合大型数字化三维矿山软件，进行矿山地质资源、生产动态的实时准确掌握与管理，实现非接触式激光精准扫描与数字建模三维可视化矿山开采。

11 号矿房回采完毕后，采用 MDL 进行现场探测，精确地获得了采空区的三维形态，运用大型矿业软件计算出空区体积，并与设计边界进行对比分析，计算出采场贫化率。对爆破效果进行了评估。

7.3.2.4 静、动力学条件下数字矿山开采数值模拟技术

随着计算机技术的高速发展，数字化已成为矿山未来的必然趋势。矿山开采从根本上可归结于静力与动力联合加载问题，项目采用先进大型三维数值模拟软件 $FLAC^{3D}$ 与 $LS-DYNA^{3D}$ 分别对开采过程中的静、动力学问题进行研究，模拟开采过程，成为采矿从传统的单纯经验判断向未来数字化、智能化转变的关键技术之一。

7.3.2.5 异质界面控制爆破技术

充填体包裹条件下矿柱采场回采爆破时，爆炸波经过矿岩－胶结充填体界面时发生透射和反射，一部分从界面反射回来进入矿体内，另一部分透过交界面进入胶结充填体。因此，界面控制爆破技术的关键是要控制通过界面进入尾砂胶结充填体中的爆炸能量所产生的破坏作用，同时要求使界面处的矿石破碎成合格的块度。

A 装药结构

装药结构形式主要考虑：(1) 降低炮孔装药量是首选的技术手段；(2) 多段间隔装药结构可有效降低爆炸应力波的作用，相对提高爆炸气体膨胀作用，使爆破破坏程度控制在设计范围内；(3) 在不耦合装药的情况下，相比柱状药包，球状药包的粉碎区半径较小。

基于以上分析和小型爆破模拟实验，异质界面控制爆破采用多分层小药量球状药包空气间隔装药结构。

B 边孔距的理论估算

爆炸过程是一个极其复杂的过程，为了使边孔距离的理论计算简化，先作如下假设：(1) 矿体与尾砂胶结充填体的分界面是一个规整的平面；(2) 尾砂胶结充填体与矿体之间不存在任何空气间隙；(3) 矿体与尾砂胶结充填体均为各向同性弹性体；(4) 药包视为球形药包；(5) 不考虑分界界面处爆炸应力波的二次反射与透射；(6) 爆炸应力波到达界面时，按垂直入射计算应力波的反射；(7) 爆炸应力波载荷按一维应力波理论计算。

根据爆破地震波质点峰值振动速度、一维应力波理论和入射动压力垂直入射时反射应力和射透应力计算公式，对边孔距离进行计算，代入参数数据可求得边孔距离的理论估算值应不小于0.506m。

C 小型爆破试验

小型试验选择在12号矿柱内，其一侧紧挨已采10号矿房充填体，试验炮孔水平布置，孔径42mm。试验以巷道掘进的方式进行，巷道断面2.5m×2m。试验炸药为普通乳化油炸药。靠充填体一侧的边孔采用多分层小药量球状药包空气间隔装药结构，药卷长200mm，质量200g，药包长径比为5。为避免充填体界面

不规整所引起的试验误差，各次爆破进尺为0.9~1.0m。

试验共进行了16次，通过对各次爆破后充填体的破坏程度、爆破大块和爆破成本等参量进行综合评分，利用二次回归方程求最优解得出以下结论：对于42mm的炮孔，当分层装药量为0.2kg时，其边孔至充填体界面最佳距离为0.41m，最佳空气间隔长度为0.174m。

根据利文斯顿爆破漏斗理论与爆破相似理论，采用165mm大孔回采矿柱时，边孔至充填体界面距离为1.51m，最佳空气间隔长度为0.52~0.7m。

7.3.2.6 装药结构参数的动力学数值模拟计算

中间孔：炮孔装药结构为分层装药量30~40kg，1.5m竹筒间隔。

矿柱采场边排孔曾采用多种装药结构：（1）方案1：分层装药量20kg，1.5m竹筒间隔；（2）方案2：分层装药量10kg，0.7m黄沙间隔；（3）方案3：分层装药量10kg，0.7m竹筒间隔。采用LS-DYNA^{3D}爆破仿真功能对边孔不同装药结构下爆破对矿房充填体的影响进行模拟，确定爆破效果好且能有效保护矿房充填体完整的装药结构。

动力学数值模拟技术路线：充填体在爆破荷载作用下的动力响应可用质点振动速度来表示，因此，可建立相同模型，用LS-DYNA^{3D}有限元软件分别对3种装药方案进行爆破数值模拟，在模拟结果中提取充填体内一系列质点的振动速度曲线，读取曲线的峰值加以对比，即可对以上3种装药方案进行评价。

图7-4所示为爆破数值模拟计算模型及监测点位置图。

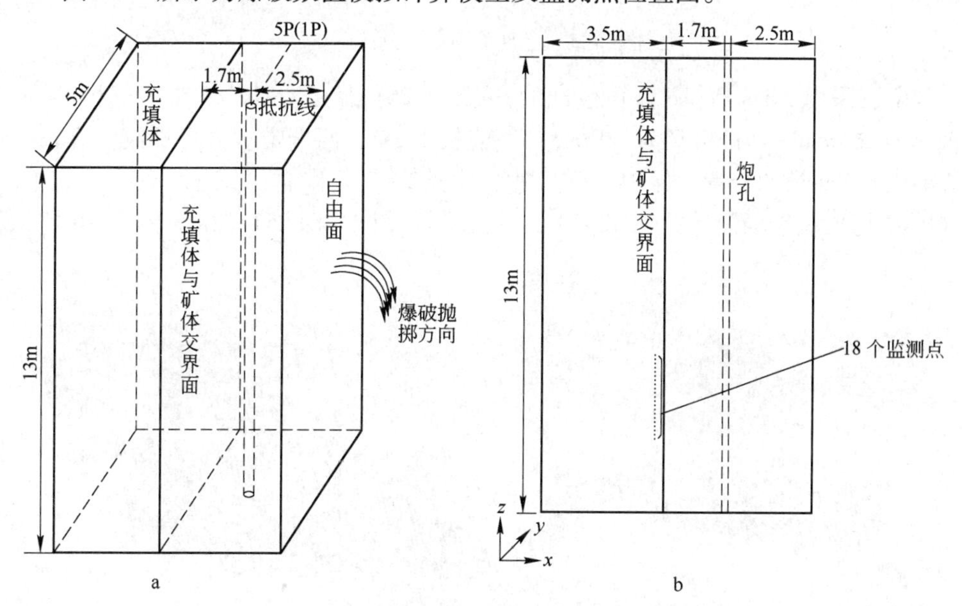

图7-4 爆破数值模拟计算模型及监测点位置

a—计算模型；b—监测点位置

通过有效应力场和关键位置节点振动速度对比分析，相比其他两种方案，方案3的装药结构对两侧矿房的充填体破坏程度更小，所以在进行现场爆破时，边排孔采用分层装药量10kg，0.7m竹筒间隔，堵孔、底砂及面砂的填埋根据安庆铜矿现有参数值。

7.3.2.7 采场爆破

A 炮孔布置与施工

采场布置5排炮孔，第1排、第5排炮孔按松动爆破技术，边孔距均取1.7m，边孔孔底距取2.5m。1P~2P、4P~5P排间距取2.8m，2P~3P、3P~4P排间距取3.0m，中间孔孔底距取3.0m（部分孔例外）。如图7-5所示为上盘采场布孔设计图。

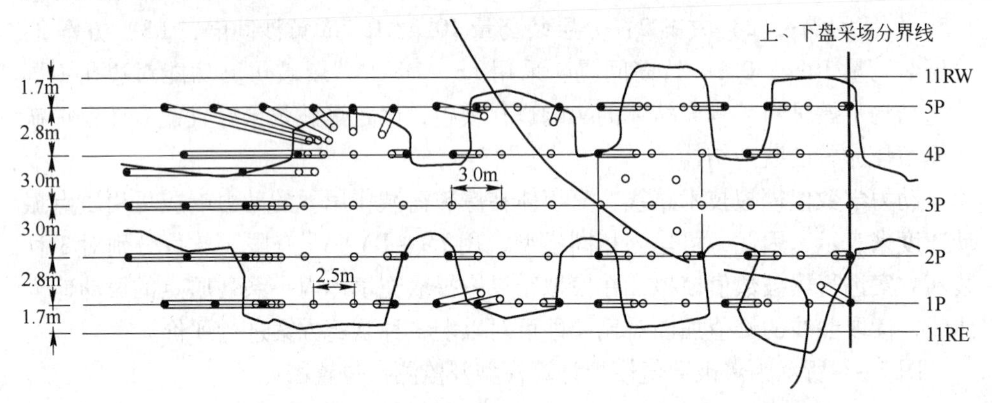

图7-5 上盘采场布孔设计图

凿岩采用Atlas Copco公司生产的Simba-261潜孔钻机，钻头为球齿钻头，直径为165mm，钻杆直径为110mm，每节长1.5m，两端带有方形螺纹。孔口一般加入0.8m长的套管，保护钻孔。每个台班2~3人作业，台班效率40m以上。11号矿房上盘采场设计孔深4205m，下盘采场设计孔深2517.8m。图7-6所示

图7-6 实测炮孔模型

a—上盘；b—下盘

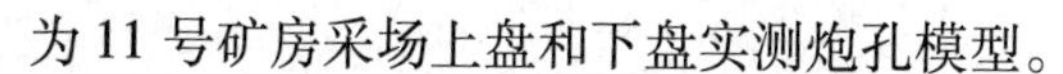
为11号矿房采场上盘和下盘实测炮孔模型。

B 炸药类型

炸药的波阻抗与矿岩的波阻抗比值越大，炸药能量利用越完全，乳化炸药因其装药密度大，每个炮孔装药量多，其爆速高，威力大，适当降低了炸药单耗。故炸药选用乳化炸药，密度0.95～1.30g/cm^3，爆速不小于3200m/s。

C 起爆网络

采用非电环形起爆系统：激发器—导爆管—导爆索—孔口非电微差雷管—孔内导爆索—乳化铵油炸药。

2P、3P、4P采用小抵抗线大孔距V形起爆，抵抗线减小时，爆炸应力波由爆源到自由面的历时变短，波能损耗减少，经自由面反射后其拉应力较强，矿岩破碎块度较碎；1P、5P采用3～4个孔同段起爆，这样能使爆破面比较规整，有利于减少两侧矿房充填体的垮塌。

D 深部采场爆破振动测试研究

选择11号矿房-510～-560m中段上盘采场充填体为爆破振动测试对象，预先在其充填过程中埋设传感器，在11号矿房-510～-560m中段下盘采场掏槽、侧崩、边孔侧崩爆破时收集足够的数据进行振动测试分析研究，通过对数据回归拟合和方差分析，得到矿岩-胶结充填体异质界面上爆破振动衰减规律，并确定充填体安全允许振速，推导最大段药量计算公式，为深部厚大区域采场布孔、爆破提供理论依据。

7.3.2.8 充填体包裹下采场稳定性监测与地压控制

为掌握深部地压活动规律，在11号矿房-510～-560m中段开采过程中，采用包括应力、位移、声发射及沉降监测在内的多种监测方法，详细拟定采场地压监测方案。选择主要对开采所引起的二次应力进行观测，监测数据表明在深部采场出矿阶段，空区暴露范围逐渐增至最大，围岩应力发生较大变化并维持在较高水平，后续充填在一定程度上改善了岩体的受力条件；采场回采引起1号矿体采区岩体承压带的变化和岩体二次应力扰动范围扩大，在-560m中段多处发生的岩爆现象应与此有关，根据对岩爆情况的调查，推断发生的岩爆属于浅层的轻型岩爆，及时采用喷锚支护技术进行处理。

参考文献

[1] 安庆铜矿，北京矿冶研究总院．安庆铜矿高阶段采矿工艺研究［R］．2001.

[2] 程耀达，孙忠铭．回采间柱采场充填体的动力响应［R］．1991.

[3] 北京矿冶研究总院，凡口铅锌矿．凡口铅锌矿阶段台阶崩矿采矿试验研究［R］．1989.

[4] 铜陵有色金属集团股份公司安庆铜矿，北京矿冶研究总院．充填体包裹条件下厚大矿柱安全高效开采综合技术研究［R］．2003.

8 大直径深孔大量落矿的爆破地震与空气冲击波

8.1 爆破地震效应

8.1.1 爆破地震波的形成及危害

爆破地震波作为炸药爆炸带来的必然现象，是由炸药爆炸时所释放出的能量转化而来的。尽管转换成地震波的能量只占爆炸释放总能量的很小一部分，但如果不加以控制或控制不当，都会对周围环境造成一定的危害，并带来巨大的经济损失，如露天矿山滑坡，工业建筑物出现裂缝，爆区附近重点保护建筑和民用建筑的损坏甚至倒塌，地下构筑物的破裂、冒落或坍塌等。因此，了解和掌握爆破地震波的形成、类型及其传播特性，对于研究爆破振动的衰减规律和达到降低爆破地震效应的目的具有非常重要的意义。

8.1.1.1 爆破地震波的形成

炸药在土岩等介质中爆炸所释放出的一部分能量，从爆源以波的形式通过介质向外传播。在传播的过程中，其中有一小部分能量转换成爆破地震波引起周围介质质点振动并传至地表，导致地表面产生震动。由爆破地震波引起的地面震动称为爆破地震动（或爆破振动），其地震动强度随爆心距的增加而减弱。在爆区的一定范围内，当爆破引起的地震动达到一定强度时，将会对地面和地下建（构）筑物、工程设施等造成不同程度的破坏。这种由爆破地震动引起的各种现象及其后果，称为爆破地震效应[1]。

炸药在岩体（或其他介质）中爆炸时，首先对其药包周围的岩体施以冲击载荷（即动作用），而后是爆生气体对岩体的膨胀压力（即静作用）。炸药在岩体中爆炸所产生的应力扰动称为爆炸应力波，岩体中的爆炸应力波在传播过程中，其能量随距离而衰减。根据爆炸应力波的作用范围和破坏特征，可以将药包的作用范围划分为三个区，即冲击波作用区、应力波作用区和地震波作用区。

高温高压的爆生气体向外膨胀冲击岩体，在岩体中传播冲击波并使爆心附近的岩体压碎、破裂，这个区域称为冲击波作用区，一般认为在距爆源 $(3\sim7)R_0$（R_0 为药包半径）范围内（图 8-1）。该区的特点是冲击波具有陡峭的波头，波阵面上状态参数发生突变，以超声波传播，使岩石等介质产生塑性变形或粉碎。

在距爆源（120～150）R_0 范围内（图 8－1），是应力作用区，岩体中冲击波的能量衰减到某一临界值时，冲击波开始转换为没有陡峭波阵面的应力波（弹塑性波）。该区的特点是波头及波阵面上状态参数的变化较为平缓，波速与介质中的声速相等，应力波作用下岩石介质处于非弹性状态，产生应力与变形导致破坏。由于应力波衰减缓慢，该区域破坏范围较大。超过 $150R_0$ 以外的范围（图 8－1），是地震波作用区，应力波在传播过程中衰减为地震波，非弹性过程逐渐终止，并显示出弹性效应。该区域特点是波阵面上状态参数实际上没有改变，波速等于声速，地震波衰减缓慢，作用范围很大，只引起质点的弹性振动，不产生破坏现象。与应力波及冲击波不同的是，地震波是具有周期性的弹性波。

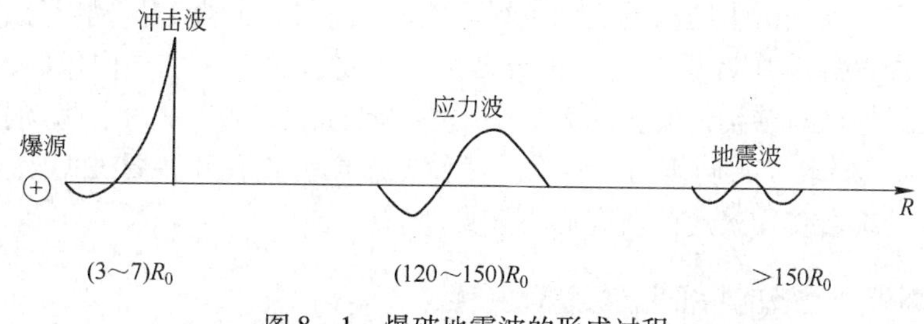

图 8－1 爆破地震波的形成过程

8.1.1.2 爆破地震波的危害

爆破地震波对建（构）筑物的危害可以分为两类：力学效应和应变（变形）效应。

A 力学效应

爆破地震波的力学效应表现在它直接作用在结构体上的拉力和压力，这种效应类似于空气冲击波和水中冲击波的超压和冲量对结构体的作用。爆破地震波的力学效应可以通过式（8－1）来求解：

$$m\ddot{X}(t) + \rho_0 C_0 S\dot{X}(t) + CX(t) = 2S\Delta p(t) \tag{8-1}$$

式中 m——质量；

$\rho_0 C_0$——介质的波阻抗；

C——刚度系数；

S——结构体承受超压的面积；

$\ddot{X}(t)$，$\dot{X}(t)$，$X(t)$——分别为结构体产生的加速度、速度、位移。

从理论角度来看，通过求解式（8－1）可以得到结构体在爆破地震波作用下产生的加速度、速度、位移，因而地震波对结构体的力学效应可以完全求得。

然而，由于爆破地震波有其特殊的作用方式（如瞬时性、复杂性），这种力学效应实际上是一个极为复杂的随机过程，实现式（8－1）的数值计算并不是一件简单的事情。因此，有关爆破地震波的力学效应问题，至今尚未被很好的解决。

B 应变效应

爆破地震波的应变效应表现为爆破地震波引起的地震动由介质传递到结构体上时将引起结构体的变形。爆破地震波的应变效应又可以分为两种类型：第一种是结构体中产生的应力仅由于运动的惯性力所作用而形成；第二种是结构体中产生的应力是由惯性力和不同结构体在爆破振动作用下相对位移的力共同作用的结果。

在早期的爆破振动效应危害机制研究中，各国学者常常过分强调了爆破振动对结构体的直接作用，如不同时期的质点加速度判据、能量比判据、质点位移判据、比例距离判据等。随着对爆破振动危害机制的深入研究，特别是对爆破振动频谱特性的认识，描述爆破地震波特性的另外两个物理量，即震动频率和震动持续时间，在震动分析中越来越受到重视。人们已经注意到爆破振动对结构体的破坏不仅与爆源的爆炸参量有关，还与结构体本身有关，并且与作用时间亦有关系。即是说爆破对结构体的振动效应是爆破振动速度、频率成分、振动持续时间（爆破振动三要素）共同作用的结果。然而，迄今为止，开展爆破振动三要素对受振对象的综合作用效应的研究尚不多见。

8.1.2 爆破地震波的特征和爆破振动参数

8.1.2.1 爆破地震波的传播规律

因传播速度不同，在爆破远区体波与面波在时空上彼此分开。

在爆破地震波从爆源向四周空间传播的过程中，纵波的波速最大，频率最高，其次是横波，再次是瑞利波；而在能量传递中，瑞利波的能量最大，其次是横波，再次是纵波。因此在爆破地震波的传递过程中，先是一系列具有较小幅值和较高频率的波形到达，接着而来的就是幅值较大、频率较低的波形。在大量的爆破振动记录中还可以看出，振动波形的振幅由零开始到出现最大振幅的这段时间，特别是从剪切波出现到最大振幅的这段时间，一般是比较短的；过了最大振幅之后，波形逐渐衰减，这段时间相对较长。

弹性体波在传播过程中，当遇到弹性性质不同的介质交界面或边界面时，将发生反射和折射现象，并伴随有波型转换。对于 P 波或 SV 波入射，一般都能产生反射的 P 波和 SV 波以及折射的 P 波和 SV 波；而对于 SH 波入射，则只产生反射和折射的 SH 波（图 8 -2）。

弹性入射波的入射角度和介质的波速决定了折射和反射波与界面所形成的角度。因此，介质中波的传播特性与波的传播速度密切相关。

质点振动速度是指在外界因素影响下质点相对平衡位置做反复运动时的速度，其是质点运动的能量衰减过程。波的传播速度通常是波作用下的介质质点振动速度的几个数量级，其实际数值的大小和介质的材料特性有很大关系，在爆破界通常以材料的波阻抗来表示材料的这种特性[2]。

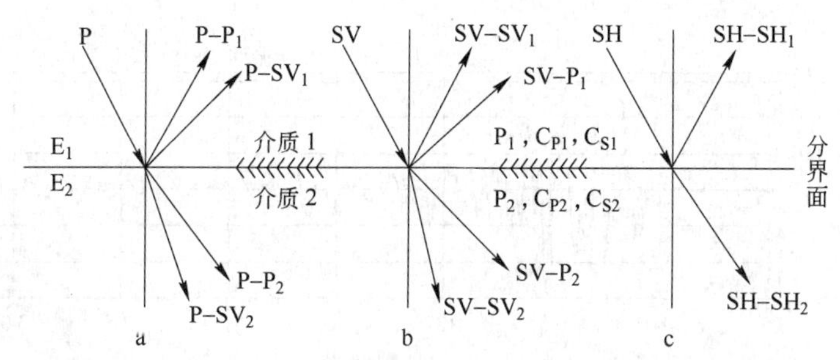

图 8 – 2 弹性波在两种不同弹性介质分界面上的反射和折射

a—入射 P 波；b—入射 SV 波；c—入射 SH 波

8.1.2.2 爆破地震波的能量传递特征

爆破地震波的传播过程是能量通过介质质点的扰动向爆源四周扩展传递的过程。由于转换成爆破地震波的能量只占炸药爆炸释放能量的很小一部分，而且在爆破地震波从爆源到地面的传播过程中，随着传播距离的增大，由于波阵面不断扩大和介质的内阻尼吸收作用，使爆破地震波的能量和振动幅值不断衰减。但是，介质的这种阻尼作用的大小与地震波的震动频率有关，对于高频震动，介质的阻尼作用较大，即高频震动含量更容易被吸收。因此，在近距离范围内，地震波的高频震动成分含量较高，而在远距离范围内，随着高频震动成分含量的不断减少，地震波的低频震动成分含量相对增大。

爆破地震波的这种高频波传播距离较近，低频波传播距离较远的能量传递特征，使得在离爆源较近区域内的地震波主振频率较高，在爆破远区地震波的主振频率较低。由于建筑物的自振频率一般都比较低（2 ~ 5Hz），当远区爆破振动的主频率与建筑物的自振频率一致或接近，且爆破振动仍具有一定的强度时，由于共振作用，建筑物将产生剧烈的振动，并很有可能造成建筑物的破坏。因此，在爆破远区，爆破地震波的低频破坏作用更加明显。

8.1.2.3 爆破地震波传播过程的复杂性

爆破地震波在地层中的传播及由其引起的地面质点运动本身就是一个复杂的力学问题，而且在爆破地震波的传播过程中，由于受到炸药的性能、药量的大小、爆源位置、装药结构、起爆方式、传播介质的性质及局部场地条件等各种因素的影响，都会使地震波的能量、传播途径、地震波类型、振动幅值、频率和震动持续时间等随着爆破条件的不同而发生很大的变化，因此，爆破地震波的传播过程是一个非常复杂的变化过程。而爆破振动实测波形变化的复杂性和随机性（图 8 – 3）直接反映了爆破地震波传播过程的复杂性[3]。

A 爆破地震波传播方向和路径的多变性

由爆破所产生的爆破地震波是以波动的形式从爆源向四周传播的，而不同类型的地震波其传播路径和传播特征完全不同。

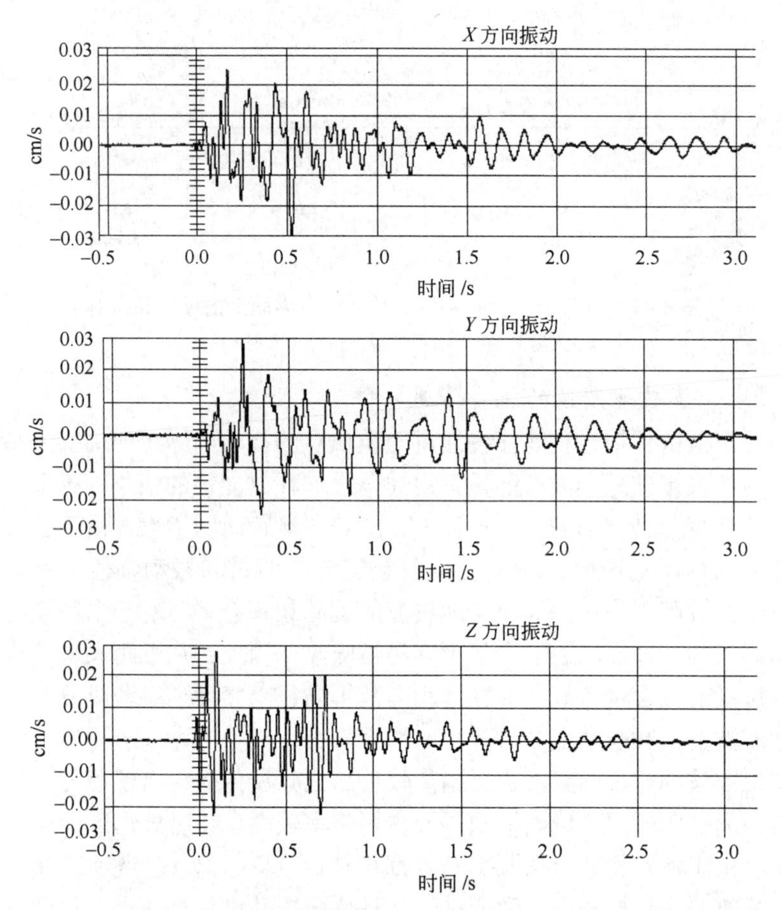

图8－3 爆破地震波传播过程复杂性的波形体现

在爆破地震波的传播过程中，由于地质构造的复杂性和介质的非均质性（即使是在同一爆破场地条件下，局部区域的地质构造、介质性质也可能存在很大的差异），当遇到各种介质性质不同的交界面或分界面时（如断层、破碎带、节理、裂隙、沟壑、自由面等），地震波都将会发生反射、折射和绕射现象，并使地震波的传播方向和传播路径发生变化，同时还伴随有地震波波型的相互转换。因此，随着地质构造和介质性质的不同，爆破地震波的传播方向和传播路径具有多变性。

由于爆破地震波传播方向和传播路径的多变性，不同类型的地震波在不同介质中的传播速度各不相同，以及传播介质的滤波作用，使得在地表面测得的爆破振动波形是地震波经过传播介质的多次反射和折射后由不同幅值、不同频率与相位的各种波型叠加而成的复合波。其中，既有体波也有面波，还有直达波和次生波。

B 爆破地震波波形变化的随机性

炸药爆炸的能量释放过程是在瞬间完成的，由其转化而来的爆破地震波的能量很小，且衰减很快，使爆破振动的持续时间很短，而且由于受到各种因素的影响，爆破地震波的传播过程非常复杂，爆破振动波形的幅值、频率及相位随时间发生变化，没有确定的规律性，其振动变化过程也不能用明确的数学关系式来描述。因此，爆破地震波信号是具有明显的瞬态震动特征的随机信号，其震动波形的变化具有随机性。

爆破地震波的随机性，使爆破振动波形具有非常复杂的变化，而且不会重复出现完全相同的波形。不仅是不同的测点其波形差别较大，即使是在同一次爆破的同一测点处得到的波形也可能存在着一定的差异。

尽管随机性使爆破振动波形千变万化，但大量的振动观测记录表明，爆破振动波形仍然有着共同的变化特征：振幅从零开始到出现最大振幅的时间一般较短，最大振幅之后逐渐衰减，但时间较长。对大量观测数据进行统计分析的结果表明，爆破地震波具有一定的统计规律性，因此，爆破地震波的传播规律可以用概率统计的方法来进行描述和研究。而在实际应用中，采用线性回归的分析方法对爆破振动峰值的衰减规律进行预测研究最为常见。

C 爆破地震波频率的丰富性

爆破地震波传播过程的复杂性和震动信号的随机性，使爆破时引起的地面质点的振动是一个非常复杂的非周期运动过程，它的振动频率不是一组离散的频率，而是在0～∞之间连续变化，其频谱为连续谱。

周期信号可以用傅里叶级数来表示。爆破地震波属于随机性信号，可以看成是由不同幅值、不同频率和不同相位的谐波组成的复合波。因此，对爆破地震波的频率特性进行研究可以采用傅里叶级数变换的方法将爆破地震波的时域信号转换成频率域信号而得到其频率谱。通过频谱分析，可以得到爆破地震波的各种频率成分及其幅值（或能量）与相位，这些对结构的振动特性、振型和动力响应的研究都具有非常重要的意义。

爆破地震波在介质中的传播，由于介质的阻尼作用造成的高频滤波特性，使得低频波的传播距离较远。即随着爆破地震波由近向远传播，高频成分逐渐被吸收，低频成分的含量相对增大，因此，在远距离处，爆破地震波主要表现为低频震动。

不同的频率成分对结构、设备和人员的影响有着显著的差异，爆破地震波一般都包含有一个或几个主要的频率成分，而这些频率成分对建筑物有着非常重要的影响。由于建筑物的固有频率（自振频率）一般都很低，当爆破地震波的主要频率成分与建筑物的自振频率接近或一致时，存在共振的作用，很有可能对建筑物造成不同程度的破坏。这也是近处建筑物没有破坏，而远处建筑物却产生破坏的主要原因。

8.1.2.4 爆破地震效应影响因素

A 爆破参数对爆破地震效应的影响

对爆破振动监测记录的分析表明，随着爆破方式的改变，振动幅值和主频率都有所改变。对于露天爆破和工程岩土爆破而言，爆破振动与爆源距离、最大段装药量、超深、方位、总装药量、高差等参数的关系非常密切。

应用灰色理论对爆破振动监测记录分析，结果表明，爆破振动传播影响的相关性由高到低的顺序为：距离—超深—最大段装药量—方位—总药量—高差。

工程爆破施工生产中，多采取微差起爆，即把分散于各炮孔和硐室中的药包按一定顺序微差起爆，一般认为微差爆破有利于降低爆震。这是因为通过延迟分段的手段，把齐发爆破可能出现的一个强有力的地震波，切分成多个强度较弱的地震波，而它们经过一定空间和时间的衰减，又会产生干扰和叠加，从而降低爆破振动。大量数据的统计或具体资料表明，在多段微差爆破条件下，振动强度不取决于总药量，而是最大的分段药量。一定的延迟时间，虽然不能使割断的地震波完全脱离，但是可以使割断地震波主要作用阶段的最大振幅得到分离，在实际上达到各段单独作用的效果。这就是分散药包微差爆破的降震原理。

现场爆破振动监测表明，起爆方式、起爆网络和钻孔超深改变后，爆破振动传播改变最大的特征有以下两个方面：

（1）爆破振动引发的地表震动幅值有较大变化。分析表明，最大段装药量和超深与爆破振动触发的地表震动峰值的变化最为密切。采取分区延期起爆方式比正常爆破方式所引发的地表震动峰值平均降低40%～50%，其他参数相同的条件下，爆破振动触发的地表面震动速度峰值至少可以下降30%。

（2）采用分区微差分段起爆方式，可明显改变爆破频率特性。

图8-4所示为采用正常起爆方式和分区微差分段起爆方式下爆破振动监测记录的幅值谱，从该图可以看出，地表延期分区分段起爆方式和普通起爆方式相比有以下特点：1）主频有明显提高；2）出现较多峰值点，说明爆破振动能量较普通起爆方式较为分散[4]。

但爆破振动监测实践也表明，如果微差时间选择不合理，不仅不会减震，有时还会增大地震效应。这是因为前一段爆破振动和后一段爆破振动形成接力，产生地震波叠加，而在下半周期产生高峰波。

此外，工程实践表明，合理的工程不耦合装药结构，对减轻爆破地震效应也有一定作用。不耦合装药时，药室中空间的存在，减缓了爆压，延长了其作用时间，使爆炸能中用于岩体破碎的能量增加，震动能量减少，从而降低了爆破震动效应。南芬露天矿的高台阶预裂爆破中，采用降震预裂爆破而使爆破地震波比普通法降低了30%～40%。

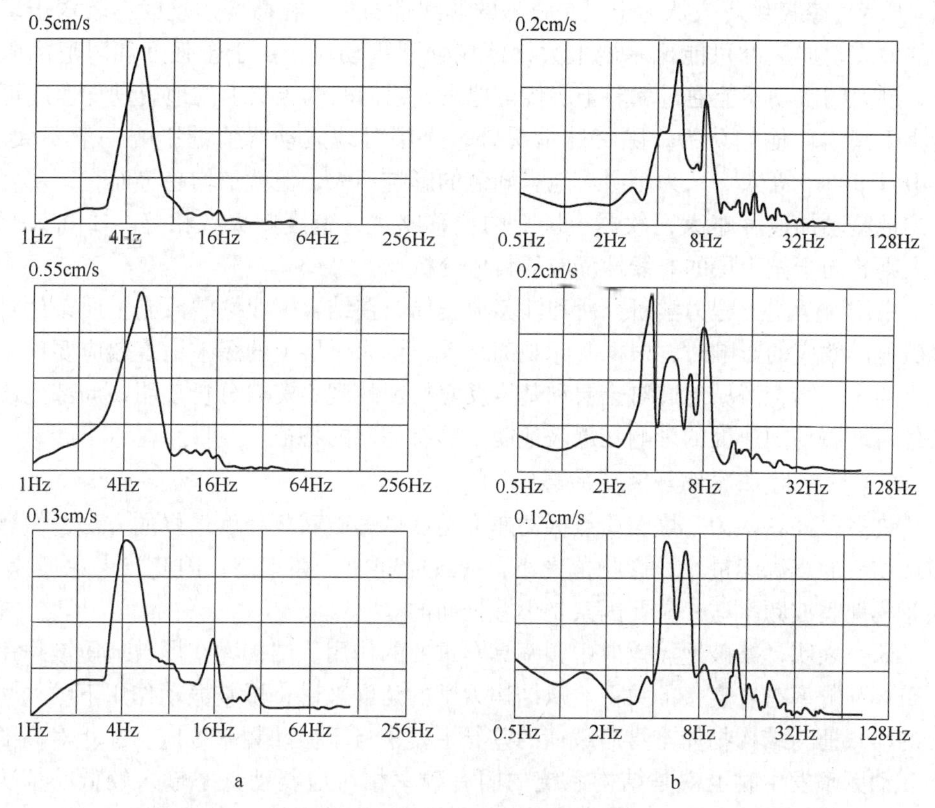

图 8－4　不同起爆方式的频率特性

a—正常起爆方式；b—分区微差分段起爆方式

B　场地条件对爆破地震效应的影响

爆破地震效应还受炸药性质、岩石性质等影响。低爆速炸药爆轰压力上升的慢，爆破震动就小。坚固致密的岩石，振动强度和振动频率就大，持续时间也短。岩石内部质点振动波形比较简单，而地表面测得的振动就较复杂，特别是基岩以上的表土层直接影响振幅较大而频率较低的爆破地震波。地形条件对爆破振动强度的大小也有影响，坡度的增大对爆破引起的质点的振速具有放大效应。地震波传播方向正好平行岩体产状时，振速较大；而当震动传播与岩体产状有较大夹角时由于地震波要穿过各弱面，从而振速被削减。此外，地震波在传播过程中遇到断层、裂隙、河谷等，其振速强度也明显降低。

大量工程实践和研究表明，基础位于覆盖土层上的建筑物比基础位于基岩上的建筑物抵抗地震破坏的能力要差；另外即便对于基础都落于覆盖土层上的建筑物，基础落于厚度大的覆盖层上的建筑物抵抗地震破坏的能力要差，这说明场地覆盖土层的存在将对地震波产生影响。

关于土层和基岩上地震动的强弱问题，在地震工程中是一个长期争论的问题。G. W. 豪斯纳等人认为土层是强烈的非线性材料，在微弱震动时，软弱土层上的地震动加速度可能比基岩上大，但在强烈震动时，由于土强度和阻尼的限制，过大的震动不能通过软弱土层传至地表，因而软弱土层上的地震动加速度可能小于基岩。他们认为，除特殊情况外，土层对地震动峰值的影响一般不大。M. D. Trifunac 等人[5]认为土层对地震峰值的影响不大，但就平均趋势而言，基岩上的地震动加速度略大，软弱土层上的位移略大，速度则大致相等。H. B. Seed 等人则趋向于做土层的非线性反应的具体分析[6]。

中国科学院工程力学研究所和江苏地震局，在结合工业爆破研究土质条件对爆破地震效应的影响时，根据实际观测结果，认为土层上的爆破地震效应要比基岩上的大。结合海城地震对土层和基岩反应特征的观察资料分析表明，局部土质条件对地震动加速度的影响在爆破地震中具有相同的特征。

C　频率对爆破地震效应的影响

许多研究者认为，爆破质点振动速度是衡量爆破破坏程度最好的方法，但爆破地震波的震源能量小，影响范围小，持续时间短，频率高，因此只考虑振速，而忽视地震波频率这一重要因素是不够全面的。

研究表明，爆破地震效应中频率具有重要的作用。结构物在爆破地震波作用下破坏与频率有着直接的关系。从结构力学的角度来讲，爆破振动作用下结构物上的动载荷与结构物体本身静载荷的差异主要来自于振动频率效应。在相对高的地震动频率发生时也就是结构系统的固有频率相对地震动频率输入较低的情况下，整个结构物对所输入地震动的峰值响应就有一个滞后，有时直至地面运动峰值通过后才起反应。在此过程中结构和地基之间的相对位移等于地基的最大地面位移。在较小的输入频率情况下，地震动频率接近结构物的振动主频，此时结构物的质量与地基之间的关系可以近似于一挂有质量的硬弹簧（质量代表结构物，而硬弹簧代表此时地震动输入频率较低的地基），在这种情况下，地基弹簧系统就可以将地震作用力传至上部结构。可以认为，结构与基础一起运动，它们之间所存在的相对位移较小，结构物对地震动的响应加速度就等于其基础运动加速度。较小的地基位移就足以使结构发生运动，结构在同其地基同步运动，当地面运动峰值过后，由于惯性作用，结构将会相对于地面发生较大的相对运动，尤其对较高的建筑物来说，其顶部相对于基础的相对位移是比较大的。同一结构对不同爆破响应的相对位移随引起结构物运动的地震支配频率而变化，而相对位移是造成破裂的主要原因，因而输入结构的地震动频率是影响结构物破裂的重要因素。

主频率是最大振幅所对应的频率，爆破振动的主频率可在 0.5 ~ 200Hz 之间变化。爆破振动主频率的大小取决于传播介质，高频波容易在土壤中被滤掉或被衰减掉，所以传播的距离往往比岩石中短。由于波导效应，地层能将某些频率的波传播得更远。例如，剪切波会在土层内共振，因此在截面厚度大于2～3m的土壤中测量时，一般主频率为1～10Hz。而在岩石中，一般主频率为10～100Hz。爆破实践证明，爆破地震持续时间很短，建构筑物在爆破作用下，破坏的最主要因素是振动强度（即振动位移和速度）和振动频率。

建筑物的自振频率较低，一般来说，在其他条件相同的情况下，低频波比高频波对建构筑物的危害更大。结构动力学的研究已经证明，结构受到主频率不一样的振动激励时响应程度是不一样的。一幢住宅结构对主频率为80Hz、速度为1.2cm/s的地面振动波的响应比10Hz的要小，因此80Hz的振动波使结构破坏的概率比10Hz的振动波要小得多。

David E. Siskind经过测量分析提出，对于主频为4～12Hz的一至两层民房易受地震影响而发生最大位移。对于单层住宅结构来说，5～20Hz的频率范围是重要的。美国的USBM标准将振动速度和振动频率结合，用于判断房屋结构振动的安全标准。该标准在低频时所允许的安全振动速度较低，而在高频时允许的振动速度有所提高。这一标准的原则和实际观测情况相符合：爆破监测人员有时发现距爆源较近的结构物没有破坏而距离较远的房屋会出现明显的破坏裂缝，这主要是因为爆破地震波频率随距离的增大而降低，远距离处低频部分占优势，并接近于结构物的基频，从而引起结构物的强烈振动破坏。

爆破地震效应对建筑物的破坏是一个比较复杂的物理现象，需要从频率、幅值、地质因素、爆破方法等多方面进行研究。对建筑物进行振动影响监测时，应对振动反应最强烈且易造成破坏的部位加强观测，并应将在这些部位所测得的振动允许值作为整个结构物的安全标准，而不是从结构物的地面上采得的数据进行分析判断。地震波的频率对地震波的危害性具有重要的影响。低频地震波能引起结构的高幅值共振，因此，在注意振动物理量（如速度、加速度）的大小对建筑物的振动破坏时，应将爆破地震波的频率因素结合起来进行考虑。

8.1.2.5 爆破地震波的累积效应

爆破地震波的累积效应，是指在爆破地震波的作用下，土岩介质体与结构体或结构物应力状态或应变状态的动态力学效应，即材料状态的动态叠加，或者是材料破坏状态的动态叠加，其中介质材料的相关力学参数（应力、应变、弹性常数等）是时间的函数，与历史力学过程密切相关，或者是历史力学过程作用结果的综合。例如，介质体弹性常数的累积效应体现在两种状态：

（1）同一爆破地震波中体现为：前一时刻的作用结果对后一时刻状态的影响；

（2）对多个间断的爆破地震波的累积作用的体现是：历史地震波的作用结果对当前地震波作用结果的显著影响，或有历史地震波的作用结果与当前地震波作用结果的力学累积。状态累积包括应力状态累积、应变状态累积、破坏状态累积等。

国内外一些学者的相关理论与试验研究，从正面或侧面肯定或证实了爆破地震累积效应的存在。

F. E. Heuze 在对岩石节理的膨胀效应研究中明确指出了岩体中的块体与节理的残余特性，因此爆破地震波对岩体的作用具有一定的延续性，这种延续性便体现在爆破地震累积效应。

F. O. Otuonye 提出考虑反复爆破荷载的作用来分析研究爆破荷载下硐室顶板锚杆的动力响应。G. L . Prost 在观测循环加载下的不连续体时，发现表面压力足够大时裂纹能横穿裂隙面，产生裂隙分枝，且裂纹在压力下滑移产生微断层，原裂纹有应力集中时会发生裂纹扩展，而爆破地震波本身就是一种随机的循环加载波。爆破地震波作用下的岩石或岩体裂纹及微裂纹的发生与扩展正是爆破地震累积效应的体现。

Y. M. Tien 在不同荷载条件下矿岩的应变、孔隙、压力和疲劳特性观测试验中，建立了轴应变累积值和疲劳寿命的关系式，指出在某种试验条件下轴应变超过临界值时岩样发生突发破坏，并在某一应力比率下临界应变值并不取决于围压和加载频率。陶振宇等采用两个加载波和两个伺服器完成了循环加载试验，在循环加载岩石的受力状态和变形的试验研究中指出，正是基于地下工程受循环加载的作用而研究循环加载岩石作用机理。

C. E. Sruart 等在三轴荷载作用试验室试验中提出 Kaiser 应力记忆效应和声发射累积。R. J. Pestman 等在声发射试验研究中提出和验证了应力记忆效应，有应力记忆，就存在应力时间与空间上的叠加。J. A. L. Niaper 和 A. P. Pierce 提出了地下采矿岩层崩塌诱发地震动循环效应（recurrence effects）问题。M. Eneva 等也在对爆破和潜在岩爆对岩体的地震动响应的研究中提出了积累和应变的概念。

J. L. Berzal 在西班牙某露天矿所测定的裂隙面对爆破地震强度的影响结果，也充分证实了存在爆破地震积累效应[7]。

程民宪与陈聃[8]在研究天然地震作用下结构低周疲劳特性中，为考察钢筋混凝土结构与钢结构积累损伤系数和统计特征，选择原始地震记录作输入激励，计算得出累积损伤系数的期望值与周期的反应谱曲线（图 8－5），并分析指出：

（1）钢筋混凝土结构的损伤在短周期部分较高，在长周期部分较低，说明低周疲劳性能给短周期结构带来大的损伤。

（2）累积损伤系数在结构强度系数较低的情况下出现较高的值，说明较弱结构容易产生较大的塑性变形，从而低周次疲劳影响更加显著。

（3）在普通结构常有的周期范围（$T=0.1\sim0.5\mathrm{s}$）及结构强度（$\lambda=0.2\sim1.0$）内，累积损伤系数的值多在（0，1）之间。典型特性的钢筋混凝土结构与钢结构在地震作用下一般会受到不同程度的损伤，但只有少数强度极弱、周期极短的结构才会导致完全失去抵抗能力的倒塌，同时也只有少数强度极高、周期极长的结构才会在一次地震之后保持完好无损。

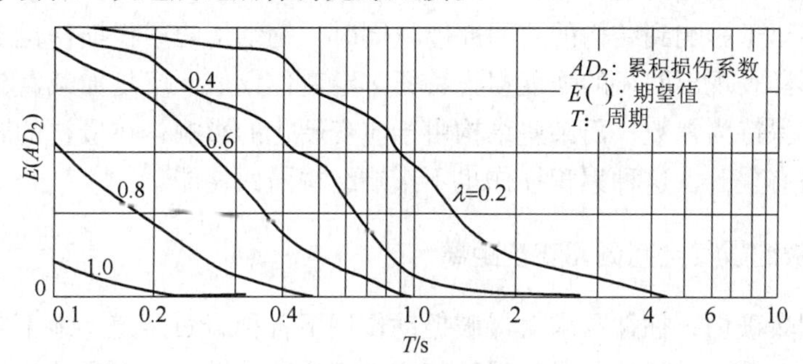

图 8-5 天然地震的累积损伤谱

通过对以上文献资料的分析，可以看出：（1）结构地震累积损伤是存在的；（2）结构地震累积损伤与结构本身的性质密切相关。

爆破地震波对结构的响应可分为力效应（惯性效应）和应力（应变）效应（结构体介质本构关系的应变率效应）两种类型，爆破地震波的力效应表现为作用在结构上压力与拉力，并以特殊的形式表现出来，在土岩介质中传播的爆炸压力波通过结构基础传递到结构体，应力波发生反射、折射与绕射进而产生拉应力波。爆破地震波的应变效应在波从土岩介质中传递到结构体基础，引起结构体基础产生变形（震动），进而从基础传递到整个结构体。

地震波对结构体的效应分为两种：（1）由惯性力引起的结构应力，（2）由于惯性力和结构构件的相对变形引起的结构应变。描述地震作用应力效应比应变效应更为适合，因为应力效应描述利于对地下工程或埋置结构的刚度与抗震力的计算。

地震作用下，结构破坏同时受结构本身强度及地震强度的影响，高效能结构有所损伤是难免的，但并不一定会导致完全丧失抵抗外荷载能力的那种倒塌，结构强度和固有频率是引起结构破坏的主要因素，当两者均为适当中等大小时，结构高频疲劳性能及地震动持续时间也会对结构破坏产生影响。地震动持续时间对结构物损伤的影响受结构高频疲劳性能的制约，同时因结构本身性质，尤其是结构寿命曲线的不同而存在差异。地震作用下的高频疲劳性能对结构破坏的定量影响与地震动振幅、频谱与持续时间三要素密切相关。现有实验结果表明，钢筋混凝土结构和钢结构在损伤累积规则上均有较大的差异。

具有刚度退化性质钢筋混凝土框架柱的破坏的两个易损因素：一是屈服后负刚度现象，起控制着结构的大变形破坏的作用；二是多次反复引起的强度损失，起控制着结构的累积损伤和疲劳破坏的作用。钢筋混凝土框架柱的承载能力随反复次数的增加而减少。实验表明，其在加载的最初几周，及临近破坏的最后几周损失尤其大。这种强度损失不仅影响到结构的最终破坏判定，而且还直接影响到结构变形过程中的滞回能力。

对于刚度非退化的钢结构，虽然也具有负刚度现象，但往往导致反方向的应变硬化，不至于影响到结构的滞回耗能。同时，钢结构的累积损伤也不像钢筋混凝土结构那样表现出明显的强度损失特征。定变位幅值下反复加载直到破坏前结构抗力几乎保持为常数，而某些结构由于应变硬化的影响，在最初的若干循环里抗力甚至略有上升，这种累积损伤也不影响结构滞回耗能[9]。

8.1.3 爆破地震安全判据和安全距离

在工程爆破中，往往要求对爆破振动作用下各种岩石隧道、地下巷道、涵洞等的安全稳定性给出评价，以便采取相应的安全防护措施。大量的现场试验和观测表明，爆破振动破坏程度与质点峰值振速大小的相关性较好；而且，当炸药量、爆源距离、最小抵抗线相同，但传播地震波的岩土介质有变化时，振动速度值虽有一些变化，相比其他物理量而言，振动速度与岩土性质有较稳定关系。

随着对爆破振动危害机制的深入研究，人们发现单一强度因子表示的爆破振动安全判据在理论上和工程应用方面都存在一定程度的局限和不足，爆破振动对结构体的危害不仅与振动强度有关，还与频率密切相关，结合振动频率的振动安全判据成为了目前振动安全评价体系中的主体。近几年来，有人根据材料的动态拉应力破坏准则，考虑到质点振速与动态抗拉应力的关系，建立一种新的判据，即动态抗拉应力判据。

8.1.3.1 爆破地震安全判据的理论基础

所有这些爆破振动安全标准，都是建立在专家学者和工程技术人员长期的振动测试资料的分析处理基础上，具有较为深刻的工程背景，都曾对工程实践起到了一定的指导作用。但是，爆破振动的安全决定于外因和内因两个因素。外因就是振动荷载的大小和形态，内因就是被保护物本身结构与基础的承受能力。被保护物种类千差万别，对各物理量的敏感程度千变万化，要在这两个因素之间规范一个包罗万象的“安全判据”是不可能的，但在工程中又必须确认保护物的安全状态。建立既能综合反映爆破振动危害的实质，同时又能体现出爆破振动各主要影响因素的安全判据，是研究爆破振动效应的一个永恒的主题。

A 独立阈值理论

质点振动速度、加速度与爆破振动产生的惯性力密切相关，便于换算爆破振动荷载和进行结构应力分析，而采用质点振动速度能使爆破振动波所携带的能量与所产生地应力相联系，并与结构中产生的动能和内应力建立联系。因此早期的爆破振动安全判据都是以单一强度参数（质点振动位移、速度、加速度）的最大值作为衡量结构和建筑物是否安全的评定准则，并多以质点振速峰值（PPV）作为衡量建筑物是否破坏的安全判据[10]。如 Fogelson D. E. （1962）、Longerfors

(1958)、Edwards A. T. (1960)、Northwood T. D. (1968) 等的单一质点振速（或加速度）安全判据，这类评价方法称为独立阈值理论。这类判据的广义表达式可以用式（8－2）来表示：

$$A = f(\text{爆源变量，介质属性，仪器参数}) \tag{8-2}$$

式中 A——爆破振动的最大幅值；

f——某一特定的函数形式。

式中列入的每一项都包含若干变量，如在爆源变量项中，应考虑装药情况（分段微差爆破中的最大段药量、炸药的位置和深度）、爆源介质的物理参数、微差爆破中的微差延期时间等的影响。

各国研究者都是根据实测数据，按式（8－2）运用回归方法得到基本适合现场实际情况的爆破安全判据。

B 爆破破坏指数理论

近几年来，有人根据材料的动态拉应力破坏准则，考虑到质点振速与动态抗拉应力的关系，建立了一种新的判据，即爆破破坏指数（*BDI*）安全判据。该判据结合爆破振动能级、岩石性能、现场特性和岩土支护系统等因素，利用爆破振动产生的感生应力与岩土结构的定量抗破坏能力的接近程度来评价爆破振动对相应结构的危害。它是从岩土损伤、破坏的直接原因出发建立的岩土结构物损伤破坏判据，并用爆炸破坏指数（*BDI*）这一无量纲参数表征爆破振动损伤破坏的类型和程度。*BDI* 等于爆破振动感生应力与介质抗破坏能力之比，可参照式（8－3）计算：

$$BDI = \frac{\rho v c}{K_r T} \tag{8-3}$$

式中 BDI——爆炸破坏指数；

v——峰值质点速度矢量和，m/s；

ρ——岩体密度，g/mm^3；

c——岩体压缩波速度，km/s；

K_r——场地质量系数；

T——岩体的动抗拉强度，MPa。

爆破振动感生应力是指压缩应力波在自由界面反射时引起的动抗张应力，是质点峰值速度矢量和、岩石密度和介质的压缩波速度的乘积。

介质抗破坏能力是指某一监测地点承受引起爆炸破坏的感生应力动载的能力，用岩体的动抗拉强度乘以场地质量系数的形式表示。这里的场地质量系数既考虑了弱化岩体的地质特性，又考虑了加强岩层条件的岩层支护系统。

加拿大的 Yu T. R. 等人基于现场条件调查和 *BDI* 计算，给出了地下井巷、采场等岩体结构体的损伤破坏现象与 *BDI* 的对应关系。*BDI* 值越大，岩石结构损伤、破坏程度越严重，当岩石开始崩落时，$BDI > 2.0$，故其值在 0 ~ 2.0 之间变化。表 8 - 1 列出了爆炸破坏指数与不同程度爆炸破坏之间的关系。

表 8 - 1 地下结构的爆破振动动态应力判据

BDI	破 坏 类 型
≤0.125	地下开挖空间无破坏，关键性永久巷道、破碎硐室、井筒、永久车间、矿仓、水泵房等的最大允许值
0.25	无明显破坏，长期使用巷道、井筒通道、救护站、变电站、通风天井、矿石溜井等的最大允许值
0.50	不连续小规模掉块，中期使用巷道如主平巷、主运输巷等的最大允许值
0.75	不连续中等规模掉块，临时巷道如横巷、凿岩巷、采场通道等的最大允许值
1.00	连续大规模掉碎块，需要大量的修复工作
1.50	对整个巷道造成严重破坏，使其恢复工作很困难或无法修复
≥2.00	大冒落，通常使通道报废

爆炸破坏指数安全判据考虑了爆破振动强度与岩体抗损伤破坏程度的关系，是一种全新意义上的判据。但是，该判据忽略了爆破振动效应是爆破振动本身与受振对象共同作用的结果，特别是没有考虑爆破振动主频及振动持续时间的影响，最终影响了该判据在实际应用中的可靠性和合理性[11]。

8.1.3.2 各国对爆破地震安全的允许标准

爆破振动不仅会对爆破区域附近建筑、设备、道路桥梁、供电线路等造成损害，也可能对人员的生理和心理造成伤害。因此，世界主要国家对爆破振动的影响都有相应的限制标准。

A 单一指标安全允许标准

法国规定在人口稠密的市区内进行爆破时所产生的爆破振动速度值不得超过 10mm/s。日本 1992 年制定的《混凝土建筑物爆破拆除工程安全技术方针》，提出以振动的速度振幅峰值为 2kine，振级为 89dB，噪声声压级为 120dB 作为标准。我国香港地区地铁爆破施工时采用的质点振动速度控制值为 25mm/s。瑞典则按支撑构筑物的岩石类型，将爆破振动速度限定值分为 3 类，见表 8 - 2。

表 8 - 2 瑞典爆破振动安全标准

支撑构筑物的岩土类型	振动速度限定值/$mm \cdot s^{-1}$
松散的冰渣、砂、卵石、黏土层	≤18
紧密的冰渣、砂岩、软弱灰岩	≤35
花岗岩、片麻岩、石灰岩、石英砂岩	≤75

前苏联则将建筑物分为 5 类，按“经常性爆破”和“每月爆破一次”用质点振速峰值作为参考指标。其中：医院，经常性爆破时质点振速峰值允许值

8mm/s，每月爆破一次时 30mm/s。大型板材住宅楼和儿童机构，经常性爆破时 15mm/s，每月爆破一次时 30mm/s。除大型板材之外的所有类型住宅楼和公共建筑、变形的办公楼和工业建筑、锅炉房、高耸的砖烟囱，经常性爆破时 30mm/s，每月爆破一次时 60mm/s。办公楼和工业建筑、高耸的钢筋混凝土管道、铁路和水工隧道、立交桥，经常性爆破时 60mm/s，每月爆破一次时 120mm/s。单层框架式工业建筑，加有金属物和石块的钢筋混凝土建筑，作为基础建筑一部分的土坡，主要矿山（使用寿命可达 10 年的）坑底、主入口，堆积物，经常性爆破时 120mm/s，每月爆破一次时 240mm/s。

B 速度－频率安全允许标准

在爆破技术不断发展的过程中，人们越来越意识到，用单一的地面质点振动速度峰值作为爆破振动安全判据，没有考虑不同的结构物对不同频率地震波的振动响应存在的差异。而大量的工程爆破实践和试验研究表明，选用单一的质点振动参数作为爆破振动的安全判据存在明显的缺陷和不足，在很多情况下不能反映结构物的实际损害情况。由于这种评定方法不能反映爆源性质和地质地形条件的影响，也无法具体地考虑建筑结构的动力特性和材料性能，因此，使得这种方法给出的指标往往带有片面性和保守性，对于不同场地和不同类型建筑结构的适用性较差，实际应用时，只能凭设计施工人员的经验予以修正。因此，有些国家和地区考虑了振动频率对建筑物破坏的影响，并采用质点峰值振速和其对应的频率作为新的爆破振动安全判据。

例如前民主德国在制定爆破振动安全标准时，将建筑物的类型划分为四类，主要考虑 2～30Hz 和 30～100Hz 两个频率范围内的质点振动速度，并以垂直振动速度峰值作为爆破安全的控制标准，见表 8－3。

表 8－3 前民主德国爆破振动安全标准

建筑物类型	垂直振动速度峰值/mm·s^{-1}	
	2～30Hz	30～100Hz
有历史意义的建筑物	2	2～14
木栅式结构	5	5～36
砖石或混凝土墙结构	10	10～71
钢结构、钢筋混凝土结构	30	30～215

德国 DIN4150 标准按频率将建筑物分为 3 种类型，但频率范围划分得更细，而且是以合速度的峰值作为安全判据的标准，如图 8－6 所示。

DIN4150 标准还综合考虑爆破引起的质点振动速度峰值和振动频率对建筑物的共同影响，制定出不同频率范围内的振速控制标准作为安全判据。表 8－4 是该标准的具体指标。而且，在 1999 年的新版本中，该标准对超过 100Hz 的振动，认为应取 50 ~ 100Hz 振动速度的最小值。

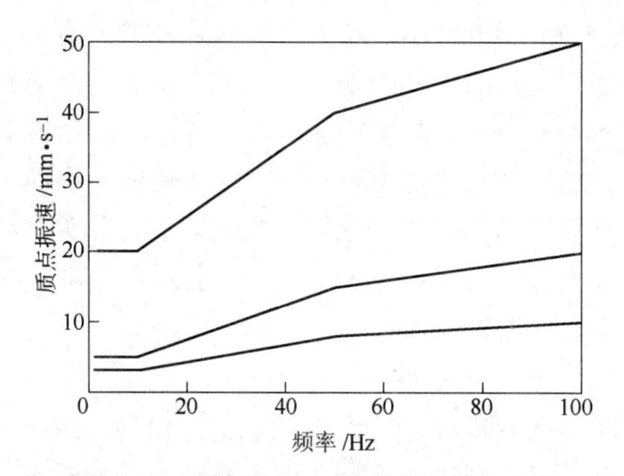

图 8 - 6 德国 DIN4150 爆破振动安全标准

表 8 - 4 德国爆破振动标准 DIN4150

建筑物类型	基础部分质点峰值速度/mm · s^{-1}		
	1 ~ 10Hz	10 ~ 50Hz	50 ~ 100Hz
商业楼宇、工业厂房、类似设计的建筑	20	20 ~ 40	40 ~ 50
家庭住宅、类似设计的建筑	5	5 ~ 15	15 ~ 20
对振动敏感的建筑物	3	3 ~ 8	8 ~ 10

美国在最初制定爆破振动安全判据时，曾采用过加速度峰值作为建筑物的安全评定标准，其限制值为 (0.1 ~ 1.0)g。之后，美国矿业局的 Duvall 和 Fogelson 在 1962 年发表的调查报告（RI 5968）中，根据对实测数据的统计分析得到的结论是质点振动速度与破坏程度的关系最为密切，第一次提出用质点振动速度峰值作为安全评定标准，并建议采用 50.8mm/s(2in/s) 作为爆破振动速度的破坏判据。该判据是以完好居住建筑基础附近的地面质点振动速度为准。当时，美国的许多州（例如新几内亚州、宾夕法尼亚州和康涅狄格州）都采用了这个判据。

表 8 - 5 则是美国矿业局（USBM）在 1980 年制定的破坏标准（RI 8507）和露天矿复垦管理局（OSMRE）制定的标准合成后的具体数值（图 8 - 7），它成为目前国际上比较流行的爆破振动安全判据。

表 8 - 5 美国爆破振动标准

建筑物类型	质点峰值速度/mm · s^{-1}	
	<40Hz	>40Hz
现代房屋、预制内墙	18.75	50
老房子、石膏木板结构	12.5	50

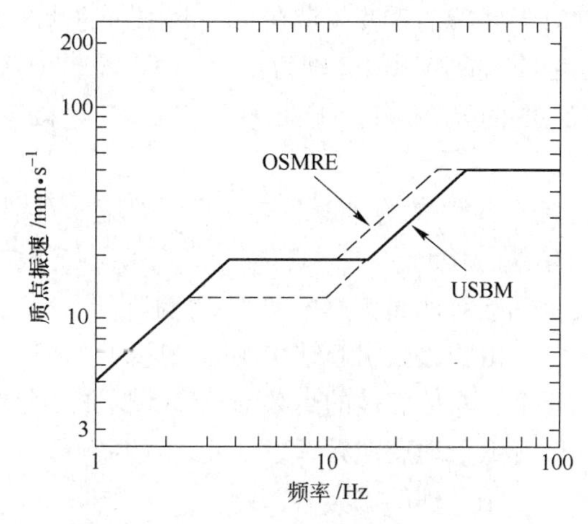

图 8 -7 美国 USBM 和 OSMRE 安全判据

瑞士在制定爆破振动安全判据时，将建筑物分为 4 种类型，并对应两种频率范围。这种情形和原民主德国类似，但是其频率范围的划分与之相比却有着较大的差别。该判据主要考虑了 10 ~60Hz 和 60 ~90Hz 两个频率范围内的垂直振动速度峰值。其安全标准见表 8 -6。

表 8 -6 瑞士爆破振动安全标准

建筑物类型	垂直振动速度峰值/mm · s^{-1}	
	10 ~60Hz	60 ~90Hz
古迹、敏感性建筑物	8	8 ~12
砖石墙体、木楼阁	12	12 ~18
砖混结构	18	18 ~25
钢结构、钢筋混凝土结构	30	30 ~40

印度也同样将建筑物分成几类，以建筑物基础部分的质点振动速度峰值为爆破振动安全依据，形成较为详细的标准，见表 8 -7。

表 8 -7 印度矿山爆破振动标准

建筑物类型	质点振动速度峰值/mm · s^{-1}		
	<8Hz	8 ~25Hz	>25Hz
家庭住房、建筑物（土坯房，砖和水泥）	5	10	15
普通工业建筑	10	20	25
历史性的重要物体和敏感的建筑物	2	5	10
寿命有限的住宅楼、建筑	10	15	25
寿命有限的工业建筑	15	25	50

前捷克斯洛伐克对于爆破地震波频带在10～100Hz的情况下，把建筑物分为3类。其质点振动速度峰值的控制值分别为：

(1) 已有破坏征兆的建筑物，用条石、空心砖等砌筑不良的建筑物：2mm/s；

(2) 一般砖石建筑、预制块（件）结构，及框架墙、石砌墙结构：4mm/s；

(3) 钢筋混凝土建筑：10mm/s。

上述爆破振动安全标准对地面质点振动速度控制很严，其主要特点是把振速与地震波的频率相关联。由于爆破引起结构的附加应力与地震波的频率、强度和结构自身的动力特性有关，而地震波的高频部分要比低频部分的衰减快得多，且建筑物的自振频率一般都低于地震波频率，因此，对高频部分的质点振动速度峰值的允许值较低频高一些是合理的[12]。

C 综合指标安全允许标准

除单一指标安全判据和速度－频率安全判据外，还有一些是以速度、加速度、位移等参数中的两种或两种以上指标综合考量爆破振动强度的标准。

澳大利亚原来根据建筑物类型的不同，以振动速度作为建筑物的破坏判据。制定的爆破振动速度的安全标准如下：

(1) 历史性、纪念性建筑及其他有特殊价值的建筑物：小于2mm/s；

(2) 低层的居住建筑或商业建筑：小于10mm/s；

(3) 钢筋混凝土建筑或钢结构的工业、商业建筑：小于25mm/s。

但是其后又将建筑物重新划分，并以位移和频率、爆破振速峰值为评判标准：

(1) 历史建筑、古迹和有特殊价值的建筑物：频率低于15Hz时位移0.2mm；

(2) 独栋房屋和低层住宅楼，不含地下空间的商务楼：频率高于15Hz时质点峰值速度合量为19mm/s；

(3) 商务楼、工业建筑、钢筋混凝土或钢结构建筑：最大位移0.2mm，频率为10Hz时质点峰值速度12.5mm/s，频率为5Hz时质点峰值速度6.25mm/s。

这种在同一个标准中，有的地方以位移为衡量爆破振动破坏强度的依据，有的是以振动速度来评判，实际上还是属于两个指标的安全判据。目前已有学者意识到，由于建构筑物种类繁多、结构各异，爆破条件和爆破地震波通过的介质情况复杂，在质点振动速度值相同的情况下，将会出现不同的振动频率和振动持续时间。现代工程爆破的观测和分析表明：相同的建构筑物，在振速相同的条件下，不同的振动频率和振动时间对建构筑物的结构动力影响是不一样的。振动持续时间对结构体的影响源于自然地震的研究成果，研究人员很早以前就从天然地震震害经验中认识到了这一问题。

连续振动对结构物的破坏有重要影响，并且这种影响主要表现在结构物开裂以后的阶段。很明显，在结构体已经发生开裂时，连续振动的时间越长，则结构体破坏倒塌的可能性越大。早在20世纪80年代张雪亮等就提出应考虑爆破振动持续时间在爆破振动危害中的作用，认识到振动的峰值、频率特性和持续时间这三要素对结构反应的重要影响，并主张将振动强度、振动频率和持续时间三者（爆破振动三要素）同时纳入爆破振动安全判据，建立多参数安全判据，以提高评估爆破振动安全的准确性和合理性。

将爆破振动三要素同时纳入爆破振动安全判据绝不是将持续时间简单地加入已有的速度-频率相关安全判据中，它不仅要考虑振动峰值强度和结构对爆破振动的动态响应，还要考虑这两者对结构体作用的过程以及累积效应，即是说多因素综合判据应反映爆破振动三要素对结构体的共同作用结果。多因素综合判据已引起了人们的广泛重视，然而迄今为止，还没有出现真正意义上的多因素综合判据。

D 我国爆破振动安全允许标准

我国以前主要用质点振动速度衡量爆破振动强度。针对原有爆破振动安全判据没有考虑频率影响的缺陷和不足，根据近半个世纪工程爆破实践积累的爆破振动观测资料和数据的统计分析，以及广大爆破工作者的要求和建议，在参考世界各国相关规定的基础上，我国重新修订了《爆破安全规程（GB 6722—2003)》。新的爆破振动安全标准对地面建筑物采用了以保护对象所在地质点振动速度峰值和主振频率作为安全判据即“速度-频率”作为地震强度指标；而对水工隧道、交通隧道、矿山巷道、电站（厂）中心控制室设备、新浇大体积混凝土的爆破振动判据，采用保护对象所在地质点峰值振动速度。而且新标准要求，在实际应用中选取建筑物的安全允许振速时，综合考虑建筑物的重要性、建筑质量、新旧程度、自振频率、地基条件等因素的影响来确定。表8-8则详细列出我国爆破振动安全允许标准。

表8-8 我国爆破振动安全允许标准

序号	保护对象类别	安全允许振速/$cm \cdot s^{-1}$		
		<10Hz	10~50Hz	50~100Hz
1	土窑洞、土坯房、毛石房屋	0.5~1.0	0.7~1.2	1.1~1.5
2	一般砖房、非抗震的大型砌块建筑物	2.0~2.5	2.3~2.8	2.7~3.0
3	钢筋混凝土框架房屋	3.0~4.0	3.5~4.5	4.2~5.0
4	一般古建筑与古迹	0.1~0.3	0.2~0.4	0.3~0.5
5	水工隧道	7~15		
6	交通隧道	10~20		

续表 8－8

序号	保护对象类别		安全允许振速/cm·s^{-1}		
			<10Hz	10～50Hz	50～100Hz
7	矿山巷道		15～30		
8	水电站及发电厂中心控制室设备		0.5		
9	新浇大体积混凝土	龄期：初凝～3d	2.0～3.0		
		龄期：3～7d	3.0～7.0		
		龄期：7～28d	7.0～12		

表 8－9 为振动速度与建筑物破坏情况对照表。

表 8－9　振动速度与建筑物破坏情况对照表

建筑物名称	振动速度/cm·s^{-1}	破坏情况
土窑洞	0.5	无掉块
固定安装的水银开关	1.5	跳闸
电视台建筑	3.5	无损坏
一般建筑物	5.0	抹灰裂缝
工业建筑运输栈桥	10.0	无损坏
单层钢筋混凝土建筑	20.0	无损坏
素混凝土支架巷道	25.0	无损坏
岩石稳定的巷道	30.0	轻微损坏
钢筋混凝土涵洞（大于200号）	50.0	无损坏
钢筋混凝土涵洞	100.00	无损坏
机械设备（泵、空压机）	100.00	轴不正
混凝土底座上预制金属物	150.00	底座破裂

我国《爆破安全规程》中采用的是质点峰值振速作为安全判据。目前这类判据在许多国家还在应用，如瑞典所采用的爆破振动安全标准[13]。

8.1.4 爆破地震效应的预测与控制

爆破振动强度预测和控制的研究是20世纪60年代末70年代初从美国的环保运动开始的，而爆破振动衰减规律的研究还要早得多。由于当时美国公众出于对自己权益的保护，对矿山企业爆破产生的爆破振动等危害向当地政府提出了要求，迫使矿业部门对其进行控制研究，矿业部门的研究人员 Devine（1966）等对爆破地震波衰减规律做了大量的研究工作，制订了各种建筑物的抗振标准（仅考虑振速峰值）。

8.1.4.1 爆破地震效应的预测

目前为止，爆破振动强度预测的方法有三大类：经验公式法、有限元模拟和神经网络预测。

A 经验公式法

早期对爆破振动的预测都是采用经验公式法进行计算。

1950 年，Morris 提出了第一个地震波衰减规律方程：

$$A = K\frac{\sqrt{Q}}{R} \tag{8-4}$$

式中 A——质点的最大振动幅值，m；

K——爆破现场的特征常数，取值范围为 0.57 ~ 3.40；

Q——装药量，kg；

R——爆破位置到测试点的距离，m。

1966 年，Devine 将速度衰减方程描述为：

$$v = KQ^{\beta}R^{-\alpha} \tag{8-5}$$

式中 v——质点速度，m/s；

Q——最大齐爆装药量，kg；

R——爆心到测点的距离，m；

α，β——爆破影响指数，由场地决定。

在实验测试与研究基础上，Devine 给出了更为明确的表达形式：

$$v = K\left(\frac{Q^{1/2}}{R}\right)^{\alpha} \tag{8-6}$$

前苏联 M. A. 萨道夫斯基提出了如下计算式：

$$v = K\left(\frac{Q^{m}}{R}\right)^{\alpha} \tag{8-7}$$

式中 m——药量系数，一般为 1/3 或者 1/2；

K，α——分别为与爆破地形、地质条件有关的系数和衰减指数。

式（8-7）在我国应用较广，我国的《爆破安全规程》就采用此式进行计算，但在实际应用时会在 m 的取值上略做补充，取 $m = 1/3$，成为广泛使用的形式：

$$v = K\left(\frac{Q^{1/3}}{R}\right)^{\alpha} \tag{8-8}$$

除上述国外部分研究成果外，自从 20 世纪 50 年代开始，我国许多科技工作者就开始对爆破振动强度的预测进行了深入的研究。

焦永斌提出了结合振动频率的折合速度公式：

$$v_{\mathrm{f}} = \beta_{\mathrm{f}} v_{\mathrm{c}} \tag{8-9}$$

式中 v_{f}——折合振动速度；

β_{f}——频率效应影响系数；

v_{c}——地面质点振动速度。

陈寿如等提出了在露天矿爆破振动控制中考虑高程差影响时的公式：

$$v = KEH_{\mathrm{i}}\left(\frac{\sqrt[3]{Q}}{R}\right)^{\alpha} \tag{8-10}$$

式中 E——考虑质点振速水平分量及振动主频等因素的安全系数；

H_{i}——高差影响系数。

卢文波等人给出了从爆破理论推导的质点峰值振动速度公式：

$$v = v_0\left(\frac{b}{R}\right)^{\alpha} \tag{8-11}$$

式中 v_0——炮孔壁上的质点峰值振动速度；

b——炮孔半径。

B 有限元模拟法

由于经验公式在不同条件下预测的取值变化范围过大，而且其只考虑了质点振速峰值，所以到20世纪80年代中期以后，就没有取得多大进展。在进入80年代以后，科技工作者开始探索一些新的预测方法，开始将有限元、边界元、离散元、有限差分法等数值计算方法应用到爆破振动预测研究中。

有限元法的基本思想，首先是对求解的弹性区域进行离散化，其次是选择一个表示单元内部任意点的位移随位置变化的函数，并按照插值理论，将单元内任意一点的位移通过一定的函数关系用节点位移来表示。随后再从单个单元分析入手，用变分原理来建立单元方程。接着把所有单元集成起来，并与节点上的外荷载相联系，得到一组以节点位移为未知量的多元线形代数方程，引入位移边界条件后即可进行求解。解出节点位移后，再根据弹性力学几何方程和物理方程计算出各个单元的应变和应力。

边界元法是在边界上划分单元，求解边界积分方程的数值解，进而可以求出区域内任意点的场变量。离散元法是将区域分成单元，但是单元因受节理等不连续面的控制，在以后的运动过程中，单元节点可以分离，单元之间相互作用的力可以根据力和位移的关系求出，而个别单元的运动则完全根据该单元所受的不平衡力和不平衡力矩的大小按牛顿运动规律确定。有限差分法主要思想是将待解决问题的基本方程组和边值条件（一般为微分方程）近似地改用差分方程（代数方程）来表示，即由有一定规则的空间离散点处的场变 t(应力、位移）的代数表达式来代替。这些变量在单元内是非确定的，从而把求解微分方程的问题转化为求解代数方程的问题。

随着计算机技术的飞速发展有限元以其独特的计算格式和计算流程显示出了它的优势与特点，且在这四种方法中，有限元法简单易懂应用范围较广，且拥有ANSYS、FLAC等大型有限元软件，较易实现计算机算法。近年来，国内外许多学者选用有限元法进行爆破振动预测，分析质点振速随时间的变化规律，取得了较好的效果。

C 神经网络预测法

进入20世纪90年代后，人们开始将人工神经网络应用到爆破振动研究中，Dava Lily第一次提出了预测爆破地震波峰值的神经网络模型，因为神经网络具有处理模糊信息和不确定信息的专长，而爆破振动中描述对象特征的大量信息是模糊的、随机的、不完全的和不确定的，爆破振动影响因素和峰值速度有着复杂的非线形关系，因此爆破振动适合由人工神经网络进行预测。

8.1.4.2 爆破地震效应的控制

爆破振动的危害效应是爆破有害效应中最重要的问题之一，并已成为国民经济建设中一个重要的环保问题，因此，爆破振动控制一直是国内外爆破安全技术的重大研究课题，亦是一些学者致力于解决的难题。

影响爆破振动危害效应的因素有爆源因素和传播途径因素，如果要不加区分地去控制每一个因素是不可能的，也是没有必要的。因此，应根据影响因素的主次顺序有选择地进行控制。目前分析爆破影响因素主次顺序比较成功的方法主要是灰色关联分析法，它不仅是灰色理论的重要组成部分之一，而且是灰色系统分析、建模、预测、决策的基石，灰色关联分析是对各影响因素作用程度进行量化比较的有效工具。

从以往对爆破振动危害控制的研究看，爆破振动危害控制的方法大致有三种：一是针对爆源所采取的控制措施；二是针对受控对象所采取的措施；三是针对爆破地震波在传播过程中所采取的措施。在工程实际中应用最多的是针对爆源采取的降振措施，其中干扰降振法、控制最大段药量、改变爆炸参数是较为常用的手段。

A 干扰降振法

干扰降振法的原理是将可能引起较大振动强度的大药量爆破通过分段起爆法将其切分成许多部分，这些药包爆炸后以减弱了的单个地震波形式传递给结构体，若能选取合适的爆炸间隔时间，则各部分药包的爆炸所产生的地震波能达到干涉降振的效应，工程爆破中的微差爆破技术就是实施干扰降振的最主要手段。

20世纪40年代，毫秒延期电雷管的引入是爆破振动控制的一大重要进步。实现干扰降振的关键在于确定合理的微差延期时间，许多学者均开展了这方面的研究，并从某一角度或某方面的问题出发提出自己的看法和见解。最著名的是Langforse提出的通过延时药包爆炸达到干涉降振的目的，认为延期时间应为：

$$\Delta t = (2n-1)T/2 \tag{8-12}$$

式中 T——地震波的周期；

n——整数。

这样各部分药包的爆炸地震波会出现干涉相减现象。此外，Anderson通过大量的工程爆破资料总结出了微差延期时间与振动频率的关系，并将两者的关系用灰度图表示，可以在避开受控对象自振频率的情况下，选择合理微差延期时间。

高晓初等人用高速摄影手段建立合理微差延期时间的数学模型。王林通过研究优势频率和爆破地震波谱图得出微差延期时间的计算关系式为：$\Delta t = 500f$（f为爆破振动的优势频率）。章永强通过对周期性激励作用下建筑物的振动响应分析求取合理的微差延期时间。

尽管国内外学者提出了多种确定微差延期时间的方法，但对同一问题按不同的计算方法得出的结果往往相差较大，使得微差延期时间的确定变得非常盲目，如何确定合理微差延期时间仍是微差干扰降振技术研究的难题。

B 最大段药量控制法

爆破振动峰值强度主要与炸药量、爆心距及介质条件有关，而在这些条件中人为能够控制的最有效的因素自然是炸药量。大量实践证明，爆破（特别是分段微差爆破）振动速度峰值的大小，主要取决于最大段药量，此见解称为“单段独立作用原理”。将一次爆破药量分成多段微差爆破，使爆破振动峰值减小为受最大段药量的控制，这样一次爆破规模可扩大许多倍而不会产生大的震动从而达到降振的目的。

C 爆破参数优化法

大量实践资料表明，爆破振动强度与所采用的爆破参数也有关系，如炸药性质、炮孔直径、孔间距、排间距、装药结构、起爆方法、起爆顺序和起爆方向等。但采取改变爆炸参数来达到降低爆破振动效应的效果是很有限的，实际生产中往往受到限制。

8.1.5 爆破地震监测系统

目前，世界各国的工程爆破技术正在日益现代化和科学化，现代测试技术在爆破科学的发展中起着越来越重要的作用。爆破测试技术在我国的发展也是非常迅速的。自20世纪50年代后期开展爆破测试工作以来，各有关产业部门、高等院校、科研单位和一些生产管理部门已陆续建立起了专业测试队伍。测试手段也从初期以机械式为主的静态测试，发展到以现代电子、光学等为主的动态测试，测试系统逐步配套，内容日趋全面。测试范围已从地表测试逐步进入到岩体内部自由场的测试以及建筑结构安全监测。测试规模日益扩大，从单项测试发展到了大规模综合性测试。20世纪50年代的白银大爆破、60年代的南水定向爆破筑坝和金川大爆破、70年代初期的渡口万吨级大爆破等大型爆破工作所进行的测试工作，体现了我国爆破测试技术的发展过程和达到的水平。

爆破是一种瞬态作用过程，许多信息都只能依赖精密仪器来获得。对于爆破振动和冲击波多采用电测法。由于它采用了高速A/D变换器，保留了模拟量直观、简便的优点，又发挥了数值高分辨率、高精度的特点。随着计算机对图像和信号分析处理技术的发展，更显示出了其优越性。图8－8所示为爆破地震监测系统示意图。

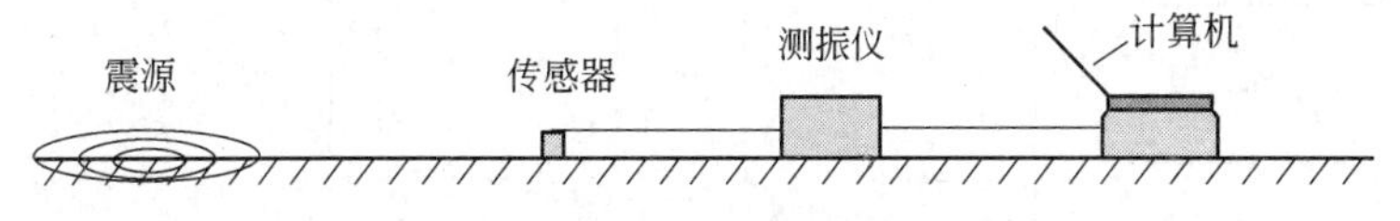

图8－8 爆破地震监测系统示意图

爆破振动监测的主要日的是为了了解和掌握爆破地震波的特征、传播规律以及对建筑物等的影响，了解和掌握建筑物等的破坏机理，以防止和减少对建筑物等的破坏；通过对直接观测所得的大量基本参数的分析、归纳，建立一些半经验半理论公式，为爆破工程提供科学依据，解决爆破工程实践中遇到的一些实际问题；通过特定场地和特定爆破条件下的振动监测，以便修改和调整爆破参数等，使振动参数符合我国《爆破安全规程（GB 6722—2003）》振动安全标准的规定，从而最有效地控制爆破地震波的危害。

由于爆破振动强度受到多种因素的影响，例如爆破方法、爆破参数、地质地形条件等；不同的测点布置方式和不同的测点位置，测试结果不同；不同测试仪器的测试结果都会有所差异。因此，对于每一个测试结果来说，都有特定的条件与其对应，离开一定条件下的测试结果将是没有意义的。

8.1.5.1 NCSC－5000型测振仪

美国SAULS公司生产的NCSC－5000型测振仪由电脑控制，可以同时获取爆破振动和爆破噪声的有关数据。该仪器是目前国内外通用的爆破振动测试的先进设备，其主体由带有固化程序的电子计算机、热敏打印机和可充电蓄电池组成；辅体由三维传感器和噪声测试麦克风组成。将拾振器和噪声测试麦克风插头分别插入主机的SEISMIC和SOUND插孔，即形成整个测试系统，如图8－9所示。其测试原理如图8－10所示。

图8－9 NCSC－5000型测振仪

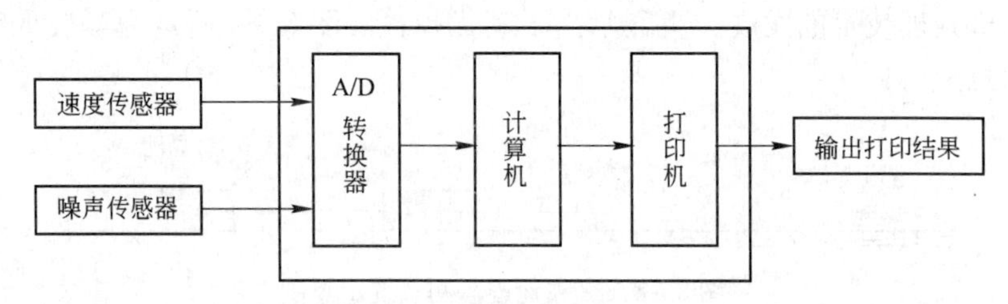

图 8-10 NCSC-5000 型测振仪测试原理

该仪器提供了很好的人机交互界面，大多数用户在操作手册指导下，便可操作自如。NCSC-5000 型测振仪具有两种操作模式：自触发模式和连续监测模式。自触发模式的触发阈值为用户设置的幅值大小，记录中还包括触发前 1s 的振动波形。所记录数据进入测振仪内存后，将在打印机上画出相应的波形图及其他相关数据的信息报表。连续监测模式可以将指定时间内的有关输入信息记录下来，然后进行整理并形成报表。连续监测模式报表中包括波形图和以数字形式表示的峰值。

上述两种操作方式均可以测出测点的三维质点振动速度及其矢量和、振动位移、振动加速度、振动频率、噪声强度和噪声频率，同时画出振动速度与频率之间的关系图和地震波形图。测试结果在爆破后 1min 由热敏打印机打印输出。其主要性能指标见表 8-10。

表 8-10 NCSC-5000 型测振仪主要性能指标

参数	加速度	速度/$cm \cdot s^{-1}$	位移/mm	振动频率/Hz	声强/dBA	通频带/Hz
误差	$<0.02g$	<0.1	<0.0001	<0.03	<0.7	2~500

NCSC-5000 型测振仪使用方便，抗干扰能力强，无任何外接导线，数据准确可靠。其不足是一台仪器只能测一个测点，而且测点位置受到很大限制。使用 NCSC-5000 型测振仪进行现场爆破的振动监测能切实保证测试数据的准确性。

8.1.5.2 DSVM-4C 型测振仪

北京矿冶研究总院生产的 DSVM-4C 型振动测试仪采用高速微控制器，将速度传感器输出的电压量或加速度传感器输出的电荷量进行处理，然后由仪器内高速 12 位 A/D 转换器将此电压量进行量化，并将量化结果保存到存储器内。利用该仪器与计算机的 RS-232 串口通信，可将测试的数据结果保存入计算机硬盘，利用分析软件进行分析、处理。其仪器监测系统如图 8-11 所示[14]。测试原理框图如图 8-12 所示。

DSVM-4C 型振动测试仪主要技术性能指标见表 8-11。所采用的 ZCC-201C 型速度传感器的主要技术指标见表 8-12。

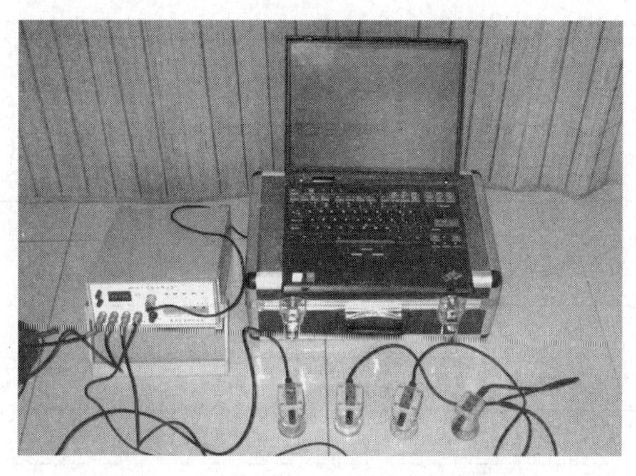

图 8-11 DSVM-4C 型振动监测系统

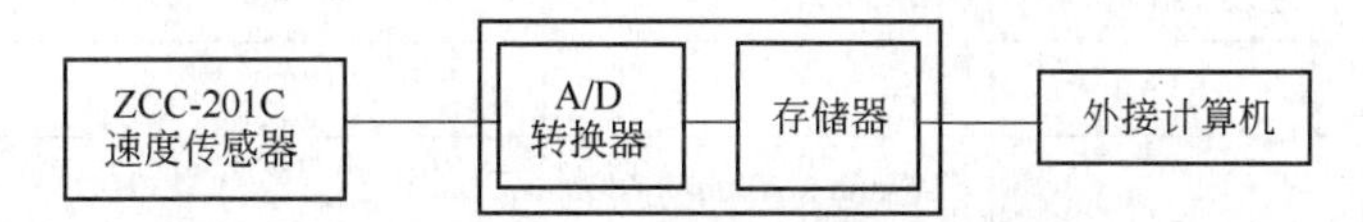

图 8-12 DSVM-4C 型振动测试仪测试原理框图

表 8-11 DSVM-4C 型振动测试仪主要技术性能指标

通道数	4	1、2、3 通道测振，4 通道测声级或振动
振动	量程	最大 ±8V，最小 ±62.5mV，八挡可调
	分辨率	最大 4mV，最小 0.03mV
	触发方式	通断外触发、ch1 内触发、手动触发
	内触发级别	由 ch1 触发，触发电平 0~1V 连续可调
声级	量程	30~140dB
	触发方式	通断外触发、ch1 内触发、手动触发
输入阻抗	1MΩ	可调至 30MΩ
采样频率	1 通道方式	1024 点/s/通道 ~ 16384 点/s/通道
	2 通道方式	1024 点/s/通道 ~ 8192 点/s/通道
	3 通道方式	1024 点/s/通道 ~ 4096 点/s/通道
	4 通道方式	1024 点/s/通道 ~ 4096 点/s/通道
工作方式		分区记录（10 次）、连续记录
存储容量	存储次数	10 次（分区）、1 次（连续）
	波形条数	40 条（分区 4 通道） 4 条（连续 4 通道） 30 条（分区 3 通道） 3 条（连续 3 通道） 20 条（分区 2 通道） 2 条（连续 2 通道） 10 条（分区 1 通道） 1 条（连续 1 通道）

续表 8－11

频率响应	1.3～8000Hz	地面及空气中，低频可调至 0.05Hz
记录时间	分区	最大 1s ＋ 0.25s 预触发时间 最小 62.5ms ＋ 15.625ms 预触发时间
	连续	最大 60s ＋ 0.25s 预触发时间 最小 3.75s ＋ 15.625ms 预触发时间
特殊功能	自检	检查仪器工作是否正常
	零点校正	校正仪器长期工作时零点误差
软件配置		WIN98 高级软件
电源		内置充电电池、外部交流 220V 或直流 12～15V，100mA
内置电池	连续工作时间	12h
	寿命	3 年
尺寸		240mm×90mm×280mm
质量		3kg
工作环境		－20～60℃

表 8－12 ZCC－201C 型速度传感器的主要技术指标

频率范围/Hz	最大可测位移/mm	灵敏度 K/mV·(cm·s)$^{-1}$	测量误差/%
10～1000	1	220	<5

DSVM－4C 型振动测试仪体积小，携带方便。经过其自带的 DSVM－4C 专用软件的分析和处理，可以在波形分析窗口给出振速峰值及对应时间、加速度峰值和位移峰值，并以数字化形式显示原始数据的振动波形和滤波数据的振动波形，还可以对波形分析窗口进行时间缩放、幅值缩放和局部放大，以便对不同时间段的波形进行细节观察和重点研究；在频率分析窗口可以进行频谱分析，可获得主频率、主频域及爆破振动的频率范围。由于传感器和仪器之间的信号线可自已选取，因此测点布置非常方便，相对仪器来讲可远距离布置测点。对于爆破振动来讲，它完全能够满足测试的要求，其优越性非常显著。

8.2 井下大量落矿爆破空气冲击波[15]

8.2.1 爆破空气冲击波及其主要参数

爆破时，爆炸产物强烈压缩毗邻的空气，形成温度、密度和压力急剧飞跃的气体压缩区，并以超过未受扰动空气中的声速的速度传播的一种能量场称为空气冲击波。对一定范围内的被保护物具有损伤和破坏作用。表征空气冲击波特性的基本参数有：波阵面上的压力 Δp，压缩相的作用时间 τ 波阵面速度 D，波阵面上的温度 T 和有效作用时间 T。除压力外，空气冲击波压缩相的冲量是确定空气冲击波机械效应的基本参数，此外，气流、空气冲击波、负压也是构成破坏作用的重要因素。

空气冲击波的初始参数与岩石物理力学参数、炸药类型、爆破规模、装填结构、起爆方法等因素有关，在井下深孔大量爆破的情况下，不仅爆破会形成空气冲击波，而且矿石的崩落也会形成空气冲击波，主要取决于崩落面积和崩落高度。当考虑空气冲击波对采场外部空间的影响和进行防护设计时，采场回采的不同阶段以及爆破空间与采场外部空间的连通情况是一重要因素。

8.2.2 空气冲击波的危害

空气冲击波达到一定值以后会对周围一定范围内的人员、设备、构筑物造成损伤或破坏。空气冲击波超压对人体的杀伤作用见表 8－13。

表 8－13 空气冲击波超压对人体的杀伤作用

Δp/GPa	杀伤程度
192.08～288.12	轻微（轻度挫伤）
288.12～480.20	中等（听觉器官损伤、重度挫伤、骨折等）
480.20～960.40	严重（内脏严重挫伤，可引起死亡）
>960.40	极严重（可能大部分死亡）

8.2.3 影响空气冲击波初始能量主要因素

（1）矿岩物理力学性质在很大程度上影响空气冲击波的参数，爆破较大声学刚度的岩石比爆破声学刚度低的岩石有较多的爆炸能量转变为空气冲击波。

（2）空气冲击波的初始参数也与所采用炸药的性质有关，如果所采用的炸药性质与岩石物理力学性质不匹配，不仅影响岩石爆破效果，也将影响空气冲击波参数，使用能量密度低、爆速低的炸药爆破坚硬岩石时将导致形成很强的空气冲击波。

（3）地下采矿采用深孔大量崩矿时，必要或充分的补偿空间有利于降低空气冲击波的初始参数。

（4）一定直径的柱状装药，抵抗线过大、过小都容易产生强烈的空气冲击波。

（5）爆破规模、微差时间和爆破顺序都直接影响空气冲击波初始参数。

（6）采用大直径深孔回采的采场，采用不同的崩矿方法、采场回采的不同阶段以及采场与采场外部空间连通情况都关系到空气冲击波有害效应的大小。

井下大爆破空气冲击波超压（p）计算可参考下式：

$$\Delta p = 146\left(\frac{\eta Q}{V}\right)^{1/3} + 920\left(\frac{\eta Q}{V}\right)^{2/3} + 4400\left(\frac{\eta Q}{V}\right) \tag{8-13}$$

式中 η——炸药爆炸转化为空气冲击波的系数，夹制条件下的深孔爆破时，$\eta = 0.3 \sim 0.35$；

Q——最大段起爆炸药量，kg；

V——由爆区到观察点的巷道总体积，m^3。

8.2.4 爆破空气冲击波的测试

爆破空气冲击波的测量，应用较多的压电式、应变式和机械式压力传感器，空气冲击波测试系统技术指标与空气可压缩性大、惯性小、冲击波参数衰减迅速等特点有关，主要有：

（1）可测参数范围：0.1～1MPa；

（2）频率响应范围：不小于10kHz；

（3）测量精度：±0.5%；

（4）分析参数波形、幅度值、功率谱等。

声级计是噪声测量中最基本的仪器，一般是由电容式传声器、前置放大器、衰减器、放大器、频率计网络以及有效值指示表头等组成。其工作原理是：由传声器将声音转换成电信号，由前置放大器变换阻抗使之与衰减匹配，放大器将输出信号加到频率计网络，对信号进行频率计权，然后再经衰减器及放大器将信号放大到一定的幅值，送到有效值检波器。

声级计可以外接滤波器和记录仪对噪音做频谱分析，国产ND2型精密声级计内装了一个倍频页程滤波器，便于携带到现场和作频谱分析。

精密声级计的测量精度约为±1dB，普通声级计为±3dB。

8.2.5 空气冲击波沿井下巷道的传播

空气冲击波波阵面上的压力在爆区附近很快降低，当距离稍远时，压力衰减得比较慢，即压力不大的冲击波也可以传到很远的距离。空气冲击波波阵面上的压力衰减强度基本上取决于巷道断面和巷道表面的粗糙性。

如果已知一点的冲击波压力，那么当冲击波沿着断面一定的巷道继续传播，可以按下式计算空气冲击波的衰减：

$$\Delta P_R = -\frac{\Delta P R_1}{R_1 + R} e^{-\frac{\beta R}{d_n}} \tag{8-14}$$

式中 ΔP_R——与某选定点距离为 R 处的空气冲击波波阵面上的压力，kPa；

ΔP——某选定点的空气冲击波波振面上的压力，kPa；

R——某选定点距药包中心的距离，m。

对于一在巷道中传播的空气冲击波，遇有巷道分叉时，冲击波能量将以一定的分配规律进入分叉巷道，分配规律与分叉巷道与波源巷道的角度有关。

8.2.6 井下空气冲击波的防护

地下大直径大量落矿一般在空场条件下进行，爆破空气冲击波对邻近空间的影响除了冲击波的初始参数外，还与落矿方式、爆破采场与外部空间的连通情况有关。如果采用球形药包分层落矿，在分层落矿阶段，爆破空气冲击波向下通过采场下部的矿石垫层的消波后进入采场下部的运矿巷道，炮孔是爆破空气冲击波与采场上部凿岩硐室连通的唯一通道，由于炮孔断面积狭小，将对空气冲击波的传播产生极大的阻力，可以认为，采用球形药包分层爆破落矿的采场，在破顶以前基本呈半封闭状态，爆破空气冲击波离开采场以前，已急剧衰减，一般情况下只需进行人员和设备适当撤离；当爆破量较大，附近有需要保护的构筑物（变电所、局扇、油库等）、采场底部的防护垫层薄弱时，需采取适当防护措施。

当采用球形药包分层爆破落矿的采场进行最后高分层破顶爆破或阶段崩矿爆破，爆破的空气冲击波将经凿岩硐室进路直接进入采场外空间，需进行必要的阻波防护。

8.2.7 阻波墙

根据爆破设计、爆破环境及与外部相邻空间的工程联系条件和被保护技术要求的不同，设计相应的阻波墙消波，是地下大直径深孔大量落矿爆破防止空气冲击波的危害的有效技术措施。

阻波墙按结构设计、阻波作用特点大致分为缓冲型阻波墙、刚性阻波墙、水力阻波墙、柔性阻波墙等。

除个别情况，为了保护特别重要目标，如井筒、井下爆破器材库、井下总变电所等，才在个别的井下大爆破时偶尔采用刚性阻波墙，有时为永久隔离未处理空区与采矿作业区时，也采用强度较大的阻波墙。其实，在大多数情况下生产采场大量落矿的深孔爆破，阻波墙的作用并不是为了堵住空气冲击波，而是经过阻波墙的消波以后，空气冲击波的剩余能量不足以再对被保护目标产生危害。图8－13所示为在多年地下大直径深孔大量落矿爆破实践中广为采用的一种全断面柔性阻波墙[16]，该类阻波墙既具有一定的静止惯性，又有较大的可位移量，可有效大量吸收空气冲击波的冲量，结构简单，建造拆除容易。

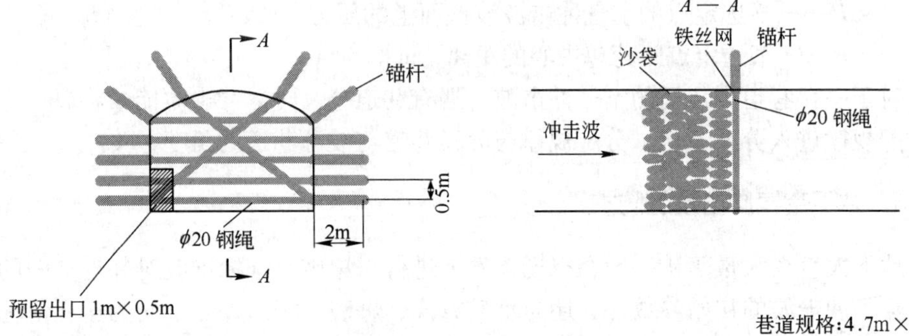

说明:
预留出口用木板支护，采场爆破网路连接完毕后，人员从预留出口撤离，用沙袋将出口封堵。

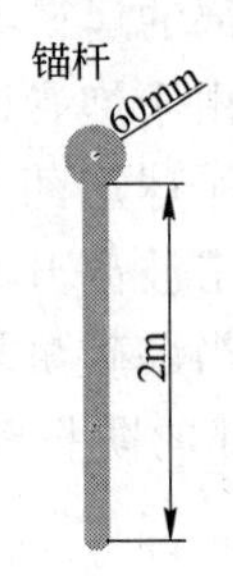

图 8 - 13　全断面柔性阻波墙

8.3　分层崩落矿石产生的气浪与防护垫层

8.3.1　分层崩落矿石产生的气浪

地下大直径深孔采矿多采用房式采场结构，一般采用短柱柱状药包群分层爆破和阶段深孔崩矿两种基本崩矿方式。采用药包群大面积分层崩落，爆破瞬间产生动力冲击，除了产生初始空气冲击波外，由于矿石突然大面积下落，邻近的气体被迅速压缩继而膨胀，在采空区形成下行气浪（或激发较弱的空气冲击波）。气浪与空气冲击波的不同在于气浪的运动速度远低于就地条件下空气声速，是一种速度达每秒数十米的气流，由于拥有较大的质量流量，气浪的冲量可能很大，如果防护不当，易造成井下设施和构筑物的破坏。

气浪的压力和作用冲量与崩落厚度、崩落面积、崩落高度有关。研究表明，爆破设计装药量和崩落体位移场初速合理，分层爆破崩落厚度不大，崩落高度不超过百米，矿石下落过程一般不会产生冲击压缩。

8.3.2　防护垫层

为防止对人和构筑物的破坏作用，一般是在采场底部先用部分崩落的矿石建立防护垫层，防护垫层的厚度应使气浪经过防护垫层的阻尼作用以后进入采场外邻近空间的气流的压力和速度低于危险值。我国尚未对气流速度做出明确规定，前苏联 B. P. 伊缅尼托夫等人的研究认为，气流作用于人体最大允许气流速度不超过 15m/s。

中国人民解放军 89002 部队曾就铜陵有色金属公司狮子山铜矿具体采场条件进行过散体消波实验，试验条件为：垫层介质空隙率为 5%，气浪最大初始风压 $p=0.1372$MPa，最大风速 $u=54.2$m/s，经过垫层后的风压（p）与垫层厚度（h）关系为：

$$p=0.041e^{-0.33h} \tag{8-15}$$

河南科技大学建筑工程学院结构研究所在室内进行了类似的矿石垫层消波实验，得出了类似的气浪经垫层消波后剩余压力与垫层厚度的关系。

前苏联学者 B. P. 伊缅尼托夫和 B. ф. 阿布拉莫夫等根据现代滤流理论提出了说明大量冒落的气动力微分方程，解算需要用实验确定垫层介质的粗糙系数，与岩块的平均块度有关。如果有相当资料和数据记录，一定的崩落条件、崩落方式，可认为岩块平均尺寸已知。根据该理论，计算了索科尔内和捷由斯基矿的防护垫层，计算采用的空区高度为 50m，150mm 直径的炮孔落矿，设定的平均岩块尺寸为 0.18m，计算的防护垫层厚度为 15～20m。

空场采矿条件下，大直径深孔大量落矿气浪的冲量大，其破坏作用往往大于空气冲击波，防护垫层是大面积大量落矿条件下防止气浪对采场外临近空间发生破坏作用的有效措施。防护垫层厚度视崩落规模、崩落高度、崩落面积、爆破设计相关诸因素以及比邻空区的环境安全要素确定，一般不宜小于 10m。

参考文献

[1] 于亚伦．工程爆破理论与技术［M］．北京：冶金工业出版社，2004：176～185.

[2] 张雪亮，黄树棠．爆破地震效应［M］．北京：地震出版社，1981.

[3] 吴春平．复杂环境下中小型露天矿山爆破安全技术研究［D］．北京：北京科技大学，2010.

[4] 李孝林．建构筑物对爆破振动响应的研究［D］．北京：中国矿业大学，2001.

[5] TRIFUNAC M D, BRADY A G. A study of duration of strong earthquake ground motion. Bulletin of the Seismological Society of America, 1975, 65 (3): 581～626.

[6] SEED H BOLTON, KIEFER F W, IDRISS I M. Analysis of Earthquakes Ground Motions at Japanese Sites. Bulletin of the Seismological Society of America, 1970, 60(6): 2057～2070.

[7] BERZAL J L. 裂隙面对降低爆破震动强度的影响［J］．方兴，译．隧道译丛，1983(4)：24～26.

[8] 程民宪，陈聃．考虑结构低周期疲劳特性的地震反应谱［J］．地震工程与工程振动，1988，8(4)：66～77.

[9] 钱伟长，叶开源．弹性力学［M］．第1版．北京：科学出版社，1956.

[10] 吴从师，高晓初，郭子庭. 大区微差爆破的地震效应［J］. 岩石力学与工程学报，1996，15(增)：529～532.

[11] YU R T, Vongpaisal S. New blast criteria for underground blasting. CIM Bulletin, Canada, 1996, 89 (998)：139～145.

[12] 唐春海，于亚伦，王建宙. 爆破震动安全判据的初步探讨［J］. 有色金属，2001，53(1)：1～4.

[13] 中华人民共和国国家质量监督检验检疫总局. GB 6722—2003 爆破安全规程［S］. 北京：中国标准出版社，2003.

[14] 吴春平，窦金龙，于亚伦，等. 150m 钢筋混凝土烟囱爆破拆除振动测试与分析［C］// 中国工程爆破协会、中国力学学会. 中国爆破新技术Ⅱ，2008.

[15] 萨文科 C K，等. 井下空气冲击波［M］. 龙维祺，于亚伦，译. 北京：冶金工业出版社，1979.

[16] 孙忠铭，陈何，王湖鑫. 束状孔等效直径当量球形药包大量落矿爆破技术［C］//金属矿采矿科学技术前沿论坛论文集. 长沙：矿业研究与开发编辑部，2006：34～35.

9 大直径深孔大量落矿爆破作业的组织与安全措施

9.1 爆破组织结构

由于爆破规模大，作业环境复杂，施工环节多，需成立大爆破指挥部，专门负责大爆破的组织实施。本章结合某案例介绍大爆破工作组织实施情况。[1]

指挥部职能机构为大爆破指挥部，下设若干职能机构。大爆破施工组织机构如图 9－1 所示。

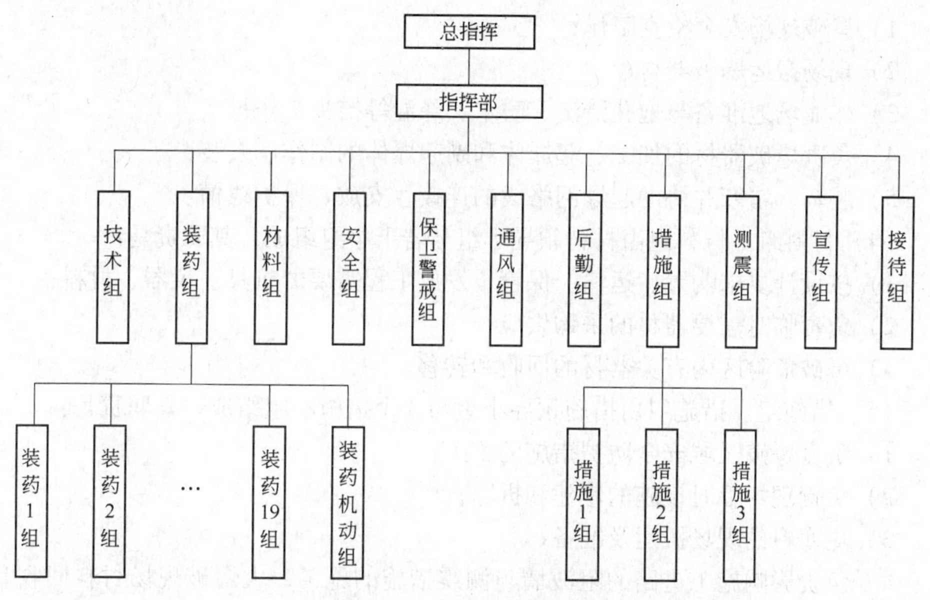

图 9－1　大爆破组织机构

各职能机构职责与人员构成如下：

(1) 指挥部。指挥部由总指挥和若干成员组成。其职责是：

1) 指挥大爆破工程按计划进行；

2) 指挥、协调各职能组的工作；

3) 发出起爆和解除命令；

4) 审查爆破施工组织方案；

5）负责爆破施工过程中施工方案的修改、制订爆破施工应急措施；

6）负责对受爆破影响单位、部门的协调工作；

7）处理影响全局的工作；

8）组织职工的安全教育、监督和检查施工安全。

（2）技术组。技术组由组长和成员若干人员组成，其职责是：

1）检查、试验、验收爆破器材；

2）负责炮孔的验收及装药堵塞的验收；

3）负责起爆网路的敷设与连接；

4）指导装药组进行装药及起爆体和副起爆体的制作、安装；

5）检验起爆网络并负责起爆；

6）若发生拒爆事故，在指挥部的领导下进行处理；

7）负责组织装药组对所需导爆索加工以及其他爆破器材的分配、编号。

（3）装药组。装药组由装药领导小组与20个装药小组组成，其中包括1个装药机动小组，装药组职责是：

1）爆破现场安全检查工作；

2）现场搬运爆破器材；

3）作业场地准备与炮孔清洗、防水、降温等措施工作；

4）负责爆破器材的加工、起爆体和副起爆体的制作、安装；

5）装药、堵塞并协助起爆网络线的连接、安放、保护线槽。

（4）材料组。材料组由材料领导小组与若干小组组成，其职责是：

1）按设计要求购置、运输、保管、发放工程需要的机具、仪器、材料；

2）负责临时需要器材的采购供应；

3）爆破危险区内有关器材的回收和转移。

（5）措施组。措施组由措施领导小组与3个措施小组组成，其职责是：

1）负责爆破区域安全防护措施的施工；

2）负责现场临时设施的修建和拆除；

3）堵塞料的现场搬运及准备；

4）负责影响施工进路的阻波墙与测震措施的施工，大爆破现场材料回收和转移完成后，要求2h内完成施工。

（6）安全组。安全组由安全领导小组和若干小组组成，其职责是：

1）负责施工人员的安全教育工作；

2）对爆区的作业条件与作业环境进行调查，拿出安全隐患处理方法与措施，确保施工现场的作业安全；

3）按安全规程要求负责监督施工安全，严格制止违章作业；

4）负责爆破后地面与井下的安全检查工作；

5）负责对地面警戒范围内危石、滑坡隐患进行排查，并拿出解决方法，监督实施；

6）负责对爆破影响范围内水坝、砂坝的安全进行调查、分析，并拿出应急预案；

7）负责爆破施工过程中可能出现的应急救援工作。

（7）保卫警戒组。保卫警戒组由保卫警戒领导小组和若干小组组成，其职责是：

1）发放、检查通行证，负责作业现场爆破器材的保卫与装药堵塞期间的现场保卫工作；

2）负责通信联络工作；

3）负责警戒区内人员撤离及爆破前、后危险区内建筑物的安全状态调查、取证；

4）有关安全事宜与地方政府的联系。

（8）通风组。通风组由通风领导小组和若干小组组成，其职责是：

1）负责爆破前、施工过程、爆破后通风方案的设计与组织实施；

2）负责爆破前通风系统完善与维护、通风设备的安装与加固保护工作；

3）负责爆破装药地点通风条件的加强与改善；

4）负责爆破撤退期间危险区内通风设施、设备的撤退工作；

5）按指挥部要求对3号风井的井盖进行揭开与封闭。

（9）后勤组。后勤组由后勤领导小组和若干小组组成。其职责是：

1）负责施工人员与工作人员的伙食供应；

2）施工作业人员的劳保及现场生活服务；

3）安排救护车和现场值班医生。

（10）测震组。测震组由组长和若干人员组成。其职责是：负责大爆破地震波与冲击波测定工作，负责爆破前、后危险区内井巷工程、建筑物、构筑物的安全、破坏状态的对比工作（要求有照片记录），以便于爆破科研与总结。

（11）宣传组。宣传组由组长和若干人员组成。其职责是：以广播、标语、电视录像等方式对大爆破的组织、准备工作、施工进度、警戒范围、爆破效果进行宣传。

（12）接待组。接待组由组长和若干人员组成。其职责是：

1）负责接待上级部门、协作单位工作人员的食宿交通；

2）制作爆破施工、工作人员证件；

3）负责对所用车辆进行编号、制牌。

9.2 爆破前期准备工作组织

（1）大爆破总动员与安全教育。

1）指挥部提前十天进行大爆破施工总动员，分清职责，点将落实；

2）参加大爆破施工人员必须接受大爆破施工安全教育，必须熟悉作业区域的装药条件与作业环境，明确施工程序与操作规程，提前做好大爆破思想准备工作，安全教育工作由指挥部组织，安全组负责具体教育工作。

（2）通风系统完善。

1）对通风系统与通风安全进行全面检查，确认通风系统正常运转；

2）完善细脉带应急通风系统的安装；

3）完善回风道改造；

4）完善出矿水平通风系统改造；

5）疏通各分层回风通道，为爆破后通风创造良好回风条件；

（3）爆区内安全防护。

1）对爆区内设计保护的重要工程、设备进行安全防护保护，施工阻波墙与加固措施；

2）对设计保护的溜井进行灌浆保护；

3）对空区暴露面积较大的采空区进行防护，要求空区内保留10m厚的矿石垫层，预防空区冒落发生冲击波危害；

4）把爆区内需要撤离保护的设备撤至安全地带；

5）对爆区周围的电缆、风水管等采取必要的保护措施或撤退；

6）对爆区提前一星期进行堵水、排水处理；

7）对爆区材料运输路线进行疏通清理，确保运输路线的畅通。

（4）爆破孔措施工作。

1）炮孔施工完成后，由矿地测科对孔深、通堵情况、穿透空区或巷道情况、含水情况进行测量调查，并在现场标注好炮孔的排号、孔号、硐室名称；

2）对穿透空区或巷道的大孔由措施组疏通穿透处的人行通道；

3）对于温度异常炮孔，由安全组采取措施对炮孔岩温进行测量，并进行密闭三天后孔温变化测量；

4）由措施组对束孔孔口进行挖槽，挖出松土，形成孔口保护窝，挖槽过程中注意孔口的保护，禁止掉渣入孔，以防堵孔；

5）装药前三天，各装药组对165mm大孔进行冲洗，措施组负责水管接入。

（5）爆破现场准备。

1）装药前，对爆破采场顶板及两帮的稳固情况应进行全面检查，如发现有破坏现象，应采取可靠的检撬与支护措施；

2）对装药现场或附近的天、溜井、采空区进行安全防护工作，确保装药安全；

3）各装药组对责任区炮孔进行调查，核对孔深、孔温、通、堵或含水情况，核对本组的爆破器材与装药结构；

4）冲洗炮孔，对异常炮孔采取相应措施，确保装药的顺利进行；

5）对装药地点的悬空部位搭好圆木和作业台板，并用扒钉固定好；

6）对作业地点要安装好照明；

7）清除爆破现场道路上的障碍物；

8）爆破堵塞料运至装药现场堆放。

（6）设备准备。运输设备、装药设备、起爆设备等根据施工需要，做足准备，并留有备份。

（7）爆破通告。为确保爆区周围居民的安全，爆破前一天，由保卫警戒组、宣传组将大爆破的起爆时间、地点、规模、危险范围，人员撤离时间以书面形式，通知当地有关部门、居民和人员，并以布告形式进行张贴，做到家喻户晓，人人皆知。

（8）爆破材料的准备。爆破材料的采购与分发由材料组负责，要求爆破前十天完成采购储备。

1）为了确保爆破质量的可靠性，爆破前五天，由技术组对所使用的各种爆破器材进行性能试验；导爆索按各个炮孔要求分别切割好，连同各段导爆管按作业地点、排号、孔号、段号进行编号。然后按各装药组分别计划，做到图表、卡片、现场三统一；

2）大爆破前两天，各装药组所需的炸药由材料组运至作业现场，由各装药小组按安全要求有序排放；

3）爆破堵塞物提前六天按照设计量运至各爆破小组作业现场，由材料组运输，措施队按要求有序堆放；

4）各装药组所需的导爆索及导爆管，由材料组包装好，存放于炸药库，装药当天由各装药组爆破员领至作业现场；

5）其他爆破材料和辅助材料由材料组按各装药组用量于爆破前三天分发到位。

9.3 装药施工组织

（1）装药地点。确定各装药地点。

（2）装药方法。装药方法详见各装药结构图，装药前每个装药小组均分发详细的装药施工技术资料，由装药领导小组组织各组进行学习，熟悉本组装药方法与要求。

（3）装药时间进度计划。从运药、堵孔到装药、起爆全过程，制订施工时间表与装药施工进度计划。

（4）装药分工。装药分工的原则为：

1）每个装药组作业区域尽量集中、各装药组作业互不干扰；

2）综合考虑各工序的装药时间，每个装药组装药量控制在10t左右，确保每个装药组4h内能完成装药、回填。

（5）装药施工要求。

1）大孔堵孔要求，各装药组大孔堵孔随现场装药后进行，但特殊孔的堵孔要求在爆破当天早上进行；

2）装药前测量炮孔；

3）严格按照装药结构图进行堵孔、填沙、装药、放置起爆药包；

4）装药过程随时检测药面高度；

5）遇到装药故障或漏药等应及时会同技术组进行处理；

6）孔口网路必须严格按设计敷设；

7）导爆管装入炮孔后，其分段标签留在孔口外部以便复查；

8）装药填塞工序经技术人员验收合格后，装药人员方可撤离。

9.4 起爆网路连接组织

（1）起爆网路连接方法。导爆索的连接，导爆管与导爆索连接严格按照《爆破安全规程》进行。

（2）起爆网路连接分工。起爆网路连接责任明确进行分工。

（3）起爆网路连接顺序。先完成普通孔药头安装与孔口导爆索连接，再敷设起爆网路主干线，随后进行各支线与主干线连接，最后迅速（1h内）完成异常孔起爆网路连接。

（4）起爆网路连接要求。

1）爆破前五天，由技术组组织所有参加爆破的技术人员与爆破进行具体的装药结构与起爆网路学习，并进行起爆网路模拟试验，分析总结起爆网路的可靠性，并规定本次爆破网路连接规范。

2）各装药组的传爆线引出时应作好保护，在堵塞过程中应定时检查，禁止传爆线打折。

3）各装药组的传爆线应选好走线线路，按长度加工好，待堵塞完成后接线。

4）敷设硐室爆破传爆线时，要求用套筒保护。

5）束状孔孔口连线完成后，要求用套筒保护传爆线，埋上沙袋保护。

6）为了确保连线质量，连线工作全部由技术人员操作。

7）用双发导爆管雷管起爆。

8）起爆网路连接质量由爆破工程师确认无误后，方可连接导爆管雷管。

9）起爆网路连接完成后，由技术组组长组织一次全面检查，有不符合技术要求的，重新连接，直到合格为止。

（5）起爆网路连接责任。技术组负责起爆网路主干线敷设与连接，各装药组的起爆支线由该组爆破技术员在技术组指导下进行连接。

（6）爆破装药安全管理。爆破装药安全管理由安全组负责，作业点各派两名以上安全员在装药现场巡回检查，督促施工人员按照安全操作规程作业，发现违章现象和不安全因素及时制止和处理。

爆破施工安全监督管理要求如下：

1）爆破施工时严禁任何人员携带火种下井；

2）装运爆破材料时要轻拿轻放，严禁摩擦撞击、抛掷；

3）雷管、炸药、导爆索不能混装，也不准在同一地点同时装卸；

4）爆破材料应按设计数量分别堆放在指定地点，并有专人看护；

5）导爆索只能用快刀切割，严禁用石块、铁器砸；

6）向炮孔装填卷药时，只准用木棍装填，严禁用钢钎或铁管。

（7）保卫警戒工作组织。保卫警戒工作由保卫警戒组负责，从爆破器材进场起开始进入高度警戒工作。具体的保卫、警戒、撤退与爆后安全检查工作由保卫警戒组拿出详细组织方案。现场警戒及爆破信号要求如下：

1）现场警戒。

①从炸药进场开始，装药现场应按设计要求设置警戒，检查作业人员的通行证。

②为保证爆区附近居民、来往行人、装药人员安全，在大爆破之前必须做好人员撤离工作。

③爆破前一天，应将危险区范围、要求撤离时间、地点、起爆时间、爆破地点、爆破药量、方法、起爆信号等以书面形式正式通知当地政府和单位，以便做好撤离准备。

④在人员撤离前，应将房屋门窗关好上锁，熄灭一切火源。

⑤对老、弱、病、残、孕妇、幼儿要提前组织撤离，人员撤离的地点应在爆区上风向的安全地点。

2）爆破信号。爆破信号的发出由总指挥下达命令，保卫警戒组负责执行。爆破前必须同时发出声响和视觉信号，使处在危险区的人员能够清楚地听到看到。声响信号可用警报器和信号药包，视觉信号可用红旗和信号弹。爆破信号共三次，三次声、视信号应有区别。

第一次信号：预告信号。现场装药已基本完成，除了连线起爆作业人员外，其他人员均撤离危险区，派在危险区边界上的警戒人员上岗。禁止一切车辆和人员进入危险区。

第二次信号：起爆信号。在确认人员设备全部撤到安全地点，已具备安全起爆条件时，才可发出该信号。起爆作业人员进入起爆站，站好岗位，听从爆破指挥长的起爆命令。

第三次信号：解除警戒信号。经技术组、安全组、保卫警戒组认真检查，确认无拒爆、无险情后，发出解除警戒信号，警戒人员可以离岗，人员和车辆可以通行。

（8）起爆条件及责任。

1）起爆条件：

①各施工组完成施工并向总指挥汇报；

②警戒撤退工作就绪后；

③起爆网路经爆破工程师、总工程师检查完毕，确认无误；

④启动爆破时刻通风方案；

⑤竖井提升罐笼已停在上人井口位置；

⑥警戒区内（包括井下、地面）按安全要求停好风、水、电；

⑦起爆时由两名安全组负责人在旁监护，由两名技术组爆破工程师负责起爆；

⑧待到起爆时间时，总指挥下达起爆命令。

2）起爆责任：起爆条件具备后，由总指挥下达起爆命令。

9.5 爆后工作组织

（1）爆破效果检查。由技术组负责检查确认大爆破是否全部响炮，若出现拒爆现象，立即向指挥部汇报。

（2）地面安全检查。由安全组、保卫警戒组负责地面安全检查工作，大爆破全部响炮后，迅速开展警戒范围内居民区的安全检查工作，包括炮烟、SO_2 等有毒气体的扩散情况、房屋破坏情况、电缆电线安全情况等，确认安全后立即向指挥部汇报。

（3）通风系统检查与维护。大爆破解除警戒后，由通风组负责实施爆破后的通风方案，负责通风系统检查与维护工作，首先在地面对通风设备进行检查，保持风机的正常运转，分析通风效果，并启动细脉带应急通风系统。井下通风系统正常运转8h后，方可逐步进行井下安全检查工作。

（4）井下安全检查与维护。由安全组、通风组、保卫警戒组负责安全检查工作，矿部各相关单位协助配合。原则上先对重要工程、设备进行检查维护，从地面进风口起，由浅入深、由近及远进行井下安全检查工作。

1）首先对主副井、主斜坡道的井筒、巷道、提升系统、风水管、电缆等进行安全检查与维护；

2）其次对各中段码头门、主运输巷进行安全检查与维护；

3）对排水系统进行安全检查与维护，按时启动排水系统；

4）逐步进入各作业区域进行安全检查工作，排除安全隐患，逐步恢复井下正常生产。

（5）拒爆药包的处理。按《爆破安全规程》的规定，可采用以下两种方法：

1）如能找出从拒爆药包中引出的导爆索或导爆管，经检查确认仍可起爆者，可重新确定警戒范围，连线起爆；

2）无上述条件，应清除堵塞物，重新敷设起爆网络，连线起爆，或者取出炸药和起爆体。

参考文献

[1] 北京矿冶研究总院，柳州华锡集团铜坑矿．高温复杂矿体区域整体崩落采矿技术试验研究［R］.2005.

10 地下大直径深孔采矿与 MassMin

10.1 地下大规模高效率采矿的发展现状

20 世纪下半叶以来，世界经济经历了一个长时间的持续稳定发展时期。一般而言，矿物资源的消耗几乎与经济规模同步增长，基于需求增加和技术的进步，世界上采矿业也经历了一个大型化发展时期，陆续出现了一批年矿石生产能力超过 1000 万吨的地下超级矿山和采剥总量超过亿吨的超级露天矿。

目前世界上最大的地下矿山——智利的 Codelco 公司的 El Tenient 铜矿，该矿已有 100 多年的开采历史，控制的矿石储量 129 亿吨，可采的经济储量 75 亿吨，已采出 11 亿吨矿石。据报道，21 世纪初矿山的生产能力为 95000t/d，2009 年达到 14 万吨/d，主要采用盘区连续自然崩落采矿方法。波兰的鲁宾矿（Lubin）在其相关的报道中也曾称其为世界第一大铜矿，该矿实际上是一个分布面积达 $416km^2$ 的巨型水平矿体，矿体厚度 6m，矿石总储量为 15.68 亿吨，平均品位 Cu 1.92%，Ag 79.6g/t，铜金属量超过 3000 万吨，目前开采 Lubin、Polkowice 和 Rudna 等三个矿山，全部采用房柱法，矿体厚度大于 5m，采用嗣后膏体充填。三个矿山的年矿石生产能力 3000 万吨。经查，Lubin 三矿的矿石年产量虽然不如 El Tenient 的大，但因品位高，其金属量（52.9 万吨）产量大于 El Tenient（45 万吨）。其他的如瑞典的 LKAB Kiruna 铁矿（年产 2400 万吨高品位铁矿石）、美国的 Henderson 钼矿、印度尼西亚的 PT Freeport 铜矿（80000t/d）、澳大利亚的 Mount - Isa 铜锌矿、美国的圣曼纽尔铁矿（2900 万吨/年）等都属于超级地下矿山之列。

目前，世界上已投产和正在建设的年矿石生产能力 1000 万吨已上的大型露天矿 70 余座，年矿石生产能力 4000 万吨以上的特大型露天矿山有 20 余座。其中不乏一批采剥总量超过 1 亿吨的特大型露天矿山。

采矿大型化发展中，除了一些得天独厚的资源条件外，以新的设计理念，尽可能采用先进的工艺技术和设备大规模开采大型和巨型低品位矿石是矿业发展的重要趋势，矿业的投资和产品产量比重也越来越趋向那些储量大、易于形成大规模生产、开采成本低的矿山。例如美国的特大型露天铜矿莫伦西铜矿，生产能力达 367000t/d，开采矿石品位仅 0.2%；菲律宾菲勒克斯公司的托玛斯铜矿是一座地下矿，开采品位0.3%，生产能力高达25000t/d，都取得了很好的技术经济效果。

10.2 工艺设计及设备大型化发展

除了芒特艾萨和鲁宾矿因为矿石价值较高采用嗣后充填二步回采以外，绝大多数超级采场都是采用高效低成本的大型采场的自然崩落或强制崩落的大量采矿法，通常采用尽可能大的采场参数和回采工艺参数，比如加伊铜矿，采用阶段空场法，段高160~180m，孔深150m，芒特艾萨矿段高240m，德里方丹矿的段高100m。

采矿设备的大型化是矿业领域发展的重大成绩，露天矿用钻机孔径大于229mm已占60%，P&H公司最近推出的250CXP钻机的孔径为349mm，孔深可达73m，BUCYRUS公司的49R钻机孔径达409mm；矿用电铲的斗容越来越大，据统计在用电铲的斗容65%大于15m^3，美国P&H 5700电铲，铲斗容积为38.2m^3；超过300t载重汽车已是超大型露天矿的通用设备，业界正在争论400t载重汽车应用的可能性；165mm直径的地下大直径深孔钻机已是国内外大型矿山的通用设备；40~60t的井下汽车已经得到广泛应用；铲运机由于一机多能和良好的机动性是实现地下高效率采矿作业的关键设备，如TORO2500E铲运机的铲斗容积为10~15m^3。总的看，地下采矿的凿岩、装、运设备的大型化发展已使其与露天的相应设备处于同一个量级。

10.3 地下大规模高效率采矿发展

地下大规模采矿已成为矿业具有代表性的现代发展趋势，也随之成为采矿界关注和研讨的主题，自20世纪80年代开始，以“MassMin”（大规模采矿）为题召开了七次国际学术会议，主要集中研讨矿块崩落、盘区崩落、分段崩落、深孔空场等采矿方法相关的基础理论、工程工艺以及机械化、自动化等实现地下高效率、安全、低成本的大规模采矿技术系统的相关问题。由于工艺设计和适用条件的不同，其发展特点也有所不同。

10.3.1 自然崩落采矿法

自然崩落法，包括矿块崩落法和盘区连续自然崩落法，是一种有条件地通过诱导和控制地应力完成矿石大量崩落的采矿方法。在条件适宜的矿山采用自然崩落采矿法可以获得地下采矿最大的采矿作业效率和生产能力、最低的采矿成本，也是目前在效率、规模、成本等方面唯一能与露天采矿相竞争的地下采矿技术，是地下大规模采矿具有代表性的采矿方法。

据统计，目前美国、加拿大、智利、印度尼西亚、菲律宾等国家计有约50

座矿山成功地应用自然崩落采矿法。随着新项目设计以及智利 Grasbeg 铜矿、美国里澳廷托公司的宾汉姆铜矿等大型露天矿转地下拟采用盘区连续（自然）崩落采矿法开采，在未来几年这一数量将陆续增加。

中条山铜矿峪铜矿是我国成功应用矿块崩落采矿法的大型矿山，二期工程 690m 以下矿石储量 22356.2 万吨，产能 600 万吨/年，采场面积 235350m^2，采高 94m。

自然崩落采矿技术的应用必须在预期矿岩可崩性、崩落规律、崩落速率和崩落块度控制等进行大量前期基础理论和大量的试验研究工作，对采矿的工程工艺控制和技术管理要求严格。

基于自然崩落采矿的工程工艺特点，对适用采矿技术条件有比较严格要求：

（1）矿体必须厚大，使矿块或盘区有较大的展布面积以便实施连续拉底、割帮作业，形成一定的崩落速率和采场生产能力；

（2）矿体矿化均匀，无夹石或夹石不多；

（3）具有被认可的可崩性和崩落如期块度；

（4）采区范围的地表允许崩落。

10.3.2 无底柱分段崩落采矿法

无底柱分段崩落采矿方法是指在具有条件采用崩落采矿法的矿山，将矿块划分为分段并在本中段的回采进路中完成矿石回采作业的采矿方法。分段高度多为 10～15m，最大 25m，回采进路间距与段高有关，多为 10～20m，上下回采分段的回采进路采用菱形布置，在分段的回采进路中完成采矿作业。首先在进路端部开切割槽，以切割槽为自由面用中深孔或深孔向进路端部挤压爆破，每次爆破 1～2 排炮孔，崩落的矿石采用铲运机或装运机等设备进行覆岩下放矿，铲出的矿石直接运至矿块的放矿溜井。

瑞典基鲁纳（Kiruna）铁矿，是一个生产能力 2200 万吨/a 的地下矿山，全部采用无底柱分段崩落采矿法。其他如加拿大的克莱蒙（Craigmont）铜矿和格兰杜克（Graunduc）铜矿、赞比亚穆夫里拉（Mfulira）铜矿等都是应用无底柱分段崩落采矿法比较有代表性的矿山。我国自 20 世纪 70 年代首先在玉石洼铁矿进行了无底柱分段崩落采矿法应用实验。目前，该采矿方法在地下铁矿山已占主导地位，如梅山、大红山、西石门、程潮、弓长岭、漓渚、张家洼等地下铁矿山。最近，露天转地下的眼前山等矿山也选择了无底柱分段崩落采矿法。

分段高度和回采进路间距是分段崩落采矿法技术方案的主要工程结构参数，基于先进设备的配套，增大分段高度和进路间距是无底柱分段崩落采矿法现代发展的主要趋势。这样，可以大幅度降低采准工作量、增大每次爆破的崩矿量、发挥设备能力。基鲁纳铁矿将分段高度和进路间距从 15m×15m 提高到 25m×28m，采准工作量减小50%，采矿成本降低30%；采用Simba261系列Promec188钻机，孔径115mm，台班效率达400m，每米孔崩矿量25t，每次爆破崩矿量从800t提高到5000t，端部出矿采用25t电动铲运机。乌克兰的克里沃罗格铁矿采用无底柱分段崩落采矿法的分段高度增大到25～40m。我国一些采用无底柱分段崩落采矿法的矿山也陆续采用了较大的分段高度和进路间距，如大红山矿为20m×20m、华树沟矿20m×20m、梅山铁矿15m×20m、北洺河矿15m×18m。

无底柱分段崩落采矿法的机械化、现代化发展强化了其固有优点和在地下金属矿大规模采矿发展中的地位。

(1) 采场结构简单，采准工作量低。当上一分段后退式回采一定距离以后，便可以开始下一分段的回采，因而掘进、凿岩爆破落矿、出矿等作业可以在同一矿块的不同分段同时进行，可以实现矿块多分段平行回采作业；

(2) 无底柱分段崩落采矿法因为采场工程结构和回采工艺简单、适应于大型机械化设备综合配套，有利于提高设备利用率和作业效率，实现高强度大规模采矿，采矿成本相对较低；

(3) 所有回采作业都在经过维护的进路内完成，安全保障程度较高；

(4) 小步距后退式回采，易于剔除废石夹层；实现矿体的单步骤开采，无后期矿柱回采和空区处理；

(5) 组成矿块的多个分段的采准、切割、支护、凿岩、爆破、出矿等作业可以在矿块的不同的空间和时序上平行连续地进行，形成矿块的高强度采矿和强大的生产能力。

除崩落采矿法一般的适用条件要求以外，分段崩落法适用于中厚以上急倾斜矿体及水平或缓倾斜厚大矿体。急倾斜矿体的厚度应保证在矿块的同一个水平布置3～5个采矿分段；矿岩的稳定性应有利于进路中回采作业的安全和形成较规整的眉线。

无底柱分段崩落在多个废石接触面条件下的端部出矿，贫化、损失一般很难控制在15%以下，不宜用于开采贵重矿石。改进长进路独头作业面的通风仍然是无底柱分段崩落采矿技术发展的课题。

10.3.3 地下大直径深孔采矿技术及其进一步发展

10.3.3.1 大直径深孔采矿技术已形成完整技术系统

地下大直径采矿技术，应该定义为在地下采用大直径炮孔破岩的采矿技术。可用于不同采矿方法的大量落矿、自然崩落采矿的割帮和诱导崩落、残矿回采和空区处理、天井掘进、地表开采地下盲矿体、露天底延伸开采等不同场合，同时也包括通过工程设计和相应的技术措施达到采矿规模、效率、炮孔利用率、崩矿界面规整等预期技术经济效果。

地下大直径深孔爆破作为一种破岩手段用于采场大量落矿，可以根据矿床开采条件综合考虑安全、效率、生产能力、成本等因素，选择拟采用大直径深孔大量落矿的采矿技术方案和相应的工艺技术，包括阶段空场采矿、阶段空场嗣后充填二步回采、阶段深孔崩落、阶段空场－连续崩落单步骤采矿、组合盘区大量采矿等。根据不同的应用条件和预期目的，可以选择球形药包分层爆破、短柱状药包群爆破、阶段深孔爆破以及上述方法的不同组合。总的看，大直径深孔采矿经历近半个世纪的应用研究和实践，基本形成了适应于不同采矿条件的采矿方法方案类型和相应的采矿工艺技术。

Atlas 公司的 Simba260 系列地下大直径深孔潜孔钻机是为地下大量落矿专用凿岩设备，孔径多为 165mm，凿岩速度一般为 0.6m/min，凿岩效率可达 100m/(台·班)。如按目前国内外应用大直径深孔的每米孔崩矿量 30～40t 的实际技术指标计算，一台 Simba260 系列的钻机的生产能力可超过 10000t/d，也就是采用大直径深孔凿岩爆破采矿可以获得很高的作业效率和生产能力，同时也为实现集中作业、改善作业环境创造了良好条件。

与自然崩落采矿法和无底柱分段崩落采矿法比较，大直径深孔采矿具有更广泛的适用条件，加拿大有半数以上的地下矿山采用大直径深孔采矿技术，澳大利亚、印度、美国、俄罗斯、西班牙等国家大直径深孔采矿技术都得到广泛应用。我国自 20 世纪 70 年代末开始地下大直径深孔采矿技术的应用研究，其后已应用于凡口铅锌矿、金厂峪金矿、狮子山铜矿、安庆铜矿、冬瓜山铜矿、大厂铜坑矿、大红山铜矿等矿山。如果综合考虑适用条件和更严格地控制贫化损失、生产能力的均衡性、工程控制及施工的难度以及应用条件的灵活性等因素，在大多数情况下大直径深孔采矿都具有明显的竞争优势。

10.3.3.2 大型化、连续化是地下大直径深孔采矿发展的重要趋势

大直径深孔采矿是地下凿岩爆破技术和采矿工艺装备发展的综合性成果，随着深孔凿岩设备、凿岩技术、自动化或远程控制、爆破破岩机理和爆破作用控制等方面的发展，进一步促进了地下大直径深孔大规模采矿技术的发展。加伊铜矿，采用阶段空场法，段高 160～180m，孔深 150m；芒特艾萨矿段高 240m，德里方丹矿的段高 100m。瑞典的基鲁纳铁矿曾设计以大直径深孔为主要工艺特点的大矿块采矿方案，矿块长 100m，宽 85～90m，高 154m，矿块矿量 450～500 万吨，每个矿块划分为 9 个采场，在凿岩硐室中采用大直径深孔高风压潜孔钻机，打上向孔 24m，下向孔深 130m，孔径 165mm。

20 世纪 80 年代末，我国在狮子山铜矿曾试验和应用了大直径阶段深孔盘区连续崩落采矿技术；在金厂峪金矿试验应用了带补偿槽的阶段连续崩落单步骤采矿技术。开采条件适宜的情况下，设计由多个采场组成的盘区，进行统一采准和采矿设计，使组成盘区的各个采场的切采、凿岩、爆破、出矿、空区处理在盘区

不同的空间和作业时序上平行连续进行，使盘区成为向矿山长期、大量、连续供矿的“矿石生产车间”可能是地下大直径深孔采矿技术进一步发展值得重视的方面。

除了依托技术科学新成就不断发展完善大直径深孔采矿领域相关的工艺、设备、材料，通过技术经验积累、工艺创新和工程设计的再发现以外，开发大型盘区或超级采场的大直径深孔采矿技术将有利于回采作业的综合机械化和自动化，进一步强化提升大直径深孔采矿在效率、采矿强度、回采成本以及改善作业环境方面的竞争能力。

10.3.3.3 关于短柱状药包群爆破的再认识

A L. C. Lang 的倒漏斗爆破新概念的缺陷

以球形药包分层爆破大量落矿为主要工艺特点的 VCR 采矿法，因为作业安全、矿石破碎质量好、采场工程结构简单等特点，受到各国采矿界普遍重视并大量推广，是20世纪下半叶地下采矿技术发展的重大成就之一。

美国学者 C. W. Livinston 通过大量试验建立的漏斗爆破理论，只要药包的直径与长度之比不大于 1∶6，则破碎机理实际上同真正的球形药包是一样的。L. C. Lang 先生依据这一球形药包漏斗爆破理论提出了倒漏斗爆破的新概念并发展了球形药包自下而上分层爆破的 VCR 采矿法[1]。根据分析认为，球形药包反向漏斗爆破的破碎带以外存在一个应力带，破碎带垮落之后由于应力解除和重力作用，应力带内的矿岩不断地破碎和垮落，逐渐向上发展，使崩落高度远超过球形药包中心（图 10－1）。

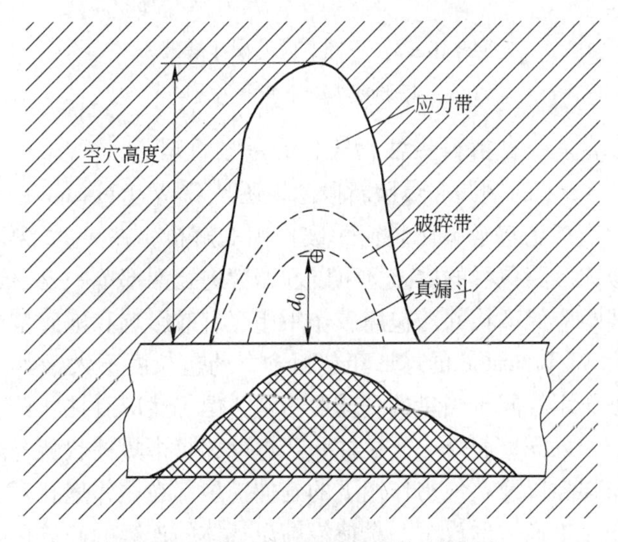

图 10－1 L. C. Lang 倒漏斗爆破新概念

具体应用是根据 W. C. Livinston 漏斗爆破理论[2]就地进行系列爆破漏斗实验

确定球形药包最优埋深比和比能，作为现场 VCR 采矿法大量落矿参数计算和工艺设计的依据。

L. C. Lang 先生的球形药包倒漏斗爆破新概念和关于倒漏斗形成过程和机理分析，是基于单一球形药包漏斗爆破。爆破倒漏斗所定义的由于球形药包爆破的破碎带垮落而继之应力带的矿岩不断地破碎、垮落的倒漏斗形成过程的描述可能不符合漏斗爆破的实际过程。漏斗爆破是一种一定埋深的集中药包的单自由面爆破，在大多数情况下，所形成的漏斗参数基本不受重力影响，只有当抵抗线大于25m 时，药量计算才考虑重力影响。一般，在硬岩条件下，不管正漏斗或倒漏斗，几乎都是在爆破的瞬间形成的（图 10－2）。以装药中心为顶点的圆锥形漏斗，仅仅漏斗可见深度有所区别。大量实践和观测表明，分层崩落的顶板也是在爆破瞬间形成，基本位于短柱药包上端标高，并非由于各个球形药包的倒漏斗爆破的破碎带垮落而继之应力带的矿岩不断地破碎、垮落所致，而是由于分层崩落顶板面积过大或停留时间过长，发生顶板垮落，可能不是因为爆破的应力区后续扩展。

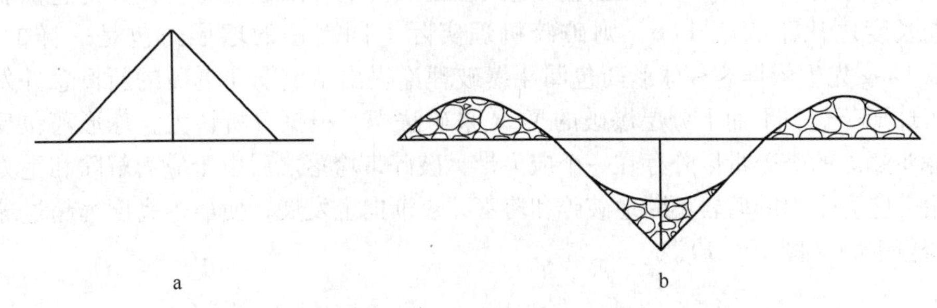

图 10－2　不同方向的漏斗爆破

a—倒漏斗；b—正漏斗

B　关于孔端单一自由面短柱状药包群爆破机理

不管是 L. C. Lang 的倒漏斗爆破新概念，还是 C. W. Livinston 的当量球形药包最优爆破漏斗理论都是基于单体装药爆破作用的解析，在 VCR 法采矿实际应用中，事实上是似球形药包群的爆破，可以理解为炮孔端部单一自由面短柱状药包群的爆破，其间距应保证相邻药包爆破作用相互有效影响和破碎范围一定程度的重叠。虽然按 C. W. Livinston 的球形药包概念，药包长度不大于其直径的 6 倍的柱状药包其爆破作用等同于当量的真球形药包，但仍然应有柱状药包爆破作用的一些机理特点。如果同时起爆一个短柱状药包群，每个短柱状装药爆破所产生的径向裂隙和周向裂隙以及在气刃作用下的延伸扩展，在相邻炮孔互为导向孔的作用下裂隙相互交叉贯通，形成了一个掺混高压气体的连续的破碎区。随着破碎区岩体裂解和爆破气体联合作用，药包群端部非装药部分的岩体可以理解为一个整体的梁或一个板，在爆破体均匀载荷作用下以张应力破坏为主开始呈弧形整体位移，完成整个分层的崩落。实际应用多采用分区微差爆破，可以理解为柱状药包群爆破的不同形式。

以炮孔端部单一自由面的短柱状药包群爆破，与常规炮孔爆破的区别主要是爆破自由面条件和爆破体的位移条件的不同。爆破如果没有形成爆破体位移场的条件，仅装药空腔因为炸药完成爆轰瞬间沿孔壁形成的过粉碎区的部分回落而有所扩大，应力波进一步传播所形成的径向和周向裂隙都仍然处于闭合状态，爆破体被挤死而不发生破碎；而只有爆破体具有形成一定的位移场的条件，才能通过裂隙地张开将爆破体裂解为岩块完成爆破。如果同时起爆一定面积的以炮孔端面为唯一自由面的短柱状装药的炮孔群，爆破体的位移条件则取决于崩落分层非装药层的厚度、崩落层厚度与崩落区的跨度之间的关系所确定。崩落体位移时受到的夹制和挤压作用，合理利用这一夹制和挤压作用可以增加爆破作用冲量，提高炸药能量利用率和矿岩的破碎效果，也可以在一定的范围内通过增加炸药单耗调节爆破体位移的夹制和挤压作用达到不同的爆破目的。

C 短柱状药包群爆破参数的计算和破碎质量控制

按"炮孔端部单一自由面短柱状药包群爆破"的新概念，大直径深孔分层爆破后退式采矿可以不再依赖孔径6倍长度的"球形药包"概念，而仅仅根据崩落面积和采场跨度相对于所允许的崩落分层高度进行装药计算和爆破设计，也就是所设计的崩落分层高度和相应的装药长度主要取决于崩落面积和采场跨度对爆破体位移可能产生的挤压、夹制作用所允许的程度。具体药量计算可参考：

$$Q = KW^3 f(h/b)$$

式中 Q——装药量，kg；

K——炸药单耗，kg/t；

W——抵抗，m；

h——崩落分层高度，m；

b——采场跨度，m。

比值 h/b 将是影响崩矿参数和炸药单耗敏感度比较大的参数，需要通过进一步研究和实践积累建立相关关系。

在采场崩矿时，崩落分层高度如果远小于采场跨度，崩落爆破体位移可能不会受到明显的挤压和夹制作用，更大的崩落分层高度是为了克服更大的挤压和夹制作用，需要增加相应的炸药单耗。

包括块度组成、不合格大块率、平均块度等指标在内的崩矿质量是大量崩矿最主要的效果指标，如果计算正确，可以确认崩落分层中的柱状药包群的爆破对控制范围内矿岩的作用是充分的。非装药层的厚度除了其非装药身份之外，还涉及孔端充填长度问题。如果在保证合理利用炸药能量情况下，采用比较小的充填长度和相应比较小的非装药层厚度，将有利于缓解单一自由面条件下爆破的挤压和夹制作用，并提高爆破的破碎质量。

填塞是炮孔爆破合理利用炸药能量和提高爆破效果的重要因素，国内外很多学者进行了炮孔爆破充填体在装药空腔瞬间高温高压爆轰气体作用下的一维流动规律和充填作用机理的研究、试验和观测。上述工作基本是基于单孔或单体装药的充填体作用的研究。孔端单一自由面短柱状药包群爆破的崩落分层的板状非装药层，是在装药分层爆破体均匀载荷作用下以张应力破坏为主，呈弧形整体位移；单个炮孔的充填长度对爆破分层的爆破体位移场和爆破效果几乎无影响。合理利用这一结论，通过减小崩落分层非装药层厚度，有利于提高爆破的破碎质量和爆破的总体技术经济指标。为证实上述推论，本书作者采用了“一次元件——转换装置——记录装置测试系统”对球形药包群爆破条件下的爆破体和下端充填体的位移初始时间进行了测试，测点分别布置在孔间岩体表面和孔端堵孔塞，测量并计算测点与球形药包中心的距离，一次元件为通断式，信号经转换装置进入 SC16 光线示波器。测试结果表明，爆破体表面开始位移的时间按与装药中心的距离计算为 1.0735ms/m，充填体（堵孔塞）开始位移的时间按与装药中心的距离计算为 1.1296ms/m。不难看出，球形药包群分层爆破条件下的单个炮孔下端充填物的位移有可能滞后于爆破体整体位移开始时间或基本同步。大体上可以认为，以孔端为单一自由面的短柱状药包群爆破，装药下端的充填对爆破总体效果影响不大。以往的球形药包分层爆破装药下端充填长度多为 0.5m。俄罗斯学者 Н. И. Алёксадров 等人曾就单体短柱状药包爆破的合理充填长度进行研究，其结果表明，其充填长度应为孔径的 8 ~ 10 倍。

D 采用孔端单一自由面柱状药包群爆破新概念优化爆破设计

a 采场高分层落矿

L. C. Lang 先生推荐的 VCR 采矿法球形药包漏斗爆破[3]引用了 W. C. Livinston 的球形药包漏斗爆破理论，根据这一理论，一个长度不大于直径的 6 倍的药包其爆破作用等效于等量的真球形药包。按目前常用的地下大直径深孔的孔径 165mm 计算，单一药包的装药长度仅 1m，在通常的矿岩条件下，崩落分层高度 3m 左右。装药工艺比较复杂，影响爆破效率和生产能力。

根据孔端单一自由面短柱状药包群爆破的新概念，可以根据采场尺寸、崩落分区的面积、跨度、矿岩条件以及合理的爆破规模等因素选择适宜的高分层落矿参数，所设计的崩落分层高度和相应的装药长度主要受制于崩落面积和采场跨度对爆破体位移可能产生的挤压、夹制作用所允许的程度，原 VCR 法采用的 6 倍孔径装药长度可以理解为具体采场条件分层爆破可能采用的短柱装药长度中的一个特例。

实际上，我国一些矿山，以炮孔端部单一自由面的短柱状装药多排同段爆破大量崩矿曾有过大量实践，取得了良好技术经济效果。

狮子山铜矿采用中深孔落矿的分段空场采矿法，矿石坚硬，$f = 12 \sim 16$，属极难爆类型。为达到采矿要求的爆破效果，炸药单耗达0.9kg/t，后采用平行布孔和扇形布孔的多排中深孔同段起爆的落矿方法，上向平行中深孔，孔径60mm，孔深5m，孔间距和排间距为1.4m，同时起爆炮孔排数最多达30排；扇形孔中深孔孔径110mm，排距2.5m，孔端距2.5m，分段高12m，都取得了良好爆破效果，爆破块度均匀，炸药单耗降至0.6kg/t。狮子山铜矿自20世纪70～80年代已采用中深孔多排同段爆破采出矿石1000余万吨。

我国著名学者汪旭光、熊代余[4]等人曾通过大量试验就这一采矿爆破技术的机理特性进行过探讨。

其他矿山，如金厂峪金矿在浅孔留矿法采场采用上向孔以孔端顶板为自由面大面积同段爆破采矿，孔径42mm，孔深2m，孔间距0.8～1.1m，爆破块度均匀，炮孔利用率100%；大厂长坡矿采用分段空场法，分段高10m，中深孔孔径65mm，采用多排同段大量崩矿，57排炮孔一次起爆，崩落矿石40200t。

据以往分层爆破的大量实践，由于崩落分层高度远小于采场跨度，一般不涉及爆破岩体位移的夹制作用，如凡口铅锌矿采场宽8m，崩落分层高度3～3.5m；冬瓜山铜矿采场宽18m，采用束状孔当量球形药包分层落矿，采场宽18m，崩落分层高度7m，崩落分层高度大体上小于采场跨度的1/2，爆破设计可以不考虑为克服夹制作用增加装药。崩落分层高度与采场跨度的尺度关系究竟在什么范围和多大程度影响爆破体的位移阻力，是以孔端自由面短柱状药包群高分层爆破技术进一步应用需要探索的问题。在一些比较特殊的应用条件，比如大直径深孔分段爆破掘进天井、平巷中深孔掘进的平行孔掏槽等则需要为克服围岩的夹制作用采用较大的炸药单耗，如兖州东滩矿束状平行中深孔掏槽的炸药单耗为4.1kg/m^3；金厂峪金矿深孔分段爆破掘进天井的炸药单耗为4.5kg/m^3，为降低爆破对采场周围的破坏和有利于克服岩体位移阻力，可以考虑将装药适当向采场中部集中或采用不均匀布孔，图10-3所示为结合一个宽20m的采场采用不均匀布孔的高分层崩矿方案。安庆铜矿400m水平9号采场，采场宽15m，布孔方案采用了沿采场走向方向分别为3.6m、3m、2.7m不同的排间距，取得了良好爆破效果。

高分层落矿不仅可以减小采场回采爆破次数、缩短采场回采周期，还有利于提高矿岩破碎效果。

从前述爆破作用机理特点看，孔端单一自由面的短柱状药包群爆破，起爆系统应创造装药相互间的充分作用，形成爆破体克服夹制作用和位移阻力的有利条件，采用同段起爆比较合理。但考虑到，与常规炮孔爆破的爆破体沿抵抗线方向简单抛移相比，以孔端为自由面的炮孔装药的爆破体的位移场要复杂得多，而且在时间上要明显滞后，药包间时序上的有限度的微差不会对分层爆破的总体效果

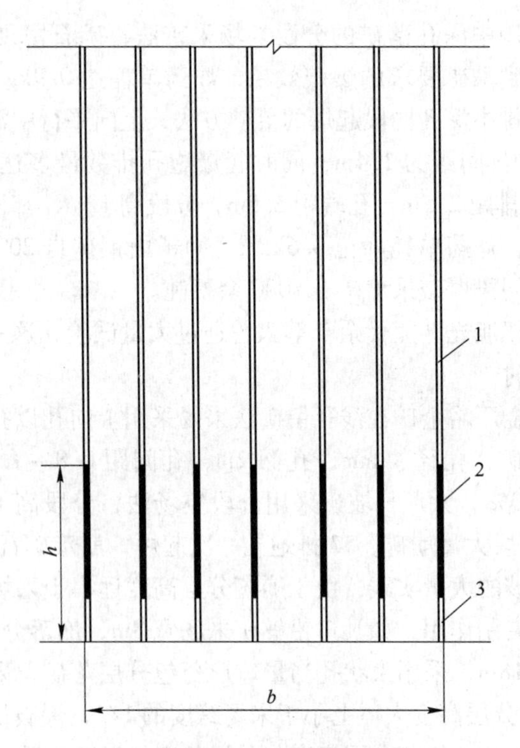

图 10－3　短柱状药包群高分层落矿示意图

1—炮孔；2—装药；3—充填（$h \leqslant b$）

h—崩落分层高度；b—采场跨度

产生明显影响。采用目前国内已广泛应用的 15ms 等微差高精度起爆系统，能达到药包群高分层落矿的预期效果。

b　巷道掘进

井巷掘进，绝大多数也是炮孔端部单一自由面的炮孔群的爆破作业。巷道掘进是矿山、水工、交通等部门常见工程类型，每年的施工量十分巨大，除个别工程采用联合掘进机之外，绝大多数情况下还是采用凿岩爆破的方法。为克服有限断面条件下的夹制作用，在布孔设计时，根据岩层性质及断面大小采用不同的掏槽方式，比如楔形、筒形、锥形、龟裂以及混合型等，大型地下矿山大断面主巷道掘进逐渐多采用高效率带有自动平行机构的平巷掘进专用凿岩台车的中深孔掘进，孔深 3～4m，爆破设计多采用近距离平行中深孔的“桶形”掏槽，掏槽面积一般 0.1～0.2m^2。虽经多年实践，很多矿山的实际应用效果并不稳定，炮孔利用率多为 70%～80%左右，增加一定数量的空孔，炮孔利用率会有所提高。

实际上，从布孔与爆破体位移关系看，平巷的平行孔中深孔掘进也是典型的“孔端单一自由面短柱状药包群”爆破。巷道断面的限制，与采场分层落矿比较，可能具有更大的夹制作用。

根据以炮孔端部单一自由面炮孔群爆破的新概念，本书作者设计实验了如图10－4所示的平行密集炮孔群的平巷掘进掏槽布孔新方案，并采用如图10－5的布孔，在兖州矿务局东滩矿分别进行了孔深2.8m和3.0m的中深孔全断面掘进爆破试验：将掏槽面积扩大为1.6m×1.6m，掏槽区布置了5束由4个炮孔组成的束状孔，炮孔直径50mm，共20个炮孔，另有4个仅有少量装药的抛渣孔，炸药单耗4.1kg/m^3，炮孔利用率均达到100%。

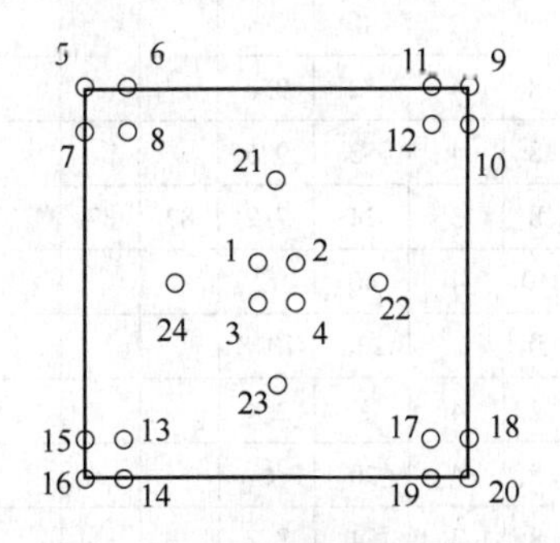

图10－4 束状孔桶形掏槽布孔示意图
（1～20为炮孔编号）

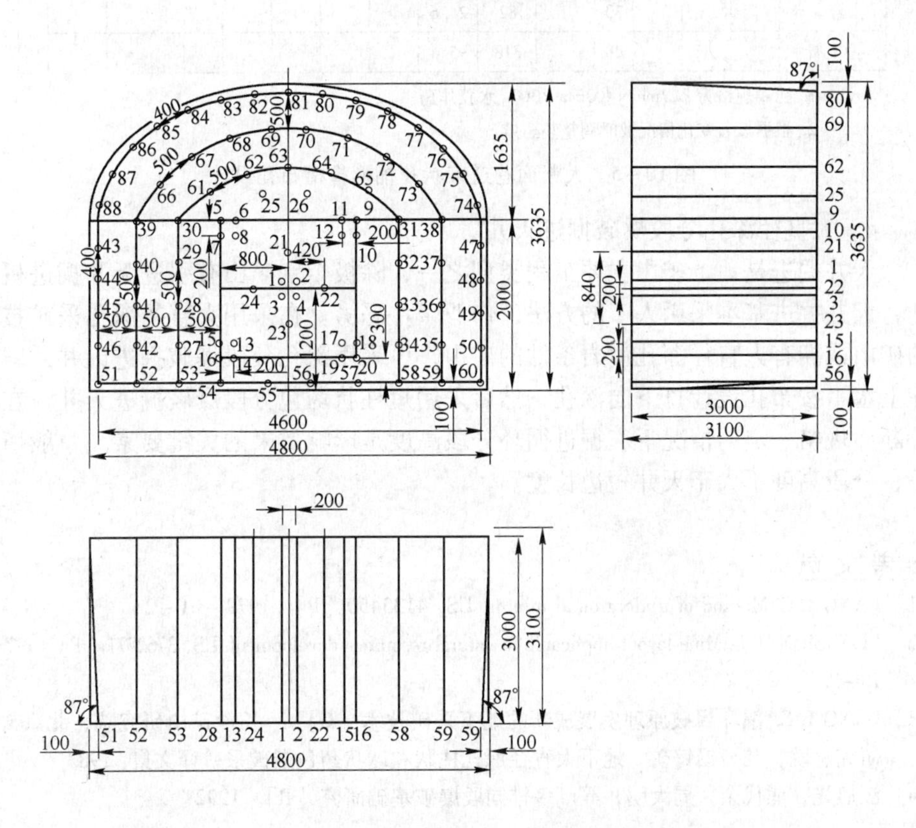

装放顺序	炮孔名称	孔深/m	孔距/m	抵抗/m	装药量				角度/(°)				爆破顺序	炮孔编号	封堵炮泥/mm	爆破方法
					孔数/个	每孔装药量/块	总装药量/块	总装重量/kg	水平		竖直					
									左	右	仰	俯				
第一次装放	掏槽孔	3.0	0.2		4	5	20	6					Ⅰ	1~4	1000	毫秒延期电雷管串并联起爆
	掏槽孔	3.0	0.2	0.8	16	5	80	24					Ⅰ	5~20	1000	
	抛渣孔	3.1	0.6	0.32	4	2	8	2.4					Ⅱ	21~24	1000	
	一圈孔	3.0	0.5	0.5	8	4	32	9.6					Ⅱ	27~34	1000	
	二圈孔	3.0	0.5	0.5	8	4	32	9.6					Ⅱ	35~42	1000	
	外圈孔	3.0	0.4	0.5	8	3	24	7.2	87	87			Ⅲ	43~50	1000	
	底　孔	3.0	0.5	0.3	10	4	40	12				87	Ⅲ	51~60	1000	
	合　计				58		236	70.8								
第二次装放	辅助孔	3.0	0.5	0.5	2	4	8	2.4					Ⅰ	25~26	1000	
	一圈孔	3.0	0.5	0.5	5	4	20	6					Ⅱ	61~65	1000	
	二圈孔	3.0	0.5	0.5	8	3	24	7.2					Ⅱ	66~73	1000	
	周圈孔	3.0	0.4	0.5	15	2	30	9	87	87	87		Ⅲ	74~88	1000	
	合　计				30		82	24.6								
总　计					88		318	95.4								

注：1. 药卷规格为 ϕ27mm×400mm×300g 水胶炸药。

2. 根据煤岩变化情况及时调整装药量。

图 10－5　大断面巷道束状孔桶形掏槽布孔设计

c　大直径深孔分段爆破掘进天井

天井掘进是地下矿山主要工程类型之一，除极个别矿山有引进天井掘进机以外，天井掘进基本采用人工的方法，作业条件恶劣。在采用大直径深孔采矿技术的矿山或拥有大直径深孔凿岩条件的矿山，可采用深孔分段爆破掘进天井，即先在上水平按布孔设计打下向深孔，然后采用短柱状药包分段爆破掘进天井。在天井断面规格一定的情况下，掘进循环分段高度是影响效果的关键要素。一般情况下，分段高度不大于天井短边长度。

参考文献

[1] LANG L C. Method of underground mining. US, 4135450 [P]. 1979－01－23.

[2] LIVINSION W C. Mine layout applicable to natural resources development. US, 3762771 [P]. 1973－10－2.

[3] LANG L C. 漏斗爆破原理发展成新的地下采矿技术 [C] // 长沙矿山研究院，北京矿冶研究总院，凡口铅锌矿. 地下大直径深孔柱状和球状药包爆破采矿译文集，1983.

[4] 汪旭光，熊代余，周大明，等. 多排同段爆破基础研究 [R]. 1992.

索　　引

5 地下大直径深孔凿岩设备与技术

6 地下大直径深孔爆破和采矿技术

7 地下大规模采矿方法

8 爆破有害效应